『十三五』国家重点出版物出版规划项目

水库大坝安全管理丛书

水库大坝安全评价

SHUIKU DABA ANQUAN PINGJIA

马福恒　盛金保
胡　江　彭雪辉　等◎编著

河海大学出版社
HOHAI UNIVERSITY PRESS
·南京·

内容简介

本书以《水库大坝安全评价导则》(SL 258—2017)为依据，以现行规程规范为标准，从现场安全检查及安全检测、安全监测资料分析、工程质量评价、运行管理评价、防洪能力复核、渗流安全评价、结构安全评价、抗震安全评价、金属结构安全评价和大坝安全综合评价等方面介绍了水库大坝安全评价各分项报告的编制内容和要求。本书可作为从事水库大坝安全评价人员的培训教材和参考书。

图书在版编目(CIP)数据

水库大坝安全评价 / 马福恒等编著. -- 南京 : 河海大学出版社, 2019.10

(水库大坝安全管理丛书 / 孙金华, 荆茂涛主编)

ISBN 978-7-5630-6122-8

Ⅰ. ①水… Ⅱ. ①马… Ⅲ. ①水库—大坝—安全评价 Ⅳ. ①TV698.2

中国版本图书馆 CIP 数据核字(2019)第 194122 号

水库大坝安全评价

丛书主编：孙金华　荆茂涛
本册作者：马福恒　等

责任编辑：成　微　杨　曦
特约校对：葛　华　成　黎
装帧设计：槿容轩

河海大学出版社 出版发行

南京市西康路一号　邮政编码：210098　http://www.hhup.com
电话：(025)83737852(总编室)　83787769(编辑室)　83722833(营销部)
南京布克文化发展有限公司排版
江苏农垦机关印刷厂有限公司印刷
江苏省新华发行集团有限公司经销

开本：787mm×1092mm　1/16　印张：17.25　字数：605 千字
版次：2019 年 10 月第 1 版　印次：2019 年 10 月第 1 次印刷
书号：ISBN 978-7-5630-6122-8
定价：85.00 元

《水库大坝安全管理丛书》
编审委员会

序 PREFACE

我国水资源短缺且时空分布不均，水旱灾害一直是影响中华民族发展的心腹之患。“兴水利、除水害”历来是治国安邦的大事。中华人民共和国成立70年来，党和国家始终把治水兴水摆在重要位置，取得了辉煌成就。我国目前已建9.8万余座水库大坝，是世界上拥有水库大坝最多的国家，也是世界上拥有100 m、200 m级以上高坝最多的国家，其中100 m以上高坝220座。目前世界上已建200 m级以上高坝77座，我国20座，占26%；在建200 m级以上高坝19座，我国12座，占63%。水库大坝调蓄江河、因势利导、善利万物，不仅是调控水资源时空分布、优化水资源配置的重要工程措施，也是江河防洪工程体系的重要组成部分，是生态环境改善不可分割的保障系统，承担着保障国家防洪安全、供水安全、粮食安全、能源安全、生态安全等重要功能，具有很强的公益性、基础性、战略性，在保障国家水安全和支撑绿色发展、生态文明建设、长江大保护、乡村振兴等战略中具有不可替代的基础性作用。确保水库大坝长效安全运行是国家战略需求，历来受到党和政府的高度重视。

多年来，通过全面落实水库大坝安全责任制、不断建立健全水库大坝安全管理法规与制度体系、大力推动水利管理体制改革、大规模开展病险水库除险加固工程建设、加强运行管理督查和应急管理等一系列扎实工作，我国水库大坝安全管理规范化、制度化、信息化进程不断加快，大坝安全状况与管理条件得到根本性改善，安全管理与保障水平大幅度提升。

党的十九大提出我国进入中国特色社会主义新时代，我国发展的新的历史方位和社会主要矛盾的转变，对水库大坝安全管理赋予了新的内涵，提出了新的更高要求。

2014年3月，习近平总书记在中央财经领导小组专题研究水安全问题的会议上指出，我国水资源时空分布不均及水旱灾害突出等老问题仍有待解决，水资源短缺、水生态损害、水环境污染等新问题越来越突出，明确提出“节水优先、空间均衡、系统治理、两手发力”的新时期治水思路，赋予了新时代治水的新内涵、新要求、新任务，为强化水治理、保障水安全指明了方向，也为新形势下做好水库大坝安全管理工作指明了方向。

2018年10月，中央财经委员会第三次会议强调，防灾减灾与安全要建立高效科学的自然灾害防治体系，提高全社会自然灾害防治能力，为保护人民群众生命财产安全和国家安全提供有力保障。要针对关键领域和薄弱环节，推动建设若干重点工程。要实施灾害风险调查和重点隐患排查工程，掌握风险隐患底数；实施防汛抗旱水利提升工程，完善防洪抗旱工程体系；实施应急救援中心建设工程，建设若干区域性应急救援中心；实施自然灾害监测预警信息化工程，提高多灾种和灾害链综合监测、风险早期识别和预报预警能力；实施自然灾害防治技术装备现代化工程，加大关键技术攻关力度，提高我国救援队伍专业化技术装备水平。水库大坝既是自然灾害防治工程体系不可或缺的组成部分，在遭遇地震、暴雨洪水等重大自然灾害时，大坝自身也可能成为自然灾害次生灾害的载体和重大风险源，2008年四川“5·12”汶川特大地震中，2 400余座水库大坝出现震损险情，其中坝高156 m的紫坪铺水库面板堆石坝产生明显沉降和水平位移，面板接缝错位、止水撕裂，举国关注；2018年汛期，内蒙古增隆昌水库、新疆射月沟水库因超标准洪水溃坝，其中射月沟水库造成严重人员伤亡。因此，水库大坝风险识别、监测预警与应急处置也是国家自然灾害防治体系建设的重点环节和重要任务。

2019年全国水利工作会议指出，我国治水的主要矛盾已经发生深刻变化，从人民群众对除水害兴水利的需求与水利工程能力不足的矛盾，转变为人民群众对水资源水生态水环境的需求与水利行业监管能力不足的矛盾。要清醒认识治水主要矛盾的深刻变化，加快转变治水思路和方式，将工作重心转到"水利工程补短板、水利行业强监管"上来，这是当前和今后一个时期水利改革发展的总基调。水库大坝安全面临从加强工程建设向关注运行管理、风险防控、功能提升、资源优化、环境保护、生态修复和支撑可持续发展等方向转变。

面对我国治水主要矛盾的深刻变化，面对人民日益增长的对美好生活的追求，面对绿色发展、政府职能转变和社会公众广泛参与等新的要求，面对新形势对水库大坝安全管理赋予的新内涵，我国水库大坝安全运行管理和保障仍然面临体制机制不顺，投入不足，管理制度和技术标准不够完善，特别是小型水库管理基础薄弱；工程建设先天不足，老化、性能劣化、淤积等影响大坝长效安全运行的问题日显突出，维修养护及病险水库除险科学决策机制尚未形成；地震、极端暴雨、特大洪水等极端事件频度和强度增加，大坝风险管理体系尚未建立，突发事件应急保障能力仍然不足；高坝大库深水检测与修补加固技术和装备自主创新研发、现代高新技术应用不足等一系列挑战和短板。水库大坝安全事关国运安危、人民福祉，是百年大计、千年大计，要始终坚持"问题导向、安全第一、压实责任、注重实效"的原则，通过理念创新、技术创新、管理创新，扎实做好水库大坝安全管理与保障各项工作，主动化解水库大坝各种潜在安全风险，使每一座水库大坝成为党和政府以及社会与公众的放心工程。

水利部大坝安全管理中心作为归口管理全国水库大坝安全的专业技术支撑机构，多年来围绕水利中心工作，服务全国水库大坝安全行业管理，在水库大坝管理法规与技术标准建设、突发事件调查与应急处置、先进实用技术推广与示范应用、国内外学术交流、行业人才培训和能力建设、基础性前瞻性科学研究等方面开展了卓有成效的工作，取得丰硕成果，主持完成的"十一五"科技支撑计划项目"水库大坝安全保障关键技术与应用"成果获得2015年国家科技进步一等奖，为保障全国水库大坝安全运行提供了强有力的技术支撑。大坝中心的科技骨干针对新形势下水库大坝安全管理实践需求，总结多年来的行业管理、技术开发与推广应用、科学研究、学术交流等成果和经验，编写了《水库大坝安全管理丛书》，分别为《水库大坝风险及其评估与管理》《水库大坝主要安全隐患挖掘与处置技术》《水库大坝安全监控与信息化》《水库大坝安全评价》《水库大坝运行调度技术》《水库大坝安全管理法规和标准实用指南》。本丛书可作为水库运行管理人员的岗位培训教材，可供水利水电工程设计、施工、管理和相关工程技术人员使用，也可供有关高等院校师生参考。

希望本丛书的出版对进一步促进我国水库大坝安全管理法规制度与技术标准建设，推动大坝风险管理理念和技术以及大坝安全监控与信息化技术普及与应用，提高水库大坝安全管理规范化、现代化水平，切实保障水库大坝安全运行，提高水资源利用和保障能力发挥积极作用。是为序！

《水库大坝安全管理丛书》编委会

2019年10月于南京

前言 PREFACE

为加强水库大坝安全管理，水利部于1995年出台了《水库大坝安全鉴定办法》，并于2003年对其进行了修订。2000年水利部颁布《水库大坝安全评价导则》(SL 258—2000)，以规范、指导水库大坝安全鉴定工作。《水库大坝安全评价导则》颁布以来，对保障水库大坝安全运行、规范与指导水库大坝安全鉴定工作、确保病险水库除险加固的针对性和科学性发挥了不可替代的重要作用。

《水库大坝安全评价导则》所引用的部分标准已修订，同时一批涉及水库大坝安全与管理的新法规与技术标准，如《水利工程管理体制改革实施意见》(2002)、《水库降等与报废管理办法(试行)》(2003)、《小型水库安全管理办法》(2010)、《水库大坝安全管理应急预案编制导则(试行)》(2007)、《水库调度规程编制导则(试行)》(2012)、《大坝安全监测仪器检验测试规程》(SL 530)、《大坝安全监测仪器安装标准》(SL 531)、《土石坝安全监测技术规范》(SL 551)、《混凝土坝安全监测技术规范》(SL 601)、《水库降等与报废标准》(SL 605)等先后颁布实施或修订，以及近年来大规模开展的病险水库除险加固实践积累了很多新的认识和经验，为反映这些新的变化和要求，相关单位对《水库大坝安全评价导则》(SL 258—2000)进行了修订，并于2017年发布。

《水库大坝安全评价导则》(SL 258—2017)修订的主要内容有：拓展了导则的适用范围；对首次大坝安全鉴定与后续大坝安全鉴定提出了不同要求；对缺少基础资料的小型水库大坝安全评价工作做了简化规定；对原各章的基础资料要求进行了归并，增加了"基础资料"一章；增加了"现场安全检查及安全检测"一章；增加了"安全监测资料分析"一章；对章节顺序及"工程质量评价""运行管理评价""金属结构安全评价""大坝安全综合评价"等章节内容进行了调整，对其他章节内容进行了完善。

本书以《水库大坝安全评价导则》(SL 258—2017)为依据，以现行规程规范为标准，介绍了水库大坝安全评价报告的编制内容和要求。全书从现场安全检查及安全检测、安全监测资料分析、工程质量评价、运行管理评价、防洪能力复核、渗流安全评价、结构安全评价、抗震安全评价、金属结构安全评价、大坝安全综合评价等方面，介绍了水库大坝安全评价各分项报告的编写内容与要求。本书具有以下特点：①内容完整。根据《水库大坝安全评价导则》(SL 258—2017)，对如何编制水库大坝安全评价报告进行了系统、全面的介绍，对评价工作的展开、评价的范围、评价的内容等均有阐述。②内容实用。各章中列举了水库大坝常见的病险情况，给出了安全评价时常用的基本计算方法、公式及安全判断标准，同时还指出了评价时应注意的问题。本书的出版，可进一步规范水库大坝安全评价报告的编制。

全书共分12章，第1章由马福恒、胡江撰写，第2章由胡江、邱莉婷、叶伟撰写，第3章由彭雪辉、霍吉祥、刘永强、叶伟撰写，第4章由马福恒、胡江、王长生、王昕、叶伟、俞杨峰撰写，第5章由周克发、李子阳、马福恒、胡江、张湛撰写，第6章由马福恒、王昭升、叶伟、霍吉祥、建剑波撰写，第7章由蒋金平、李子阳、邱莉婷撰写，第8章由张士辰、李子阳、胡江、成荣亮撰写，第9章由龙智飞、胡江、叶伟、邱莉婷撰写，第10章由厉丹丹、张大伟、盛金保撰写，第11章由周克发、胡江、李子阳、马福恒撰写，第12章由盛金保、马福恒撰写。全书由马福恒、胡江统稿。水利部大坝安全管理中心及相关水库管理单位的专家为本书的编写做了大量的资料收集与整理工作；同时，本书的出版得到南京水利科学研究院中央级公益性科研院所基本科研业务费专项资金和出版基金的支持和资助，在此一并表示衷心感谢。

本书编著者长期从事水库大坝安全评价及安全鉴定工作，且参与编制了《水库大坝安全评价导则》(SL 258—2017)，书中汇集了编著者从事水库大坝安全评价工作中的经验与体会。尽管理论不够深入，但都源自实践。本书可作为从事水库大坝安全评价人员的培训教材和参考书。由于时间仓促及水平所限，书中不当之处，恳请读者批评指正。

目录 CONTETNS

第1章　概　述 …… 1
1.1　安全评价的目的和意义 …… 1
1.2　水库大坝安全评价和安全鉴定规定 …… 2
1.2.1　大坝安全鉴定的程序 …… 2
1.2.2　水库大坝安全评价承担单位职责 …… 3
1.2.3　鉴定组织、审定单位和鉴定专家组职责 …… 4
1.3　大坝安全评价内容及依据 …… 5
1.3.1　安全评价对象与评价内容 …… 5
1.3.2　安全评价依据 …… 6
1.3.3　安全评价报告编制要求 …… 6

第2章　基础资料 …… 7
2.1　基础资料搜集的目的和原则 …… 7
2.2　资料搜集内容 …… 7
2.2.1　流域概况和水文气象资料 …… 7
2.2.2　水库大坝工程特性资料 …… 8
2.2.3　工程地质勘察资料 …… 8
2.2.4　设计与施工资料 …… 9
2.2.5　安全监测资料 …… 9
2.2.6　大坝安全状况资料 …… 10
2.2.7　大坝运行管理资料 …… 10

第3章　现场安全检查与安全检测 …… 11
3.1　现场安全检查 …… 11
3.1.1　现场安全检查组织及实施 …… 11
3.1.2　现场安全检查项目及方法 …… 11
3.1.3　现场安全检查成果分析 …… 14
3.2　钻探试验与隐患探测 …… 24
3.2.1　目的 …… 24
3.2.2　钻探试验 …… 24
3.2.3　隐患探测 …… 27
3.2.4　混凝土结构安全检测 …… 28

3.2.5 砌石结构安全检测 …… 30
3.2.6 金属结构安全检测 …… 31
3.3 存在问题及处理建议 …… 34

第 4 章 安全监测资料分析 …… 35
4.1 安全监测资料分析的目的和原则 …… 35
4.2 监测系统完备性和可靠性 …… 35
4.2.1 监测系统完备性 …… 35
4.2.2 监测系统可靠性 …… 39
4.3 监测资料分析 …… 42
4.4 大坝安全性态评价 …… 43

第 5 章 运行管理评价 …… 44
5.1 运行管理能力评价 …… 44
5.1.1 水库管理体制机制 …… 44
5.1.2 运行管理机构及人员 …… 44
5.1.3 管理规章制度 …… 45
5.1.4 管理设施 …… 45
5.2 水库调度运行评价 …… 46
5.2.1 水库调度规程编制 …… 47
5.2.2 水文测报 …… 48
5.2.3 安全监测 …… 49
5.2.4 应急预案编制 …… 49
5.2.5 运行大事记编写 …… 50
5.2.6 技术档案积累与管理 …… 50
5.3 工程维修养护评价 …… 50
5.3.1 工程维修养护评价主要内容 …… 50
5.3.2 工程维护、改扩建及除险加固过程 …… 51
5.3.3 大坝维修养护 …… 51
5.3.4 输泄水建筑物及金属结构、电器设备维修养护 …… 52
5.3.5 监测设施维修养护 …… 52
5.3.6 管理设施维护 …… 52
5.3.7 其他设施维护 …… 53
5.3.8 对大坝维修、改扩建及加固工程的记载与评价 …… 53
5.4 安全监测 …… 53
5.4.1 巡视检查 …… 53
5.4.2 仪器监测 …… 54
5.4.3 监测资料整编与分析 …… 55
5.5 运行管理综合评价 …… 58

5.5.1 运行管理常见问题 …… 58
5.5.2 运行管理综合评价 …… 59

第6章 工程质量评价 …… 60
6.1 工程质量评价内容与方法 …… 60
6.1.1 工程质量评价目的及内容 …… 60
6.1.2 工程质量评价方法 …… 60
6.1.3 质量评价中应注意的问题 …… 61
6.2 工程地质条件评价 …… 62
6.2.1 评价目的与要求 …… 62
6.2.2 地质勘察及成果分析 …… 62
6.2.3 场地地震基本烈度区划 …… 64
6.3 土石坝质量评价 …… 65
6.3.1 评价目的和要求 …… 65
6.3.2 评价内容及标准 …… 65
6.4 混凝土坝质量评价 …… 67
6.4.1 评价内容及方法 …… 67
6.4.2 检测成果分析 …… 68
6.4.3 评价标准 …… 69
6.5 砌石坝质量评价 …… 71
6.5.1 评价内容及方法 …… 71
6.5.2 检测成果分析 …… 71
6.5.3 评价标准 …… 72
6.6 其他建筑物质量评价 …… 72
6.6.1 混凝土结构质量评价 …… 73
6.6.2 砌石结构质量评价 …… 73
6.6.3 建筑物边坡质量评价 …… 73
6.6.4 金属结构质量评价 …… 73
6.7 工程质量综合评价 …… 73
6.7.1 常见的工程质量问题 …… 73
6.7.2 工程综合评价标准 …… 74

第7章 防洪能力复核 …… 75
7.1 洪水复核和防洪安全评价依据与方法 …… 75
7.1.1 评价依据 …… 75
7.1.2 评价程序和方法 …… 76
7.1.3 评价中应注意的问题 …… 76
7.2 复核与评价内容 …… 76
7.3 基本资料收集与复核 …… 77

7.3.1 收集基本资料 …… 77
7.3.2 审查基本资料 …… 79
7.4 洪水标准复核 …… 81
7.4.1 工程等别和级别 …… 81
7.4.2 我国各时期采用的洪水标准 …… 81
7.4.3 近期非常运用洪水标准 …… 82
7.4.4 复核时如何选定洪水标准 …… 83
7.5 设计洪水复核 …… 83
7.5.1 基本要求 …… 83
7.5.2 由流量资料计算设计洪水 …… 85
7.5.3 由暴雨资料推求设计洪水 …… 89
7.6 调洪计算 …… 92
7.6.1 计算条件确定与资料复核 …… 92
7.6.2 调洪计算 …… 94
7.6.3 水库防洪调度方式 …… 95
7.6.4 梯级水库的洪水调节计算 …… 96
7.6.5 设计洪水位和校核洪水位 …… 96
7.7 防洪安全规定 …… 97
7.7.1 安全超高 …… 97
7.7.2 泄洪建筑物的安全规定 …… 98
7.8 挡水和泄水安全复核 …… 99
7.8.1 土石坝坝顶高程复核 …… 99
7.8.2 混凝土坝坝顶高程复核 …… 102
7.8.3 泄水安全复核 …… 102
7.8.4 下游淹没影响 …… 104
7.9 防洪能力评价 …… 105
7.9.1 防洪能力复核结论 …… 105
7.9.2 防洪安全性分级 …… 106
7.9.3 常见的防洪能力问题 …… 107

第8章 渗流安全评价 …… 109
8.1 概述 …… 109
8.1.1 渗流安全评价依据 …… 109
8.1.2 渗流安全评价的目的 …… 110
8.1.3 渗流安全评价的主要内容 …… 110
8.1.4 渗流安全评价需要的基本资料 …… 110
8.2 渗流安全评价方法 …… 111
8.2.1 现场检查法 …… 111
8.2.2 监测资料分析法 …… 113

8.2.3 计算分析法 …… 124
8.2.4 经验类比法 …… 125
8.3 土石坝渗流安全评价 …… 125
8.3.1 土石坝渗流表现 …… 125
8.3.2 坝基渗流安全评价 …… 131
8.3.3 坝体渗流安全评价 …… 134
8.3.4 绕坝渗流安全评价 …… 137
8.4 混凝土坝渗流安全评价 …… 137
8.4.1 混凝土坝渗流表现 …… 137
8.4.2 渗流监测资料分析 …… 138
8.4.3 渗流计算分析 …… 138
8.4.4 渗流安全评价标准 …… 141
8.5 泄、输水建筑物渗流安全评价 …… 146
8.5.1 溢洪道的渗流安全评价 …… 146
8.5.2 涵管的渗流安全评价 …… 146
8.6 渗流安全综合评价 …… 147
8.6.1 渗流安全综合评价标准 …… 147
8.6.2 渗流安全评价应注意的问题 …… 147

第9章 结构安全评价 …… 149
9.1 结构安全评价依据与方法 …… 149
9.1.1 结构安全评价依据 …… 149
9.1.2 结构安全评价方法 …… 149
9.2 土石坝结构安全评价 …… 150
9.2.1 土石坝结构及体形复核 …… 150
9.2.2 变形监测资料分析 …… 151
9.2.3 抗滑稳定有限元计算 …… 154
9.2.4 土石坝与岸坡的连接 …… 159
9.2.5 土石坝与混凝土建筑物的连接 …… 159
9.3 混凝土坝结构安全评价 …… 160
9.3.1 混凝土坝结构表现及体形复核 …… 160
9.3.2 变形监测资料分析 …… 161
9.3.3 结构应力计算 …… 162
9.3.4 抗滑稳定计算 …… 166
9.3.5 结构安全评价 …… 169
9.4 泄、输水建筑物结构安全评价 …… 172
9.4.1 建筑物结构表现及体形复核 …… 172
9.4.2 变形监测资料分析 …… 173
9.4.3 结构复核计算 …… 173

9.4.4 抗滑(抗倾)稳定计算 …… 175
9.4.5 结构安全评价 …… 175
9.5 其他建筑物结构安全评价 …… 177
9.6 近坝岸坡稳定性评价 …… 181
9.7 结构安全综合评价 …… 181
9.7.1 常见的工程结构安全问题 …… 181
9.7.2 结构安全综合评价标准 …… 182

第10章 抗震安全评价 …… 183
10.1 抗震安全评价依据与方法 …… 183
10.1.1 抗震安全评价依据 …… 183
10.1.2 抗震安全评价方法 …… 183
10.2 抗震设防烈度复核及荷载确定 …… 184
10.2.1 抗震烈度复核 …… 184
10.2.2 地震荷载确定 …… 185
10.3 各建筑物抗震安全复核 …… 189
10.3.1 土石坝抗震安全评价 …… 189
10.3.2 混凝土坝抗震安全评价 …… 194
10.3.3 泄、输水建筑物抗震安全评价 …… 201
10.3.4 其他建筑物抗震安全评价 …… 203
10.4 抗震安全综合评价 …… 204
10.4.1 常见的抗震安全问题 …… 204
10.4.2 抗震安全综合评价标准 …… 204

第11章 金属结构安全评价 …… 205
11.1 概述 …… 205
11.2 金属结构及电气安全评价依据与方法 …… 206
11.2.1 金属结构及电气安全评价依据 …… 206
11.2.2 金属结构及电气安全评价方法 …… 206
11.3 钢闸门安全评价 …… 210
11.3.1 钢闸门现场检查与检测 …… 210
11.3.2 钢闸门结构复核计算分析方法 …… 210
11.3.3 钢闸门(含埋件)评价标准 …… 224
11.3.4 钢闸门启闭力计算 …… 230
11.3.5 钢闸门结构评价结论 …… 231
11.4 启闭机及电气安全评价 …… 232
11.4.1 启闭机及电气现场检查与检测 …… 232
11.4.2 启闭机复核计算分析方法 …… 233
11.4.3 启闭力评价标准 …… 233

11.4.4 启闭机安全评价结论 …………………………………… 235
11.5 水工压力钢管安全评价 …………………………………… 236
11.5.1 压力钢管现场检查与检测 …………………………………… 236
11.5.2 压力钢管复核计算 …………………………………… 236
11.5.3 水工压力钢管安全评价结论 …………………………………… 236
11.6 其他金属结构安全评价 …………………………………… 237
11.7 金属结构安全综合评价 …………………………………… 237
11.7.1 常见的金属结构安全问题 …………………………………… 237
11.7.2 金属结构安全综合评价 …………………………………… 238

第12章 大坝安全综合评价 …………………………………… 240
12.1 常见大坝病险表现 …………………………………… 240
12.1.1 防洪安全问题 …………………………………… 240
12.1.2 渗流病害问题 …………………………………… 241
12.1.3 结构病害问题 …………………………………… 242
12.1.4 震害 …………………………………… 244
12.1.5 金属结构安全问题 …………………………………… 245
12.1.6 管理与监测问题 …………………………………… 245
12.2 大坝安全综合评价原则及依据 …………………………………… 246
12.2.1 综合评价原则 …………………………………… 246
12.2.2 综合评价依据 …………………………………… 246
12.3 综合评价标准 …………………………………… 249
12.3.1 工程安全标准 …………………………………… 249
12.3.2 风险标准 …………………………………… 249

参考文献 …………………………………… 254

第 1 章

概　述

1.1　安全评价的目的和意义

根据《中国水利年鉴》(2018)，全国已建水库共 98 795 座(不含港澳台地区)，总库容 9 035亿 m^3，其中大型水库 732 座，中型水库 3 934 座，小型水库 94 129 座。这些水库在防洪、灌溉、供水、发电、改善生态环境等方面发挥了巨大的作用，社会、经济、环境效益显著，是防洪保安工程体系与水利基础设施的重要组成部分，特别对发展农村经济、改善农民生产生活条件、稳定农村社会秩序等起着不可替代的重要作用。

我国水库工程大多兴建于 20 世纪 50—70 年代，其中 50、60 和 70 年代各建了约 28 800、19 400 和 31 300 座水库，分别占已建水库总数的 29.4%、19.8%和 31.9%，这 30 年建成水库数量占已建水库的 81.8%。受当时经济技术条件限制和历史原因等影响，工程基础资料短缺，基本建设工程停建、缓建时有发生，导致“三边”工程和“半拉子”工程多，工程建设标准低、质量差，加上管理经费长期投入不足，维修养护不到位，导致我国病险水库问题突出。

水库大坝病险情和不安全因素不但影响水库效益的发挥，还会给下游人民生命财产安全带来严重的威胁。部分病险水库位于城镇的上游，是城镇头顶的“一盆水”，一旦垮坝，将对下游城镇造成灭顶之灾。大坝安全问题是大坝管理中的关键问题，大坝安全评价是大坝管理的重要手段，它一方面通过安全鉴定发现影响工程的不安全因素，及时进行除险加固；另一方面通过安全评价全面掌握大坝运行性态，完善大坝安全监测设施，科学合理调度水资源，最大限度地发挥工程效益。

20 世纪 80 年代以来，我国加强了大坝安全管理和病险大坝除险加固工作，成立了水利部大坝安全管理中心(1995 年前为水利部大坝安全监测中心)，开展了全国水利系统管理的大坝安全注册登记、安全鉴定技术指导、安全管理法规建设。

1995 年 3 月 20 日水利部发布了《水库大坝安全鉴定办法》(水管〔1995〕86 号)，2002 年开始组织对该办法进行修订，新的鉴定办法于 2003 年 8 月 1 日以水建管〔2003〕271 号文颁布实施，全面推行并建立了水库大坝定期安全鉴定制度。目前，水库大坝定期安全鉴定制度已经成为水库大坝安全管理的重要制度之一，是掌握和认定水库大坝安全状况，采取科学调度、控制运用、除险加固或降等报废等安全措施的重要依据。

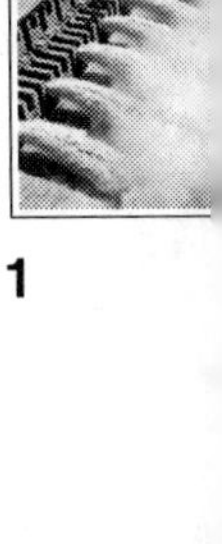

2000年12月29日水利部大坝安全管理中心编制的《水库大坝安全评价导则》(SL 258—2000)作为行业标准颁布实施，水库大坝安全鉴定逐步走向正规化。《水库大坝安全评价导则》颁布以来，对保障水库大坝安全运行、规范与指导水库大坝安全鉴定工作、确保病险水库除险加固的针对性和科学性发挥了不可替代的重要作用。鉴于一批涉及水库大坝安全与管理的新法规与技术标准，如《水利工程管理体制改革实施意见》(2002)、《水库降等与报废管理办法(试行)》(2003)、《小型水库安全管理办法》(2010)、《水库大坝安全管理应急预案编制导则(试行)》(2007)、《水库调度规程编制导则》(2012)、《大坝安全监测仪器检验测试规程》(SL 530)、《大坝安全监测仪器安装标准》(SL 531)、《土石坝安全监测技术规范》(SL 551)、《混凝土坝安全监测技术规范》(SL 601)、《水库降等与报废标准》(SL 605)等先后颁布实施或修订，以及近年来大规模开展的病险水库除险加固实践积累了很多新的认识和经验，为反映这些新的变化和要求，2014年相关单位对该导则进行了修订，并于2017年4月19日发布实施。

国家从1999年后加大了病险水库除险加固力度，第一批除险加固计划1 346座主要为大型和重点中型水库。为进一步解决小型病险水库突出问题，2010年水利部与财政部编制了《全国重点小型病险水库除险加固规划》，计划2013年前对5 400座小(1)型水库实施除险加固。为贯彻落实2011年中央一号文件精神，水利部与财政部又编制了《全国重点小(2)型病险水库除险加固规划》，确定2013年底之前完成15 891座重点小(2)型病险水库除险加固任务，2015年底之前再完成25 000座一般小(2)型病险水库除险加固。

通过除险加固，尽管大部分水库安全性态得到改观，社会经济效益得以发挥，但水库大坝经过一段时间运行，新的安全隐患又会出现，再加上近年来除险加固由于任务重、加固经验不足，部分地区配套资金不到位，导致大坝病险处理不彻底，有些仍旧为病险水库。因此，须要重新进行全面系统的安全评价，以期掌握大坝安全性态，确保工程安全运行。

1.2 水库大坝安全评价和安全鉴定规定

1.2.1 大坝安全鉴定的程序

(1) 鉴定依据

1)《水库大坝安全管理条例》(1991年国务院令第77号颁布，2018年第二次修正)；

2)《水库大坝安全鉴定办法》(水建管〔2003〕271号)，2003年8月1日实施；

3)《水库大坝安全评价导则》(SL 258—2017)，2017年4月9日实施；

4)《水利枢纽工程除险加固近期非常运用洪水标准》(水规〔1989〕21号)；

5) 现行有关水库大坝工程勘察、设计及施工规范；

6) 现行有关水库大坝安全管理的法规、通则、文件等。

(2) 鉴定周期

水库大坝实行定期安全鉴定制度，首次大坝安全鉴定应在工程竣工验收后5年内进行，以后应每隔6～10年进行一次，运行中遭遇特大洪水、强烈地震、工程发生重大事故或出现

影响安全的异常现象后，应组织专门的安全鉴定。

(3) 安全鉴定程序

大坝安全鉴定包括大坝安全评价、大坝安全鉴定技术审查和大坝安全鉴定意见审定三个基本程序。具体如下：

1) 水库主管部门下达鉴定任务，管理单位编制大坝安全鉴定工作计划，委托有资质的大坝安全评价单位开展相关工作；

2) 水库主管单位或运行管理单位组织有关专家进行现场安全检查，提出安全评价要点和要求，编制水库大坝安全现场检查报告；

3) 水库管理单位协助安全评价单位进行资料准备，安全评价单位对大坝安全性态进行分析评价，提出相关评价报告，并起草大坝安全鉴定报告书(初稿)；

4) 大坝安全审定单位组建大坝安全鉴定专家组，召开大坝安全鉴定会，由鉴定专家审查分析评价报告和现场安全检查报告，讨论形成大坝安全鉴定结论(一类坝、二类坝、三类坝)，提出相应建议；

5) 大坝安全审定单位刊印大坝安全鉴定书，上报和存档，二类坝、三类坝准备相应除险加固方案。

大坝安全鉴定的程序是为保证大坝安全评价成果的质量，正确评价大坝安全的分类而制定的，大坝安全鉴定程序的运作主要由鉴定组织单位、鉴定审定部门负责。

1.2.2 水库大坝安全评价承担单位职责

(1) 大坝安全评价承担单位资质要求

依据《水库大坝安全鉴定办法》(以下简称《鉴定办法》)要求，鉴定承担单位为水利行业的设计院、水利部公布的科研单位及大专院校。具体要求为：大型水库和影响县城安全或坝高 50 m 以上中型水库的大坝安全评价，由具有水利水电勘测设计甲级资质的单位或者水利部公布的有关科研单位和大专院校承担。

其他中型水库和影响县城安全或坝高 30 m 以上小型水库的大坝安全评价由具有水利水电勘测设计乙级以上(含乙级)资质的单位承担；其他小型水库的大坝安全评价由具有水利水电勘测设计丙级以上(含丙级)资质的单位承担。上述水库的大坝安全评价也可以由省级水行政主管部门公布的有关科研单位和大专院校承担。鉴定承担单位实行动态管理，对业绩表现差，成果质量不能满足要求的鉴定承担单位应当取消其承担大坝安全评价的资格。

目前，大坝安全评价工作只规定了承担单位的资质要求，并未规定从业人员的技术要求，造成个别评价成果质量差。《鉴定办法》修订该条款时应借鉴国外经验，规定从业人员资质和经历要求，并推行回避制度。

(2) 大坝安全评价承担单位职责

大坝安全评价承担单位受大坝安全鉴定组织单位或业主委托，开展大坝安全分析评价工作，其主要职责如下：

1) 参加现场安全检查，并负责编制现场安全检查报告；

2) 收集有关资料，并根据需要开展地质勘探、工程质量检测、鉴定试验等工作；

3) 按有关技术标准对大坝安全状况进行评价，并提出大坝安全评价报告，并对安全评

价成果负责；

4）向鉴定专家组汇报评价成果，回答专家质疑，并按鉴定审定部门的审查意见，补充相关工作，修改大坝安全评价报告；

5）起草大坝安全鉴定报告书初稿。

1.2.3 鉴定组织、审定单位和鉴定专家组职责

（1）鉴定组织单位及职责

鉴定组织单位为水库管理单位或水行政主管部门，实际上是水库效益的受益者，也就是工程的业主。水库大坝的安全关系到下游人民生命财产的安全，水库大坝的安全性怎样，根据“谁受益、谁负责”的原则，应该由组织单位即大坝主管部门负责出资定期组织安全鉴定。其职责如下：

1）按《鉴定办法》要求，定期组织大坝安全鉴定工作；

2）制定大坝安全鉴定工作计划，并组织实施；

3）委托鉴定承担单位进行大坝安全评价工作；

4）组织现场安全检查；

5）向鉴定承担单位提供必要的基础资料；

6）筹措大坝安全鉴定经费。

（2）鉴定审定部门及职责

鉴定审定部门为各级水行政主管部门，其职能是为了监控、管理水库大坝的安全。目前我国按照分级负责的原则由各级水行政主管部门按《鉴定办法》组建大坝安全鉴定委员会（专家组）来评定水库大坝的安全状况，大型水库和影响县城安全或坝高 50 m 以上的中型水库由省（或市）级水行政主管部门组织鉴定；中型水库和影响县城安全或坝高 30 m 以上的小型水库由地（市）级以上水行政主管部门组织鉴定；其他小型水库由县级以上水行政主管部门组织鉴定；流域机构负责其直属水库大坝安全鉴定；水利部负责部直属水库大坝安全鉴定。

其主要职责为组建由大坝主管部门的代表、水库法人单位的代表和从事水利水电专业技术工作的专家组成的大坝安全鉴定委员会（专家组），下达水库大坝安全鉴定任务；组织召开大坝安全鉴定会；审查大坝安全评价报告；审定并印发大坝安全鉴定报告书。

（3）鉴定专家组组成及职责

鉴定专家组成员受鉴定审定部门邀请，专家组成员组成的合理性、专业水平和工程实践经验对水库大坝安全分类的正确评判、认定有十分重要的影响，因此要求成员专业配置合理，人员资质合格，人数适当。依据《鉴定办法》要求，鉴定专家组应满足如下要求：

1）对大型水库和影响县城安全或坝高 50 m 以上中型水库的鉴定，应由 9 名以上专家组成，其中 6 名以上应具有高级职称。

2）对其他中型水库和影响县城安全或坝高 30 m 以上小型水库的鉴定，应由 7 名以上专家组成，其中 3 名以上应具有高级职称。

3）对其他小型水库的鉴定，应由 5 名以上专家组成，其中 2 名以上应具有高级职称。

4）主管部门所在行政区域以外的专家应不少于 1/3，避免属地化。属地化现象在“三类

坝”核查中经常碰到，通常造成鉴定成果被退回。

5）参与工程设计、施工、监理的人员不得超过 1/3，但也有个别省份认为原参与者对工程比较熟悉而无此要求。笔者认为其实不然，有些工程参建者护短心理严重，造成鉴定结论不符合工程实际的情况比比皆是，影响到大坝加固和维修。

6）专家组专业要全面，不仅需要水文、水工专业，同时也要求包括工程地质、金属结构和管理等专业。专业不全面现象在“三类坝”核查中经常碰到，专家组往往只有水工、水文或工程管理专业，缺少金属结构、地质等专业，造成鉴定结论不全面。

大坝安全鉴定委员会（专家组）的职责主要是对水库大坝安全评价报告进行认真负责的审查，对安全分类进行评判、认定，并提出大坝安全鉴定报告书供鉴定审定部门审定。其主要职责是：

1）审查各分项安全分析评价报告、现场安全检查报告及综合评价报告（含各报告的必要修改）。

2）主持大坝安全鉴定会议，评定大坝安全类别，提出对工程的加固意见和建议，讨论并提出“大坝安全鉴定报告书”。

1.3 大坝安全评价内容及依据

1.3.1 安全评价对象与评价内容

（1）安全评价对象

根据《水库大坝安全评价导则》（SL 258—2017）（以下简称《导则》）规定，《导则》适用于坝高 15 m 及以上或库容 100 万 m^3 以上的已建水库大坝安全评价，坝高小于 15 m 的小（2）型已建水库大坝可参照执行。

安全评价对象包括永久性挡水建筑物以及影响大坝安全的泄水、输水、过船等建筑物与其金属结构、近坝岸坡。大坝安全评价是针对大坝等水工建筑物结构、工程运行管理、工程质量等方面的系统评价，要求做到评价全面，重点突出。

工程建筑物一般包含主坝、副坝等挡水建筑物；溢洪道、泄水隧洞、管涵、灌溉渠首、供水取水口和电站进水口等与大坝安全有关的泄水、输水建筑物；与工程安全运用有关的过坝建筑物和金属结构等。影响大坝安全、溢洪道泄流安全和消能防冲的库岸或岸坡也应纳入评价范围。

（2）安全评价内容

水库大坝安全评价应在现场安全检查和监测资料分析基础上，按照现行相关规范的规定和要求，复核工程等别、建筑物级别以及防洪标准与抗震设防标准，查明工程质量及大坝现状实际工作条件，对水库大坝防洪能力、渗流安全、结构安全、抗震安全、金属结构安全以及运行管理等进行复核与评价，并综合上述复核与评价结果，对大坝安全进行综合评价。复核计算的荷载和参数应采用最新调洪计算及监测、试验、检测成果。

首次大坝安全鉴定应按《导则》要求对大坝安全进行全面评价，后续大坝安全鉴定应重

点针对运行中暴露的质量缺陷和安全问题进行专项论证。对有安全监测资料的水库大坝，应从监测资料分析入手，了解大坝安全性状。

对险情明确、基础资料不足的一般小(1)型及小(2)型水库大坝，可由水库主管部门组织专家组在现场安全检查工作基础上，由专家组对大坝安全类别进行认定。

1.3.2　安全评价依据

水库大坝工程经过一定年限的运行，工程性状、工程地质与水文地质条件都有一定的变化，我国有关大坝工程的规程、规范也在不断地修订、完善，因此在大坝安全评价时，应以工程现状下的质量、运行状况及以现行规程、规范、标准作为安全评价的标准和依据。

1.3.3　安全评价报告编制要求

水库大坝安全评价一般应编制工程质量评价报告、大坝运行管理评价报告、防洪安全评价报告、渗流安全评价报告、结构安全评价报告、抗震安全评价报告、金属结构安全评价报告等7个分报告和大坝安全综合评价报告。应该强调的是，大坝安全评价复核或分析所采用的资料和数据应准确可靠，结论应明确合理。

在大坝安全评价时，首次开展安全鉴定或无地勘资料的情况下需进行必要的地质勘察、混凝土结构与金属结构检测，并形成报告，可作为大坝安全评价报告附件。大坝安全鉴定时，鉴定组织单位应组织现场安全检查，并由安全鉴定承担单位负责编制形成现场安全检查报告。

评价报告编制要条理清晰，图文并茂，事实清楚，结论明确。

第 2 章
基础资料

2.1 基础资料搜集的目的和原则

我国水库大坝绝大多数修建于 20 世纪 50—70 年代，限于当时的历史条件，很多水库尤其是小型水库为“三无工程”或“三边工程”，原勘测、设计、施工资料极其匮乏。而且由于管理缺失或管理人员专业素质低，运行管理资料也大多未得到积累和系统整理、存档，特别对运行中出现的工程安全问题以及历次维修加固情况记录不清。好在当初参加水库工程建设、熟悉工程基本情况的老同志大多仍然健在，因此，有必要结合大坝安全鉴定工作，通过走访、现场检查和查勘尽量收集大坝安全与管理方面的历史资料，对缺失和不足的资料，应通过补充地质勘察、安全检测等途径和手段查清补齐，建立与完善水库大坝基本资料技术档案。

应根据大坝安全评价的需要，搜集和整理水库流域概况和水文气象、工程特性、工程地质、设计与施工、安全监测、大坝安全状况、大坝运行管理等方面的资料。

基础资料应能反映水库工程当前的实际状况，特别应注意搜集运行过程中可能发生变化的资料，包括水文系列延长、水库功能与防洪保护对象变化、抗震标准改变、淤积与库容变化、水库特征值变化、水库调度运行方式改变、大坝下游冲刷等方面的资料。

应对搜集的基本资料的准确性和可靠性进行分析，对存在明显错误或系统偏差的资料，应予纠正或剔除。

当搜集的基础资料不满足大坝安全评价要求时，应通过走访、现场检查、补充地质勘察、安全检测等途径和手段查清补齐。

2.2 资料搜集内容

2.2.1 流域概况和水文气象资料

流域概况和水文气象资料搜集与复核应按照《水利水电工程设计洪水计算规范》(SL 44)的有关规定进行。

流域概况和水文气象资料主要包括：

（1）水库所在流域内的地形、地质、植被、土壤分布、水系、降水、蒸发、气温、风向、风力等基本资料，以及水库所在流域特征参数，如控制流域面积、河道长度、河道比降等；

（2）水库所在流域与相关区域的暴雨、洪水、冰情特征等资料，相关雨量站的降雨资料，相关水文（位）站历年实测洪水资料及人类活动对水文参数的影响资料；

（3）水库上、下游其他水利工程基本情况资料。

2.2.2 水库大坝工程特性资料

工程特性方面应搜集水库大坝工程概况、工程特性表、现状工程图等资料。

水库大坝工程特性资料主要包括：

（1）水库大坝工程概况，包括兴建与后期改扩建或除险加固概况、工程特性资料（工程等别与建筑物级别、防洪标准、特征水位与特征库容、水工建筑物基本情况、闸门与启闭设施及电源配置情况）；

（2）现状枢纽平面布置图、主要水工建筑物平面及典型断面图；

（3）现状库容曲线、下游河道重要控制站水位与流量关系线等；

（4）水库防洪保护对象以及灌溉、供水、发电、航运等兴利功能指标；

（5）水库下游防洪保护区和溃坝洪水风险区社会、经济、人口等资料。

2.2.3 工程地质勘察资料

工程地质方面应搜集和分析各阶段工程地质勘察资料，并根据需要，有针对性地补充勘探、测试及试验，以获取以下资料：

（1）土石坝体和非岩石坝基各土层的颗粒组成、渗透系数，土石料的压实特性指标、强度和压缩性指标、接触关系及允许渗透比降等，坝基易液化土、软黏土和湿陷性黄土等的分布及其物理力学指标；

（2）坝基范围内存在的断层、破碎带、软弱夹层等地质构造的产状、宽度、组成物性质、延伸长度及所在部位，以及其渗漏、管涌、溶蚀和滑动对坝基和坝体的影响。

（3）地震基本资料：

① 地震危险性及地面运动参数。搜集当地及邻区的历史地震资料，以及其中最大地震时的地面运动特性。对1、2级大坝，宜获得下列资料：a. 地震活动性资料，历次地震的时间、震中位置、震级、震源深度、震中烈度、场地烈度、震害记录、历史地震震中分布图及地震活动性评述等；b. 地面运动参数，典型地震时的震源特性指标、在不同位置监测得到的振动过程记录、振动历时、最大振动（加速度、速度、位移）幅值、场地特征周期、残余位移、建筑物的加速度反应谱；c. 地震危险性专门分析结果及报告。

② 设计烈度为8、9度的1级土石坝工程的动力学特性（包括变形和强度）试验资料；2级土石坝工程的动力强度指标。

③ 历史震害及地质灾害资料，包括：历史上发生过的地震及水库大坝震损情况；库区地质灾害及近坝库岸稳定情况；水库诱发地震资料。

2.2.4 设计与施工资料

设计与施工方面应搜集大坝初始建设、改扩建及除险加固工程的设计、施工、验收资料，以及历次设计审查意见和批复文件。

(1) 设计资料包括大坝初始建设、改扩建及除险加固工程设计报告和设计图纸，主要有：

① 洪水标准、设计洪水计算、调洪演算、超高复核。

② 基础(含岸坡)开挖与处理设计。不宜利用的岩土体挖除、建基面形状控制、坝基固结灌浆、接触灌浆、基础防渗排水、软弱层带的混凝土置换、预应力锚固等。

③ 渗流安全设计，包括防渗和排水设计或有关说明、防渗体和排水体的型式、细部结构及其与相邻材料的接触过渡关系，设计预计的渗流压力分布、渗流量和各材料的允许渗透比降、浸润线位置等。

④ 结构安全设计，包括稳定、变形和应力分析及相应的措施设计。

⑤ 抗震安全设计，包括抗震计算和抗震措施设计，地震计算主要有设计地震荷载及组合，地震敏感的结构部位(如内部廊道、空腔、管道、排水、反滤、工程体形)的断面及地震敏感(例如液化)材料的布置区域，动力反应或液化分析所采用的计算模型、有关参数、判别标准及计算结果。

⑥ 泄、输水建筑物水力学设计，以及结构、抗震与防渗设计。

⑦ 金属结构试验资料和设计资料。

⑧ 蓄水安全鉴定和竣工验收技术鉴定设计自检报告。

(2) 历次设计审查意见和批复文件。

(3) 施工资料包括：

① 坝体、防渗工程与排水设施、基础(含岸坡)开挖与处理工程、输泄水建筑物等的施工方法、质量控制、质量检测(查)、监理及验收的有关图件和文字报告等资料；

② 金属结构材料、制造、运输、安装及竣工验收资料；

③ 重大设计变更资料；

④ 工程在施工期及运行期出现的质量事故及其处理情况的有关资料；

⑤ 工程竣工图，包括枢纽平面布置图、主要水工建筑物平面及典型断面图。

(4) 验收资料包括：

① 各个阶段的验收报告；

② 蓄水安全鉴定和竣工验收技术鉴定报告。

2.2.5 安全监测资料

安全监测方面应搜集大坝安全监测系统设计与埋设安装资料、运行期监测记录，以及历次大坝安全监测资料整编与分析报告。

具体地，安全监测资料主要包括：

(1) 大坝安全监测系统设计与埋设安装资料，包括监测设施的平面、剖面布置，埋设考

证表等；

（2）运行期的渗流、变形、压力（应力）、应变、环境量及水力学监测资料，环境量监测包括上下游水位、库水温、降水量、气温、坝前及库区泥沙淤积和下游冲刷等；

（3）历次大坝安全监测资料整编与分析报告。

2.2.6 大坝安全状况资料

大坝安全状况方面应搜集历次大坝安全鉴定及鉴定结论的处理情况资料，以及水库运行过程中暴露的工程质量缺陷、安全隐患、事故的处理情况资料。具体地，包括以下内容：

（1）历次大坝安全鉴定资料，包括大坝安全分析评价报告和鉴定报告书；

（2）历次大坝安全鉴定结论的处理情况和效果资料；

（3）运行中暴露的工程质量缺陷或安全隐患（如裂缝、滑坡、异常渗流）与事故（如闸门启闭故障）及处理情况资料，包括险情或事故发生时间、部位、性质、外界条件、发生发展过程、灾情等。

2.2.7 大坝运行管理资料

大坝运行管理方面应搜集水库管理机构与管理制度、管理设施、调度运用、维修养护、应急管理、运行大事记、存在问题等方面的资料。主要有：

（1）水库管理机构、管理队伍及管理制度；

（2）水库水管体制改革方案及两项经费落实情况；

（3）水库调度运用方案、历年最高与最低运行水位及水库效益等资料；

（4）水库应急管理资料，包括防汛抢险应急预案、大坝安全管理应急预案、防汛交通与通信设施、电力、报警设施等；

（5）水库运行大事记，包括水工建筑物与金属结构设备历年的运行、监测及维护、检修、大修、技术改造等记录；

（6）大坝存在的工程安全问题和安全管理问题以及水库运行以来发挥的效益资料。

第 3 章

现场安全检查与安全检测

3.1 现场安全检查

3.1.1 现场安全检查组织及实施

现场安全检查的目的是检查大坝是否存在工程安全隐患与管理缺陷，并为大坝安全评价工作提供指导性意见。现场安全检查可以发现问题、提出问题，因此，应在补充地质勘察、安全检测及分析评价工作之前首先开展。

根据《鉴定办法》和《导则》的要求，现场安全检查应由鉴定组织单位[水库管理单位或主管部门（业主）]组织完成。

现场安全检查应成立现场安全检查专家组，并由专家组完成现场安全检查工作。现场安全检查专家组应由熟悉工程基本情况及水文、地质、水工、金属结构和管理等不同专业的专家组成，鉴定承担单位应派专家参加现场安全检查，现场安全检查报告一般由鉴定承担单位编制。

3.1.2 现场安全检查项目及方法

3.1.2.1 现场安全检查依据

土石坝现场安全检查按照《土石坝安全监测技术规范》（SL 551）有关巡视检查的规定执行；混凝土坝现场安全检查按照《混凝土坝安全监测技术规范》（SL 601）有关现场检查的规定执行；其他坝型现场安全检查可参照土石坝或混凝土坝的要求执行，并结合坝型特点增减检查项目。

3.1.2.2 现场安全检查项目

现场安全检查项目主要包括坝体、坝基及坝肩（或坝区）、输泄水洞（管）、溢洪道、金属结构、近坝库岸、监测设施、管理与保障设施等。

（1）坝体

1）土石坝

① 坝顶有无裂缝、异常变形、积水或植物滋生等现象；防浪墙有无开裂、挤碎、架空、错断和倾斜等情况。

② 迎水坡护面或护坡是否损坏；有无裂缝、剥落、滑动、隆起、塌坑、冲刷或植物滋生等现象；近坝水面有无冒泡、变浑、漩涡和冬季不冻等异常现象。块石护坡有无块石翻起、松动、塌陷、垫层流失、架空或风化变质等损坏现象。

③ 混凝土面板堆石坝应检查面板之间接缝的开合情况和缝间止水设施的工作状况；面板表面有无不均匀沉陷，面板和趾板接触处沉降、错动、张开情况；混凝土面板有无破损、裂缝，表面裂缝出现的位置、规模、延伸方向及变化情况；面板有无溶蚀或水流侵蚀现象。

④ 背水坡及坝趾有无裂缝、剥落、滑动、隆起、塌坑、雨淋沟、散浸、积雪不均匀融化、冒水、渗水坑或流土、管涌等现象；表面排水系统是否通畅，有无裂缝或损坏，沟内有无垃圾、泥沙淤积或长草等情况；草皮护坡植被是否完好；有无兽洞、蚁穴等隐患；滤水坝趾、减压井（或沟）等导渗降压设施有无异常或破坏现象；排水反滤设施是否堵塞和排水不畅，渗水有无骤增骤减和发生浑浊现象。

2）混凝土坝

① 坝面及防浪墙有无裂缝、错动、沉陷；相邻坝段之间有无错动；伸缩缝开合状况、止水设施工作状况；排水设施工作状况。

② 上游面有无裂缝、错动、沉陷、剥蚀、冻融破坏；伸缩缝开合状况，止水设施工作状况。

③ 下游面有无裂缝、错动、沉陷、剥蚀、冻融破坏、钙质离析、渗水；伸缩缝开合状况。

④ 廊道有无裂缝、位移、漏水、溶蚀、剥落；伸缩缝开合状况、止水设施工作状况；照明通风状况。

⑤ 排水孔工作状况；排水量、水体颜色及浑浊度。

（2）坝基及坝肩（或坝区）

1）土石坝

① 基础排水设施的工况是否正常；渗漏水的水量、颜色、气味及浑浊度、酸碱度、温度有无变化；基础廊道是否有裂缝、渗水等现象。

② 坝体与岸坡连接处有无错动、开裂及渗水等情况；两岸坝端区有无裂缝、滑动、滑坡、崩塌、溶蚀、隆起、塌坑、异常渗水和蚁穴、兽洞等。

③ 坝趾近区有无阴湿、渗水、管涌、流土或隆起等现象；排水设施是否完好。

④ 坝端岸坡有无裂缝、塌滑迹象；护坡有无隆起、塌陷或其他损坏情况；下游岸坡地下水露头及绕坝渗流是否正常。

⑤ 有条件时检查上游铺盖有无裂缝、塌坑。

2）混凝土坝

① 基础岩体有无挤压、错动、松动和鼓出。

② 坝体与基岩（或岸坡）接合处有无错动、开裂、脱离及渗水等情况；两岸坝肩区有无裂缝、滑坡、沉陷、溶蚀及绕渗等情况。

③ 下游坝趾有无冲刷、淘刷、管涌、塌陷；渗漏水量、颜色、浑浊度及其变化状况。

④ 廊道有无裂缝、位移、漏水、溶蚀、剥落；伸缩缝开合状况；止水设施工作状况；照明通风设施工作状况。

⑤ 排水孔工作状况；排水量、水体颜色及浑浊度。

(3) 输泄水洞(管)

1) 引水段有无堵塞、淤积、崩塌。

2) 进水口边坡坡面有无新裂缝、塌滑发生，原有裂缝有无扩大、延伸；地表有无隆起或下陷；排(截)水沟是否通畅、排水孔工作是否正常；有无新的地下水露头，渗水量有无变化。

3) 进水塔(或竖井)混凝土有无裂缝、渗水、空蚀或其他损坏现象；塔体有无倾斜或不均匀沉降。

4) 洞(管)身有无裂缝、坍塌、鼓起、渗水、空蚀等线性化；原有裂(接)缝有无扩大、延伸；放水时洞内声音是否正常。

5) 出水口在放水期水流形态、流量是否正常；停水期是否有水渗漏；出水口边坡有无裂缝及滑移。

6) 消能工有无冲刷、磨损、淘刷或砂石、杂物堆积等现象，下游河床及岸坡有无异常冲刷、淤积和波浪冲击破坏等情况。

7) 工作桥是否有不均匀沉陷、裂缝、断裂等现象。

(4) 溢洪道

1) 进水段有无堵塞，上游拦污设施是否正常，两侧有无滑坡或坍塌迹象；护坡有无裂缝、沉陷、渗水；流态是否正常。

2) 堰顶或闸室、闸墩、胸墙、边墙、溢流面、底板等处有无裂缝、渗水、剥落、冲刷、磨损和损伤；排水孔及伸缩缝是否完好。

3) 泄水槽有无空蚀、冲蚀、裂缝和损伤。

4) 消能设施有无磨损、冲蚀、裂缝、变形和淤积。

5) 下游河床及岸坡有无冲刷、淤积。

6) 工作桥有无不均匀沉陷、裂缝、断裂等现象。

(5) 金属结构

1) 闸门有无变形、裂纹、螺(铆)钉松动、焊缝开裂；门槽有无卡堵、空蚀等；钢丝绳有无锈蚀、磨损、断裂；止水设施有无损坏、老化、漏水；闸门是否发生振动、空蚀现象。

2) 启闭机是否正常工作；制动、限位设备是否准确有效；电源、传动、润滑等系统是否正常；启闭是否灵活；备用电源及手动启闭是否可靠。

3) 金属结构防腐及锈蚀状况。

4) 电气控制设备、动力和备用电源工作状况。

5) 闸门顶是否溢流。

(6) 近坝库岸

1) 库区水面有无漩涡、冒泡现象，严冬是否不封冻。

2) 岸坡有无冲刷、塌陷、裂缝、滑移、冻融迹象；是否存在高边坡和滑坡体；岸坡地下水出露及渗漏情况；表面排水设施或排水孔是否正常。

(7) 监测设施

包括水雨情及工程安全监测仪器设备、传输线缆、通信设施、防雷设施和保护设施、供电

设施是否正常工作。

（8）管理与保障设施

包括与大坝安全有关的电站、供电系统、预警设施、备用电源、照明、通信、交通与应急设施是否损坏，工作是否正常。

3.1.2.3　现场安全检查方法

现场安全检查方法主要有常规检查方法和特殊检查方法。

（1）常规检查方法

主要为眼看、耳听、手摸、鼻嗅、脚踩等直观方法，或辅以锤、钎、钢卷尺、放大镜、石蕊试纸等简单工具器材，对工程表面和异常现象进行检查。对安装了视频监控系统的土石坝，可利用视频图像辅助检查。

（2）特殊检查方法

可采用开挖探坑（或槽）、探井、钻孔取样或孔内电视、向孔内注水试验、投放化学试剂、潜水员探摸或水下电视、水下摄影或录像等方法，对工程内部、水下部位或坝基进行检查。在有条件的地方，可采用水下多波束等设备对库底淤积、岸坡崩塌堆积体等进行检查。

3.1.3　现场安全检查成果分析

现场安全检查应在查阅资料基础上，对大坝外观与运行状况、设备、管理设施等进行全面检查和评价，并填写现场安全检查表，编制大坝现场安全检查报告，提出大坝安全评价工作的重点和建议。

3.1.3.1　现场安全检查记录

大坝现场安全检查应详细填写现场安全检查表，见表3.1-1～表3.1-8，具体可根据工程实际情况增减表中内容。

表3.1-1　现场安全检查基本情况

水库名称及基本情况描述	
枢纽工程主要建筑物	
水库防洪保护对象	
检查时间	
天气	
检查时库水位（m）	
检查时库容（m^3）	
检查人员	
现场检查发现的主要问题描述	

注：可根据工程实际情况增减表中内容。

表 3.1-2　挡水建筑物现场检查情况——土石坝

检查部位			检查情况记录
挡水建筑物	坝顶	坝顶路面	
		坝顶排水设施	
		防浪墙	
	坝体	坝体填土	
		坝体外观形象面貌	
		上游护坡设施	
		上游垫层料	
		上游反滤料	
		上游排水设施	
		下游护坡设施	
		下游垫层料	
		下游反滤料	
		下游排水设施	
	坝基	上游坝基	
		下游坝基	
		坝基截水槽(墙)	
	坝肩	左坝肩	
		右坝肩	
	下游地面	排水沟	
		排水渠	
	近坝库岸	坝左库岸	
		坝右库岸	
	其他		

注:可根据工程实际情况增减表中内容。

表 3.1-3　挡水建筑物现场检查情况——混凝土坝与浆砌石坝

检查部位			检查情况记录
挡水建筑物	坝顶	坝顶路面	
		坝顶排水设施	

续表

检查部位			检查情况记录
挡水建筑物	坝体	坝体混凝土或浆砌石	
		坝体外观形象面貌	
		上游坝面	
		下游坝面	
		坝体排水设施	
		坝体内部廊道	
	坝基	上游坝基	
		下游坝基	
		坝基防渗帷幕	
		坝基排水	
	坝肩	左坝肩	
		右坝肩	
	下游地面	排水沟	
		排水渠	
	近坝库岸	坝左库岸	
		坝右库岸	
	其他		

注：可根据工程实际情况增减表中内容。

表 3.1-4　泄水建筑物现场检查情况——溢洪道

检查部位			检查情况记录
泄水建筑物	进水段	左岸边墙	
		右岸边墙	
		底板	
	控制段	左岸边墙	
		右岸边墙	
		闸墩	
		牛腿	
		底板	
		溢流堰体	

续表

检查部位			检查情况记录
泄水建筑物	闸门	拦污栅	
		检修闸门	
		检修门槽	
		工作闸门	
		工作门槽	
		通气孔	
	启闭设施	启闭房(塔)	
		启闭机	
		启闭控制设施	
		启闭电源	
		备用电源	
	泄槽段	左岸边墙	
		右岸边墙	
		底板	
	消能设施	挑流鼻坎	
		消力池	
		底板	
		消能跌坎	
	尾水	尾水渠道	
		下游河道	
	交通设施	工作桥	
		交通桥	
	岸坡	左岸边坡	
		右岸边坡	
	其他		

注：可根据工程实际情况增减表中内容。

表 3.1-5　泄水建筑物现场检查情况——溢(泄)洪隧洞

检查部位			检查情况记录
泄水建筑物	进水段	左岸边墙	
		右岸边墙	
		底板	
	隧洞段	闸门井	
		洞顶部	
		洞壁两侧	
		洞底板	
	闸门	拦污栅	
		检修闸门	
		检修门槽	
		工作闸门	
		工作门槽	
		通气孔	
	启闭设施	启闭房(塔)	
		启闭机	
		启闭电源	
		备用电源	
	出口段	左岸边墙	
		右岸边墙	
		底板	
		消能设施	
	尾水	尾水渠道	
		下游河道	
	其他		

注：可根据工程实际情况增减表中内容。

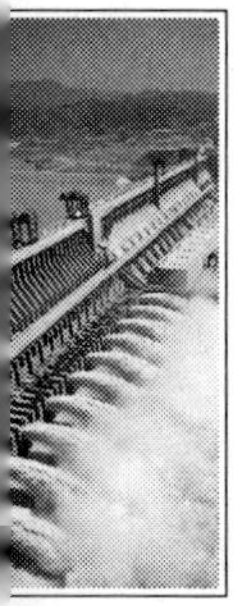

表 3.1-6 输(引)水建筑物现场检查情况

检查部位			检查情况记录
输(引)水建筑物	进水段	左岸边墙	
		右岸边墙	
		底板	
	隧(涵)洞段	闸门井	
		洞顶部	
		洞壁两侧	
		洞底板	
	闸门	拦污栅	
		检修闸门	
		检修门槽	
		工作闸门	
		工作门槽	
		通气孔	
	启闭设施	启闭房(塔)	
		启闭机	
		启闭电源	
		备用电源	
	出口段	左岸边墙	
		右岸边墙	
		底板	
		消能设施	
	尾水	尾水渠道	
		下游河道	
	其他		

注:可根据工程实际情况增减表中内容。

表 3.1-7　管理设施现场检查情况

检查项目			检查情况记录
管理设施	管理机构	机构组成	
		机构主管部门	
	管理队伍	行政管理人员	
		技术管理人员	
	管理制度	管理制度类型	
		管理制度执行情况	
	办公用房	办公用房面积	
		结构安全性	
	办公设备	计算机	
		打印机	
		监控设备	
		办公桌椅	
	水雨情测报设施	水情测报设施	
		雨情测报设施	
	安全监测设施	变形监测设施	
		渗流及渗漏量监测设施	
		应力应变监测设施	
		温度监测设施	
		地震监测设施	
		环境量监测设施	
		其他监测设施	
		监测资料整理分析情况	
	交通道路	防汛上坝公路	
		与外界联系交通道路	
	车辆、船只	办公车辆	
		防汛抢险车辆	
		防汛抢险船只	
	防汛抢险储备物资	土石料	
		木桩	
		钢丝(筋)	
		编织袋	
		防汛抢险照明	
		其他	

续表

检查项目			检查情况记录
管理设施	通信设施	固定电话	
		卫星电话	
		电台	
		移动电话	
	警报系统	上游警报设施	
		枢纽工程区警报设施	
		下游警报设施	
	供电及照明设施	枢纽工程区供电	
		枢纽工程区照明	
	维修养护设备及物资	维修养护机械设备	
		维修养护物资	
	调度运用计划	编制内容	
		培训	
	应急预案	编制内容	
		洪水风险图	
		有效性、可行性	
		宣传、培训及演练(习)	
	运行、维护与监测手册(OMS)	编制内容	
		培训	
	其他		

注:可根据工程实际情况增减表中内容。

表 3.1-8　水库上下游现场检查情况

检查项目			检查情况记录
库区	上游已建水利水电工程	水库	
		水电站	
		水闸	
		泵站	
		山塘	
		淤地坝	
	库区渗漏情况		
	库区地下水		
	库区交通道路		

续表

检查项目			检查情况记录
库区	近坝岸坡		
	库区滑坡(滑移变形)体		
	水库泥沙淤积情况		
	库区冰凌		
	库区居民区		
	库区污染源		
	库区植被		
	其他		
下游	下游已建水利水电工程	水库	
		水电站	
		淤地坝	
		山塘	
		堤防	
		水闸	
		泵站	
		蓄滞洪区	
	河道断面		
	跨河桥梁		
	跨河管线		
	下游乡村分布		
	下游城镇分布		
	下游工矿企业分布		
	下游污染企业		
	下游学校与医院		
	下游自然与历史景观		
	下游道路分布		
	避难场所		
	其他		

注:可根据工程实际情况增减表中内容。

3.1.3.2 现场安全检查评价

通过现场安全检查,对大坝安全进行初步评价。

(1) 工程质量评价

通过现场检查并辅以简单测量,复核大坝形体尺寸、外观质量及运行情况是否正常,查

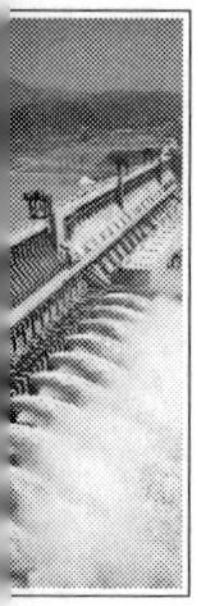

明工程运行中暴露出的质量缺陷和问题，对大坝工程质量进行初步评判。

(2) 运行管理评价

通过现场安全检查，查明：

1) 水库管理机构和管理制度是否健全，管理人员职责是否明晰；

2) 大坝安全监测、防汛交通与通信等管理设施是否完善；

3) 水库调度规程与应急预案是否科学合理、可操作性强；

4) 是否能按审批的调度规程合理调度运用，并按规范开展安全监测，及时掌握大坝安全性态；

5) 大坝是否得到及时完好的维修养护，处于安全和完整的工作状态。

(3) 渗流安全评价

通过现场检查大坝渗流表象，判断大坝渗流安全状况。当工程存在以下现象时，可初步认为大坝渗流性态不安全或存在严重渗流安全隐患，需进一步分析论证。

1) 渗流量在相同条件下不断增大；渗漏水出现浑浊或可疑物质；出水位置升高或移动等。

2) 土石坝上游坝坡塌陷、下游坝坡散浸，且湿软范围不断扩大；坝趾区冒水翻砂、松软隆起或塌陷；库内出现漩涡漏水、铺盖产生严重塌坑或裂缝。

3) 坝体与两坝端岸坡、输水涵管(洞)等结合部漏水，附近坝面塌陷，渗水浑浊。

4) 渗流压力和渗流量同时增大，或者突然改变其与库水位的既往关系，在相同条件下显著增大。

(4) 结构安全评价

查明运行中暴(揭)露出的影响结构安全的裂缝、孔洞、空鼓、腐蚀、塌陷、滑坡等问题或异常情况。

对混凝土坝，在现场检查或观察中，如发现下列情况之一，可认为大坝结构不安全或存在隐患，需进一步分析论证。

1) 坝体表面或孔洞、泄水管等削弱部位以及闸墩等个别部位出现对结构安全有危害的裂缝；

2) 坝体混凝土出现严重溶蚀现象；

3) 坝体表面或坝体内出现混凝土受压破碎现象；

4) 坝体沿建基面发生明显的位移或坝身明显倾斜；

5) 坝基下游出现隆起现象或两岸支撑山体发生明显位移；

6) 坝基或拱坝拱座、支墩坝的支墩发生明显变形或位移；

7) 坝基或拱坝拱座中的断层两侧出现明显相对位移；

8) 坝基或两岸支撑山体突然出现大量渗水或涌水现象；

9) 溢流坝泄流时，坝体发生共振；

10) 廊道内有明显漏水或射水现象。

(5) 金属结构安全评价

现场检查闸门门体、支承行走装置、止水装置、埋件、平压设备及锁定装置的外观状况是否良好，以及闸门运行状况是否正常。现场检查如发现闸门与门槽存在明显变形和腐(锈)蚀、磨损现象而影响闸门正常运行，或闸门超过《水利水电工程金属结构报废标准》(SL 226)

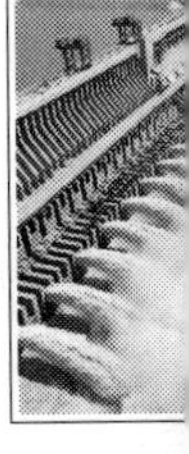

规定的报废折旧年限时，应做进一步的安全检测和分析。

现场检查启闭机的外观状况、运行状况以及电气设备与保护装置状况。现场检查如发现启闭机存在明显老化、磨损现象而影响闸门正常启闭，或启闭机超过《水利水电工程金属结构报废标准》(SL 226)规定的报废折旧年限时，应做进一步的安全检测和分析。

现场检查压力钢管的外观状况、运行状况及变形、腐(锈)蚀状况。如现场检查发现压力钢管存在明显安全隐患，或压力钢管超过《水利水电工程金属结构报废标准》(SL 226)规定的报废折旧年限时，应做进一步的安全检测和分析。

3.2 钻探试验与隐患探测

3.2.1 目的

缺少大坝工程地质资料或土石坝坝体填筑质量资料时，应补充工程地质勘察与钻探试验；当大坝存在可疑工程质量缺陷或运行中出现重大工程险情，且已有资料不能满足安全评价需要时，应补充钻探试验和(或)隐患探测。

结合补充工程地质勘察工作开展钻探试验，重点针对工程质量问题或缺陷，在满足相关规程规范要求的基础上，尽量减小对工程的影响，如减少钻孔对防渗体的损害、避免对下游排水体的堵塞影响等。

3.2.2 钻探试验

补充工程地质勘察的主要任务是复核水库工程区水文地质、工程地质条件，检查坝体填筑质量，为水库大坝安全评价提供地质资料和物理力学参数，对水库安全评价提出地质建议。补充工程地质勘察和钻探试验，大型水库大坝应按《水利水电工程地质勘察规范》(GB 50487)的相关规定执行；中小型水库大坝应按《中小型水利水电工程地质勘察规范》(SL 55)的相关规定执行。

3.2.2.1 大型水库大坝

(1) 安全评价的补充工程地质勘察内容

1) 收集分析已有的地质、设计、施工和水库运行监测及水库险情处理资料。

2) 全面复查工程区水文地质、工程地质条件，重点检查水库运行以来地质条件的变化。

3) 对坝基、岸坡、地下洞室等处理效果做出地质分析。

4) 了解坝体填筑质量并作出地质分析。

5) 复核工程区场址的地震动参数。

(2) 土石坝工程安全评价勘察内容

1) 土石坝坝体勘察应包括下列内容：

① 了解坝体现状包括坝身结构坝体填土组成及填筑质量，特别是软弱土体层及施工填筑形成的软弱带等的厚度和空间分布情况，复核填筑土的物理力学参数。

② 检查大坝防渗体心墙水平铺盖等过渡层及反滤排水体等质量，了解填料级配密实度渗透系数等。

③ 了解坝体埋管输水涵洞及其周边的渗漏情况。

④ 调查坝体渗漏、开裂、沉陷、滑坡以及其他建筑物的险情的分布位置、范围、特征及抢险处理措施与效果，初步分析病害险情的类型、成因。

2）土石坝坝区勘察应包括下列内容：

① 了解坝基、坝肩及各建筑物地基的地层结构、岩（土）体层次特性及主要物理力学性质。

② 了解坝基清基情况、河床深槽情况（包括基础风化深槽），覆盖层分布、层次、厚度、性状、物理力学性质及渗透性等。

③ 了解岩（土）体透水性、相对隔水层的埋藏深度厚度和连续性，重点是地基渗漏情况，并对原基础防渗效果及渗透稳定性进行初步评价。

④ 地基分布有特殊岩土体时，应了解其性状，初步分析其对建筑物的影响。

⑤ 了解可溶岩坝基喀斯特发育情况及其对渗漏和大坝安全的影响。

⑥ 了解输水、泄水建筑物边坡工程地质条件，初步分析其稳定性。

⑦ 了解地下洞室围岩稳定性和渗漏状况及进出口边坡的稳定性。

⑧ 了解近坝库区与建筑物安全有关的滑坡体、坍滑体的分布范围、规模，初步分析其稳定性。

（3）土石坝工程安全评价勘察方法

① 根据《中国地震动参数区划图》（GB 18306）复核工程区地震动参数。

② 收集分析有关资料，包括已有的勘察、设计、施工、监测和险情处理等资料。

③ 调查与隐患险情有关的现象。

④ 宜采用综合物探方法探测坝基、坝体隐患。

⑤ 勘探剖面应平行、垂直建筑物轴线或防渗线布置，垂直剖面不少于8条，其中1条应布置在最大坝高处。

⑥ 根据需要布置坑、孔、井勘探工作。

⑦ 宜进行压水或注水试验和地下水位观测。

⑧ 应分层（区）取样，每层（区）试验累计有效组数不应少于8组。

⑨ 当坝基存在可能液化地层时应进行标准贯入试验。

（4）混凝土坝工程安全评价勘察内容

① 了解坝基、坝肩岩体的层次、岩体完整性及风化特征，复查软弱岩层、软弱夹层、断层破碎带、缓倾角结构面等的性状、分布以及接触情况。

② 了解地基开挖情况及地质缺陷的处理情况。

③ 了解坝基和绕坝渗漏的分布范围、途径和渗漏量的动态变化。

④ 了解可溶岩坝基喀斯特发育情况，渗漏、塌陷对大坝安全的影响。

⑤ 了解混凝土与地基接触状况。

⑥ 了解两岸及近坝库区边坡的稳定状况。

⑦ 了解泄流冲刷地段的工程地质条件、冲坑发育特征及其对大坝边坡的影响。

除上述外，还应根据需要对坝体混凝土与坝基接触部位、影响坝基（肩）抗滑稳定与变形

的结构面和岩体等取样进行室内物理力学性质试验。

3.2.2.2 中小型水库大坝

(1) 土石坝工程安全鉴定勘察内容

1) 土石坝坝体勘察内容应包括：

① 调查坝体填筑土的物质组成、物理力学性质、渗透特性，软弱土体(层)及施工填筑形成的软弱接触带等的厚度和分布情况。评价填筑土的质量是否满足有关要求。

② 调查坝体渗漏、开裂、沉陷、滑坡以及其他不良地质现象和隐患的分布位置、范围、特征及处理情况与效果。

③ 调查坝体浸润线分布高程及其与库水位的关系，评价防渗体和反滤排水体的可靠性。

2) 土石坝坝区勘察内容应包括：

① 调查坝体与坝基接触部位的物质组成及其渗透特性，及坝体埋输水涵洞的渗漏情况。

② 调查坝基、岸坡水文地质和工程地质条件，重点是调查坝基、坝肩渗漏情况，并对原防渗效果及渗透稳定性进行初步评价。

③ 调查可溶岩坝基喀斯特发育情况及其对渗漏和坝基的影响。

④ 对湿陷性土层分布地区，调查坝基土体和运行水位浸润线以上的坝体的湿陷情况。

⑤ 调查溢洪道、两岸坝肩及近坝库区天然边坡和人工开挖边坡的稳定状况。

(2) 土石坝工程安全鉴定勘察方法

1) 应收集已有地质、设计、施工和水库运行中各种监测、险情及病害处理等资料。

2) 应按《中国地震动参数区划图》(GB 18306)复核工程区地震动参数。

3) 应复核原地质图。如果无前期勘察资料，应进行工程地质测绘，比例尺可选用 1∶2 000～1∶500。测绘范围应包括整个枢纽布置区和近坝库区。

4) 宜采用物探方法探测坝基、坝体隐患的位置和分布。

5) 垂直和平行坝轴线应布置勘探剖面线，剖面线的数量和勘探点的间距可根据具体情况确定。

6) 勘探剖面线上应有钻孔控制。坝轴线或防渗帷幕线上钻孔的深度应进入相对隔水层，其他剖面上的钻孔深度应进入坝基以下 5～10 m。

7) 坝体或土基钻孔宜进行注水试验，基岩孔段应进行压水试验。

8) 坝体填筑土应按坝体上游坡、下游坡分区取样进行室内物理力学性质和渗透性试验，每区试验组数不宜少于 8 组。坝基土层宜取样进行物理力学性质试验，每层试验组数不宜少于 3 组。

9) 在地震动峰值加速度 0.1 g 及以上地区，若坝基存在饱和无黏性土、少黏性土层，应进行标准贯入试验，必要时可进行剪切波速测试。

(3) 混凝土坝砌石坝工程安全鉴定勘察内容

1) 了解工程区水文地质和工程地质条件，及坝基、岸坡开挖和不良地质缺陷的处理情况。

2) 调查坝基和绕坝渗漏的分布范围、渗漏量的动态变化及其与库水位的关系，检查原防渗体质量，初步分析渗漏的原因和可能的通道。

3）调查可溶岩坝基喀斯特发育情况及其对渗漏和坝基的影响。

4）调查混凝土与基岩接触状况，及对坝基、坝肩稳定不利的断层破碎带、软弱夹层等的分布情况。

5）调查两岸及近坝库区边坡的稳定状况。

6）调查地下洞室围岩稳定性和渗漏状况。

（4）混凝土坝、砌石坝工程安全鉴定勘察方法

① 宜根据工程区地形、地质条件，采用物探方法探测地质病害和隐患的空间分布及位置。

② 沿坝轴线应布置勘探剖面线，剖面线上的钻孔宜结合病害部位布置3～5个孔，孔深应进入相对隔水层或强喀斯特发育下限。

③ 各钻孔在进入基岩后，应进行压（注）水试验。

④ 对坝体与坝基接触部位，可根据需要取样进行室内物理力学性质试验。

3.2.3 隐患探测

除采用常规的坑探、槽探、井探、钻探等地质勘探手段获取坝体与基础物理力学参数外，坝工界还研发了诸多无损检（监）测技术与装备对大坝进行隐患探测和检测，典型的如工程地球物理诊断技术，即通过声波、电磁波、电场、磁场等物理场携带的被检对象信息，判断被检对象内部结构或隐患病害等。近年来，无损检测技术在大坝隐患探测中得到较多应用，它是查找大坝工程质量缺陷和隐患的重要辅助手段，要注意探测结果与工程地质条件、大坝施工质量检测资料的综合分析。

3.2.3.1 高密度电阻率法

高密度电阻率法技术是基于土石坝坝体与坝基介质间的导电性差异，根据实测的视电阻率剖面进行计算、处理、分析，获取土体电阻率分布，检测前采用所有电极一次性完成阵列布设，其优点是采集数据点密度高、数据量大且采集速度快，可真实探测土石坝工程中洞穴、裂隙、松散层、沙层和渗漏通道等隐患的规模、位置与埋深等，该技术已在诸多土石坝工程中得到广泛应用。图3.2-1为我国西南某水库渗漏通道检测成果，揭示了某土石坝两坝肩中存在的渗漏异常。

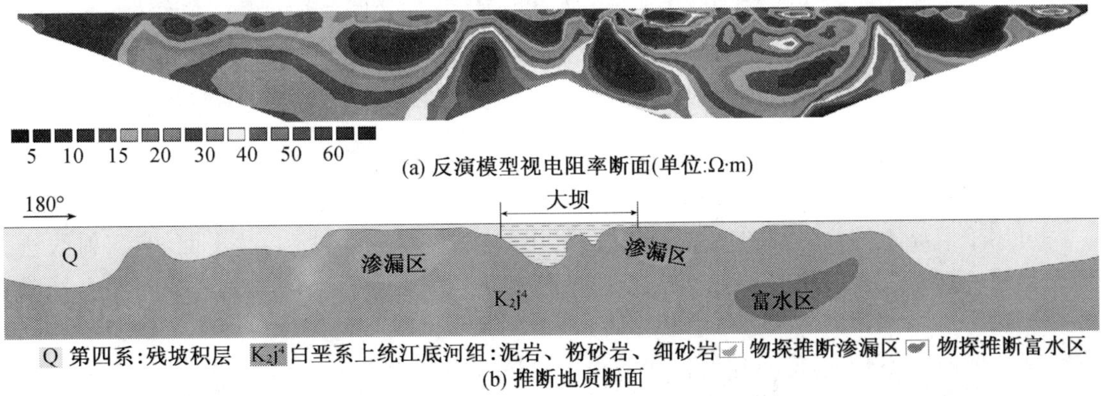

图3.2-1 大坝典型断面高密度电法原始异常及反演结果

3.2.3.2 电磁阵列剖面法

电磁阵列剖面法根据预期的探测深度选取一个或几个固定的频率，沿大坝剖面同步测量电场与磁场，并求出其比值。该方法可消除常见的因地表不均匀等产生的电阻率畸变现象，并能较真实有效地反映大坝坝体坝基内的材料变化情况，以此对渗漏通道以及渗漏出口进行有效探测。该方法已得到广泛应用。

3.2.3.3 声呐渗漏检测技术

声呐渗流探测技术利用震电理论与声波在水中的优异传播特性，实现对水流速度场的测量。若被测水体存在渗流，则将在测点产生渗流场，声呐探测器阵列可精细地测量出声波在流体中能量传递的规律，并依据所得数据的时空分布显示出渗漏声源的发出方向。该技术现已在多座土石坝工程中得到应用，如白云水电站混凝土面板堆石坝渗漏检测等。

3.2.3.4 探地雷达示踪法

探地雷达示踪法可检测裂缝深度和渗透速度：将示踪剂注入坝体裂缝中，采用探地雷达技术综合监测示踪剂在裂缝中的流动状态，检测裂缝的发育深度。示踪剂为对雷达波具有强烈反射性能的液体，其对雷达波的反应与其周围介质相比具有数量级的差异。在重力或者灌入压力的作用下，示踪剂向裂缝底部流动，待示踪剂到达裂缝底部时，采用雷达对裂缝部位进行扫描检测。积存在裂缝底部的示踪剂在雷达扫描影像上有明显的显示，由此可确定裂缝底部的位置，从而得出裂缝深度。图 3.2-2 是我国某大型水库防浪墙底部裂缝与脱空检测示意图。

图 3.2-2 防浪墙底部脱空检测示意图

3.2.4 混凝土结构安全检测

可用于混凝土结构无损检测的方法很多，比如回弹法、超声波法、冲击回波法、射线法、声发射法、电磁法、雷达法等；在渗漏检测方面，有同位素示踪法、水下摄像法、自然电场法、温度场法等。虽然无损检测方法有很多，但是混凝土坝因其几何尺寸等原因，有些检测方法在现场检测时并不合适，应对这些方法的适用性进行研究。

3.2.4.1 主要内容

混凝土结构安全检测应包括下列内容，具体可根据大坝安全评价工作需要与现场检测条件确定：

(1) 混凝土外观质量与缺陷检测；

(2) 主要结构构件混凝土强度检测；

(3) 混凝土碳化深度、钢筋保护层厚度与锈蚀程度检测；

(4) 当主要结构构件或有防渗要求的结构出现裂缝、孔洞、空鼓等现象时，应检测其分布、宽度、长度和深度，并分析产生的原因；

(5) 当结构因受侵蚀性介质作用而发生腐蚀时，应测定侵蚀性介质的成分、含量，并检测结构的腐蚀程度。

3.2.4.2 检测方法

(1) 混凝土结构变形检测

混凝土结构变形检测可参照《混凝土结构试验方法标准》(GB/T 50152)的规定进行。

(2) 混凝土内部缺陷检测

混凝土内部缺陷检测宜采用超声法、冲击反射法等非破损方法，必要时可采用局部破损方法对非破损检测结果进行验证。超声法的检测操作应按《水工混凝土试验规程》(SL 352)的规定执行。

尽量采用非破损或局部破损的方法进行混凝土内部缺陷和结构构件抗压强度的检测，以避免或减少对结构的不利影响。

(3) 混凝土构件强度和应力检测

结构构件混凝土抗压强度检测可采用回弹法、超声回弹综合法、射钉法、钻芯法等方法，具体应根据现场条件选择。如现场条件允许，应采用钻芯法对其他方法检测结果进行修正。

回弹法、超声回弹综合法、射钉法、钻芯法的检测操作应分别按《回弹法检测混凝土抗压强度技术规程》(JGJ/T 23)、《超声回弹综合法检测混凝土强度技术规程》(CECS 02)、《水工混凝土试验规程》(SL 352)、《钻芯法检测混凝土强度技术规程》(CECS 03)的规定执行。

结构构件混凝土劈裂抗拉强度检测宜采用圆柱体芯样试件施加劈裂荷载的方法，检测操作应按《水工混凝土试验规程》(SL 352)的规定进行。

混凝土结构应力检测包括混凝土和钢筋的应变检测，检测操作应按《混凝土结构试验方法标准》(GB/T 50152—2012)的规定执行。

(4) 混凝土碳化深度、钢筋保护层厚度和锈蚀状况检测

混凝土碳化深度检测应按《回弹法检测混凝土抗压强度技术规程》(JGJ/T 23)的规定进行。

钢筋保护层厚度检测宜采用非破损的电磁感应法或雷达法，必要时可凿开混凝土进行验证。检测操作应按《混凝土中钢筋检测技术规程》(JGJ/T 152)的规定执行。

钢筋锈蚀状况检测可根据测试条件和测试要求选择剔凿检测方法或电化学测定方法，并应遵守下列规定：剔凿检测方法应剔凿出钢筋，直接测定钢筋的剩余直径；电化学测定方法的检测操作应按《水工混凝土试验规程》(SL 352)及《建筑结构检测技术标准》(GB/T 50344)附录D的规定执行，并宜配合剔凿检测方法进行验证。

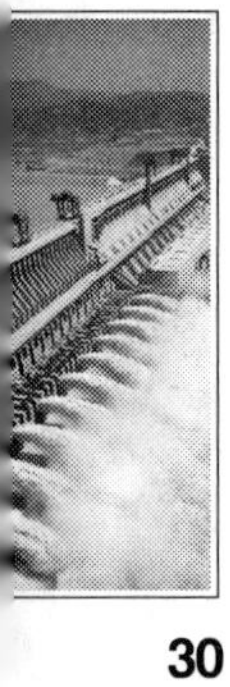

(5) 结构构件裂缝检测

结构构件裂缝检测应遵守下列规定:检测项目应包括裂缝位置、长度、宽度、深度、形态和数量,检测记录可采用表格或图形的形式;裂缝深度可采用超声法检测,必要时可钻取芯样予以验证。超声法检测操作应按《水工混凝土试验规程》(SL 352)的规定执行;对于仍在发展的裂缝,应定期观测。

混凝土结构构件上的裂缝按其活动性质可分为稳定裂缝和不稳定裂缝。为判定结构可靠性或制定修补方案,需全面考虑与之相关的各种因素,其中包括裂缝成因、裂缝的稳定状态等,必要时应对裂缝进行监测。

各类检测技术在各安全检查、补强加固等方面发挥了重要作用,其中丰满水电站大坝的安全检测具有一定的代表性,也见证了我国混凝土大坝安全检测技术的发展历程。

丰满大坝始建于 1937 年,至 1953 年续、改建完成。由于历史原因和当时的技术水平限制,大坝建成后就存在严重的先天性缺陷,如混凝土强度偏低、均匀性差、坝体分缝处理不当等。1958—1970 年期间,采用钻孔取芯等方法检测了混凝土的抗压强度和弹性模量;1970—1990 年,应用钻孔声波、钻孔电视摄像、声波测缺、声波测缝等现场检测手段,弥补了室内试验的不足;1991 年和 2006 年采用弹性波(声波)层析成像技术检测坝体混凝土缺陷;2006—2008 年间,采用钻孔取芯、电视摄像、单孔声波、对穿声波、声波 CT、钻孔变模、冲击回波、孔内高密度电法和探地雷达法等综合方法对丰满大坝混凝土的裂缝、内部缺陷及灌浆试验效果进行了较为系统的检测与评价。

3.2.5 砌石结构安全检测

3.2.5.1 主要内容

砌石结构安全检测宜包括下列项目,具体可根据安全评价工作需要与现场检测条件确定:

(1) 石材检测;

(2) 砌筑砂浆(细石混凝土)检测;

(3) 砌石体检测;

(4) 砌筑质量与构造检测;

(5) 砌石结构损伤与变形检测。

3.2.5.2 检测方法

(1) 检测单元、测区和测点要求

检测单元、测区和测点要求可参照《砌体工程现场检测技术标准》(GB/T 50315)的规定执行。

(2) 石材检测

石材检测包括石材强度、尺寸偏差、外观质量、抗冻性能、石材品种等检测项目。

石材强度检测可采用钻芯法或切割成立方体试块的方法,检测操作应按照《建筑结构检测技术标准》(GB/T 50344)的规定执行。

(3) 砌筑砂浆(细石混凝土)检测

砌筑砂浆(细石混凝土)检测包括砂浆强度、品种、抗冻性和抗渗性等检测项目。

砂浆强度检测可采用推出法、筒压法、砂浆片剪切法、砂浆回弹法、点荷法、砂浆片局压法，检测方法选用原则及检测操作应按《砌体工程现场检测技术标准》(GB/T 50315)的规定执行。

砂浆抗冻性和抗渗性检测操作应按《水工混凝土试验规程》(SL 352)的规定执行。

(4) 砌石体检测

砌石体检测包括砌石体强度、容重、孔隙率、密实性等检测项目。

砌石体强度检测可采用原位轴压法、扁顶法、切制抗压试件法，检测方法选用原则及检测操作应按《砌体工程现场检测技术标准》(GB/T 50315)的规定执行。

砌石体容重、孔隙率、密实性检测操作应按根据《浆砌石坝施工技术规定》(SD 120)的规定执行。

(5) 砌石结构砌筑质量与构造检测

砌石结构砌筑质量与构造检测可参照《建筑结构检测技术标准》(GB/T 50344)及其他相应技术标准的规定执行。

(6) 砌石结构变形与损伤检测

砌石结构变形与损伤检测包括裂缝、倾斜、基础不均匀沉降、环境侵蚀损伤、灾害损伤及人为损伤等检测项目。其中，裂缝检测应遵循下列规定：测定裂缝位置、长度、宽度和数量；必要时剔除抹灰，确定砌筑方法、留槎、洞口、线管及预制构件对裂缝的影响；对于仍在发展的裂缝，应定期观测。

裂缝是砌石结构最常见的损伤。裂缝可反映出砌筑方法、留槎、洞口处理、预制构件的安装等的质量，也可反映基础不均匀沉降以及灾害程度和范围。裂缝的位置、长度、宽度和数量是判定裂缝原因的重要依据。在裂缝处剔凿抹灰检查，可排除一些影响因素。裂缝处于发展期则结构的安全性处于不确定期，确定发展速度和新生裂缝的部位对于鉴定裂缝产生的原因、采取处理措施是非常重要的。

3.2.6 金属结构安全检测

3.2.6.1 钢闸门、拦污栅和启闭机

钢闸门、拦污栅和启闭机的现场安全检测项目、抽样比例、检测操作、检测报告应按《水工钢闸门和启闭机安全检测技术规程》(SL 101)的规定执行。

检测内容包括：

(1) 巡视检查

(2) 外观与运行状况检测

外观与运行状况检测包括闸门外观状况检测、启闭机运行状况检测、闸门和启闭机腐蚀状况检测。

(3) 腐蚀量检测

腐蚀量检测可采用测厚仪、测深仪、深度游标卡尺等量测仪器和量测工具进行。

(4) 材料检测

运行管理单位提供的材料出厂质量证明书和制造安装竣工文件等资料，足以证明闸门和启闭机主要结构件所用材料牌号和性能符合设计图纸要求时，可不进行材料检测。闸门

和启闭机主要结构件材料牌号不清或对材料牌号有疑问时，应进行材料检测并确定材料牌号和性能。

(5) 焊缝无损检测

闸门和启闭机主要结构的一类、二类焊缝应进行无损检测。

(6) 结构应力检测

应力检测前，应根据材料特性、结构特点、荷载条件等，按《水利水电工程钢闸门设计规范》(SL 74)和《水利水电工程启闭机设计规范》(SL 41)对闸门和启闭机主要结构进行应力计算分析，了解结构应力分布状况，确定测点位置和数量。

测点布置应遵循以下基本原则：测点应具有代表性，高应力区域和复杂应力区域均应布置足够数量的测点；在满足检测目的的前提下，测点宜少不宜多；对称结构可在一侧布置测点，但在对称侧应布置适当数量的比照测点。

(7) 闸门振动检测

闸门振动检测应包括以下内容：

1) 振动量检测，包括位移、速度、加速度、动应力等；

2) 自振特性检测，包括自振频率、阻尼比、振型等。

结构振动检测可采用位移传感器、速度传感器、加速度传感器和电阻应变计等，所用传感器及二次仪表的频率响应特性应满足测量频率范围的要求，并且有足够的灵敏度和较低的噪声，使测量系统的信噪比满足动态范围的要求；动应力检测还应满足应力检测的相关技术要求。

振动检测的测点应布置在振动响应较大的位置，测振传感器的测振方向应与结构的振动方向一致。振型检测的测点布置应根据结构型式确定。

自振特性的检测可采用激振器激励、冲击激励等方法使结构产生振动；振动位移、振动速度、振动加速度响应宜采用测振传感器测量，通过适调放大器将激励和响应信号放大后，经由动态信号采集系统进行振动数据的采集、显示和存储。

(8) 启闭力与启闭机性能状态检测

启闭力检测应在完成外观与运行状况检测规定的检测工作后进行。

启闭力检测包括启门力检测、闭门力检测和持住力检测。

启闭力检测宜在设计工况下进行。如无法实现，则应充分利用现场条件，尽可能使检测工况接近设计工况。

根据启闭机的型式和现场条件，启闭力检测可采用直接检测法或间接检测法。直接检测法宜采用测力计或拉压传感器直接测量启闭力。间接检测法宜采用动态应力检测系统，通过测量吊杆(吊耳)、传动轴的应力换算得到启闭力。对于液压启闭机，宜通过测量液压缸的油压换算得到启闭力。

检测时，各测点的应力应变数据应连续采集，以得到完整的启闭力变化过程线，确定最大启闭力。检测应重复进行三次。

当检测工况与设计工况相差较大时，应根据检测数据，推算设计工况的启闭力。推算时，应考虑止水装置和支承装置局部损坏对启闭力的影响。

启闭力检测结束后，应全面检查闸门的支承装置、止水装置、起吊装置及启闭机传动系统的零部件、电气设备以及机架等有无明显异常现象及残余变形。

(9) 启闭机考核试验

启闭机考核试验的对象为移动式启闭机。固定卷扬式启闭机、液压启闭机、螺杆启闭机等其他类型启闭机一般不进行启闭机考核试验。

启闭机考核试验应在完成外观与运行状况检测规定的检测工作后进行。要求启闭机各机构运转正常，保护装置运行可靠，电气设备接线正确、接地可靠。

现场检测项目分为必检项目和抽检项目。巡视检查、外观与运行状况检测为必检项目，其余项目为抽检项目。

必检项目应逐孔进行检测。抽检项目应根据同类型闸门和同类型启闭机的数量，按比例抽样检测。抽样比例按表 3.2-1 执行。抽样时应考虑闸门和启闭机运行状况及布置位置等因素。

表 3.2-1　抽样比例表

闸门(启闭机)数量(扇/台)	抽样比例(%)
1～10	30～100
11～30	20～30
31～50	15～20
51～100	10～15
100 以上	10

闸门和启闭机安全检测应具备下列技术资料：闸门和启闭机制造竣工图纸和安装竣工图纸；闸门和启闭机主要材料出厂质量证明书或复验报告；闸门和启闭机制造和安装的最终检查记录、试验记录及有关资料；闸门和启闭机焊缝无损检测报告；闸门和启闭机防腐蚀检测报告(记录)；闸门和启闭机重大缺陷处理记录和有关会议纪要；闸门和启闭机设计修改通知单及相关设计资料；闸门和启闭机运行管理及检查报告(记录)；闸门和启闭机制造安装质量第三方验收检测报告。

3.2.6.2　压力钢管

压力钢管现场安全检测项目、抽样比例、检测操作、检测报告应按《压力钢管安全检测技术规程》(DL/T 709)的规定执行。

压力钢管主要检测项目包括：

(1) 巡视检查；

(2) 外观检测；

(3) 材质检测；

(4) 无损探伤；

(5) 应力检测；

(6) 振动检测；

(7) 水质及底质检测。

其中巡视检查、外观检测项为必检项目。

3.3 存在问题及处理建议

现场安全检查可以发现问题、提出问题，因此应在补充地质勘察、安全检测及分析评价工作之前首先开展。

针对现场安全检查暴露出来的工程安全运行问题，提出本次大坝安全鉴定工作重点和大坝安全分析评价工作要点，供本次大坝安全鉴定工作参考。

第 4 章

安全监测资料分析

4.1　安全监测资料分析的目的和原则

大坝安全监测资料分析的目的是通过对水位、气温、降水量等环境量与变形、裂缝开度、应力应变、渗流压力、渗流量等效应量监测资料的分析，评估大坝安全性态是否正常或发生转异。

大坝安全监测资料分析内容包括监测系统完备性评价、监测资料可靠性分析、监测资料正反分析以及大坝安全性态评估。

大坝安全监测资料分析方法：土石坝应按《土石坝安全监测技术规范》(SL 551)执行；混凝土坝应按《混凝土坝安全监测技术规范》(SL 601)执行；浆砌石坝可参照《混凝土坝安全监测技术规范》(SL 601)执行。

施工质量缺陷、不同建筑物接合面、坝肩结合部以及运行中出现异常现象等部位附近的监测资料应作为分析的重点；对因除险加固工程建设或监测系统更新改造造成监测资料不连续的，应分阶段进行分析，并注意前后系列资料之间的对比。

4.2　监测系统完备性和可靠性

4.2.1　监测系统完备性

安全监测设施完备性评价目的是基于可靠性评价为可靠或基本可靠的现有监测设施，对其能否满足大坝安全监控需求进行评价。

大坝安全监测设施完备性评价时，应明确被鉴定的监测系统的重要监测项目和一般监测项目。可参照表 4.2-1、表 4.2-2 中的监测项目分类，根据工程运行的实际情况和安全监控的需求，对被鉴定的监测系统监测项目的重要性进行必要的调整，但土石坝的重要监测项目至少应包括上游水位、降水量、表面变形、渗流量和渗流压力，混凝土坝的重要监测项目至少应包括上下游水位、气温、表面变形、渗流量和扬压力。

表 4.2-1　土石坝监测项目分类表

监测类别	监测项目	大坝级别		
		1	2	3
环境量	1）上、下游水位	★	★	★
	2）降水量	★	★	★
	3）气温	★	★	★
	4）库水温	★	★	★
	5）大气压力	☆	☆	☆
	6）坝前淤积、下游冲刷	☆	☆	☆
变形监测	1）坝体表面水平位移	★	★	★
	2）坝体表面垂直位移	★	★	★
	3）坝体(基)内部变形	★	★	☆
	4）界面、接(裂)缝及脱空变形	★	★	☆
	5）近坝岸坡变形	★	★	☆
	6）地下洞室变形	★	★	☆
渗流监测	1）渗流量	★	★	★
	2）坝体渗流压力	★	★	☆
	3）坝基渗流压力	★	★	☆
	4）绕坝渗流	★	★	☆
	5）近坝岸坡渗流	★	☆	
	6）地下洞室渗流	★	☆	
应力应变及温度监测	1）孔隙水压力	★	☆	☆
	2）土压力	★	☆	
	3）应力应变及温度	★	☆	
地震反应监测	1）地震动加速度(结构反应台阵)	☆	☆	
	2）地震动加速度(场地效应反应台阵)	☆	☆	
	3）动孔隙水压力/动位移	☆		

注1：对于近坝岸坡变形/渗流和地下洞室变形/渗流项目，级别为近坝岸坡和地下洞室的级别。
2：有★者为重要(必设)监测项目，有☆者为一般(可选)监测项目。空格为不作要求。
3：坝高 70 m 以下的 1 级大坝，应力应变为可选项。
4：坝址地震设计烈度为 7 度及以上的 1 级大坝，或设计烈度为 8 度及以上的 1 级、2 级大坝，地震动加速度为重要(必设)监测项目。

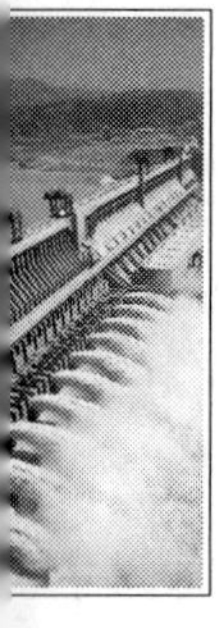

表 4.2-2　混凝土坝监测项目分类表

监测类别	监测项目	大坝级别			
		1	2	3	4
环境量	1）上、下游水位	★	★	★	★
	2）气温	★	★	★	★
	3）降水量	★	★	★	★
	4）坝前水温	★	★	☆	☆
	5）大气压力	☆	☆	☆	☆
	6）冰冻	☆	☆	☆	
	7）坝前淤积、下游冲刷	☆	☆	☆	
变形	1）坝体表面位移	★	★	★	★
	2）坝体内部位移	★	★	★	☆
	3）倾斜	★	☆	☆	
	4）接缝变形	★	★	☆	☆
	5）裂缝变形	★	★	★	☆
	6）坝基位移	★	★	★	☆
	7）近坝岸坡变形	★	★	☆	☆
	8）地下洞室变形	★	★	☆	☆
渗流	1）渗流量	★	★	★	★
	2）扬压力	★	★	★	★
	3）坝体渗透压力	☆	☆	☆	☆
	4）绕坝渗流	★	★	☆	☆
	5）近坝岸坡渗流	★	★	☆	
	6）地下洞室渗流	★	★	☆	
	7）水质分析	★	★	☆	☆
应力、应变及温度	1）应力	★	☆		
	2）应变	★	★	☆	
	3）混凝土温度	★	★	☆	
	4）坝基温度	★	★	☆	
地震反应监测	1）地震动加速度(结构反应台阵)	☆	☆	☆	
	2）地震动加速度(场地效应反应台阵)	☆	☆	☆	
	3）动水压力	☆			

续表

监测类别	监测项目	大坝级别			
		1	2	3	4

注1：对于近坝岸坡变形/渗流和地下洞室变形/渗流项目，级别为近坝岸坡和地下洞室的级别。

2：★为重要（必设）监测项目，☆为一般（可选）监测项目，可根据需要选设。空格为不作要求。

3：对高混凝土坝或基岩有软弱岩层的混凝土坝，深层变形为重要（必设）监测项目。

4：1级～3级坝若出现结构性裂缝，裂缝变形为重要监测项目。

5：坝高70 m以下的1级大坝，应力应变为一般（可选）项目。

6：坝址地震设计烈度为7度及以上的1级大坝，或设计烈度为8度及以上的1级、2级大坝，地震动加速度为重要（必设）监测项目，对1级高混凝土坝，动水压力为一般（可选）项目。

监测设施完备性评价遵循“立足现在、面向未来”的理念，主要是针对现有监测系统是否满足当前及后续阶段监控大坝现状安全的需要。监测项目布置的合理性评价基于现状鉴定为可靠或基本可靠的监测设施，主要考量监测项目现存测点的空间布局能否覆盖工程全部监测范围，能否监控重点部位、兼顾一般部位，关联监测项目是否相互匹配，重要监测项目是否有适当的冗余。

表4.2-1、表4.2-2中的监测项目分类主要用于设计阶段。在大坝进入运行阶段后，可根据工程运行的实际情况和安全监控的需求，对监测系统原有的监测项目或其重要性进行调整。可能需要增加某些监测项目，部分项目可能封存停测，部分重要监测项目可能降级为一般监测项目，部分一般监测项目可能升级为重要监测项目。但在调整后，土石坝的重要监测项目至少应包括上游水位、降水量、表面变形、渗流量，2级以上大坝还应包括渗流压力，混凝土坝的重要监测项目至少应包括上下游水位、气温、表面变形、渗流量和扬压力。

在确定重要监测项目时，宜结合工程的地形地质条件、环境条件、结构特点、运行方式、施工及运行状况、工程运用需要等情况，分析大坝在当前和后续阶段运行中面临的各项风险、最可能出现的潜在失效模式、失效最可能发生的部位，确定监控失效模式发生、发展的最有效的关键参数。潜在失效模式（potential failure mode, PFM）是指具备物理可行性的导致水库失控泄水的大坝失效过程。大坝失效可归因于坝基条件、大坝设计、施工过程、建筑材料、运行维护中存在的缺陷和不足或老化。例如：土石坝渗流相关的大坝潜在失效模式（坝体、坝基、坝肩渗透破坏，沿坝体坝基土石结构和混凝土结构接触带的渗透破坏，沿坝体坝基内泄水建筑接缝裂缝的渗透破坏，压力输水管道内水外渗渗透破坏等）；土石坝地震相关的大坝失效模式（地震导致的坝体坝基液化失稳、沉降过大漫顶、坝体坝基内泄水建筑或压力输水管道损坏引起渗透破坏，进水口损坏引起水库失控泄水）；混凝土重力坝基础排水孔堵塞导致扬压力过高引起滑动失稳，混凝土拱坝坝肩失稳，地震引起坝体沿坝基断层错动、坝体混凝土应力过大、强度超标或承载力下降导致大坝失效；与洪水相关的溢洪道损坏导致水库失控泄水的潜在失效模式（溢洪道下游冲刷引起首部基础失稳，溢洪道墙顶溢流冲刷导致墙体失稳、向源侵蚀延伸至库内，溢洪道泄流冲刷坝脚）等。

运行中出现的危害性裂缝、失稳、渗漏等现象，也应作为当前和后续阶段运行安全监控的重要监测项目。

监测设施完备性的评价标准应符合下列规定：

（1）重要监测项目无缺项，重要监测项目和一般监测项目布置均合理，评价为合格。

(2) 重要监测项目缺项，或重要监测项目不缺项但其布置不合理，评价为不合格。

(3) 其他情形，评价为基本合格。

监测系统完备性评价的具体内容可参考《大坝安全监测系统鉴定技术规范》(SL 766)。

4.2.2 监测系统可靠性

4.2.2.1 评价要点

监测设施可靠性评价包括监测考证资料评价、现场检查与测试评价、历史测值评价及综合评价。

监测设施可靠性评价应收集工程特性、监测设施考证及安全监测等资料。监测设施可靠性评价以测点为评价单元。

监测数据可靠性评价应包括下列要点：

(1) 监测仪器选型是否合适，埋设安装是否满足《大坝安全监测仪器安装标准》(SL 531)及《土石坝安全监测技术规范》(SL 551)或《混凝土坝安全监测技术规范》(SL 601)的相关规定。

(2) 监测仪器性能是否稳定或完好，仪器观测精度是否满足设计或规范要求。

(3) 自动监测系统运行是否稳定，平均无故障工作时间和采集数据缺失率是否符合《大坝安全自动监测系统设备基本技术条件》(SL 268)的规定。

1) 平均无故障工作时间

系统可靠性可用平均无故障工作时间评价。平均无故障工作时间(MTBF)是指两次相邻故障间的正常工作时间。系统控制监测仪器数据采集的单元不能正常工作，造成所控制的单个或多个测点测值异常或停测，即为采集单元故障。若单元不能正常工作，但短时间内能恢复，则不认为是故障。采集单元平均无故障时间(考核期一年)采用下式计算：

$$MTBF = \sum_{i=1}^{n} t_i \Big/ \Big(\sum_{i=1}^{n} r_i \Big) \tag{4.2-1}$$

式中：t_i 为考核期内第 i 个单元的正常工作时数；r_i 为考核期内第 i 个单元出现的故障次数；n 为系统内数据采集单元的总数。

单个测点平均无故障工作时间采用下式计算：

$$T_{MTBF} = \frac{t - t_0}{r + 1} \times 24 \tag{4.2-2}$$

式中：t 为考核期天数；t_0 为考核期内故障天数；r 为考核期内测点出现的故障次数。

采集单元及观测子系统平均无故障工作时间采用下式计算：

$$T = \sum_{i=1}^{n} T_{MTBF}^{i} / n \tag{4.2-3}$$

式中：n 为测点数。

根据《大坝安全监测自动化技术规范》(DL/T 5211)，平均无故障工作时间应大于6 300 h。故以平均无故障工作时间小于 6 300 h 为不合格；结合工程实际以及类似工程经验，平均无

故障工作时间大于 6 300 h 而小于 7 000 h 认为合格；大于 7 000 h 则认为优良。

2）采集数据缺失率

数据缺失率是指未测得的数据个数(包括无效数据个数)与应测得的数据个数之比。数据缺失率 FR 采用下式计算：

$$FR = \frac{NF}{NM} \tag{4.2-4}$$

式中：NF 为未获取的数据个数与测得的无效数据个数之和；NM 为应测得的数据个数。

根据《大坝安全监测自动化技术规范》(DL/T 5211)，采集数据缺失率应小于 3%。故认为采集数据缺失率大于 3%为不合格；结合工程实际以及类似工程经验，采集数据缺失率小于 3%而大于 1%认为合格；小于 1%则认为优良。

(4) 监测数据物理意义是否合理，是否超过仪器量程和材料的物理限值，检验结果是否在限差内。

(5) 监测数据是否符合连续性、一致性、相关性等原则。

4.2.2.2 监测设施考证资料评价

对于不同的工作条件环境，监测仪器的性能指标要求是不同的，监测仪器选型和技术性能指标必须适应其所处的工作条件环境，如环境温度界限、荷载作用等。否则，不仅监测仪器的使用寿命缩短，而且所测量值可能不准确。

被测工程物理量是指监测仪器所在位置的大坝工程物理量。如大坝不同位置处的渗流压力变化范围不同，那么放置在不同位置处的渗压计所选择的量程应随之变化，量程应与该位置实际可能承受的渗流压力相适应。

监测设施考证资料包括仪器出厂检验测试资料或第三方检测测试资料，《大坝安全监测仪器检验测试规程》(SL 530)规定静态特性参数包括分辨率、非线性度、不重复度、滞后和综合误差。

监测设施考证资料评价应包括资料完整性、监测仪器选型适应性和安装正确性。

(1) 监测设施考证资料完整性评价

1）监测设施考证资料完整，评价为合格。

2）监测设施安装位置信息或物理量计算所需的参数不完整，评价为不合格。

3）其他情形评价为基本合格。

(2) 监测仪器选型适应性评价

1）监测仪器选型适应工作环境条件，技术性能指标满足被测工程物理量监测的要求，监测仪器静态特性参数满足《大坝安全监测仪器检验测试规程》(SL 530)要求，评价为合格。

2）监测仪器选型不适应工作环境条件，或技术性能指标不满足被测工程物理量的要求，或监测仪器静态特性参数不满足《大坝安全监测仪器检验测试规程》(SL 530)要求，评价为不合格。

3）其他情形，评价为基本合格。

(3) 监测仪器安装正确性评价

1）监测仪器安装满足《大坝安全监测仪器安装标准》(SL 531)和设计要求，评价为合格。

2）监测仪器安装不满足《大坝安全监测仪器安装标准》(SL 531)或设计要求，评价为不合格。

3）其他情形，评价为基本合格。

(4) 监测设施考证资料评价

1）监测资料完整性合格，仪器选型合格、安装合格，评价为可靠。

2）监测资料完整性不合格，或仪器选型不合格，或安装不合格，评价为不可靠。

3）其他情形，评价为基本可靠。

4.2.2.3 现场检查与测试评价

现场检查与测试应包括监测设施的外观、标识、线缆及连接、数据采集设备、工作状态、运行环境和观测条件等。

现场测试仪器仪表与被测监测仪器应适配，应经检定/校准合格并在有效期内，且工作正常。

监测设施现场检查与测试评价结果分为可靠、基本可靠、不可靠。变形、渗流、应力应变及温度、环境量、强震等各类监测设施检查和测试内容、方法及评价标准具体见《大坝安全监测系统鉴定技术规范》(SL 766)。

4.2.2.4 历史测值评价

监测物理量包括变形量、渗流(扬)压力、渗流量、应力、应变、温度及水位等，是大坝运行性态的直观表现，应该首先通过物理量及其变化规律反馈监测设施的可靠性。仪器测读值包括频率、电阻、电压、电流、电阻比、电容比等。

历史测值评价宜采用监测物理量进行评价，以过程线分析为主，可结合相关性图、空间分布图、特征值分析等方法。过程线图分析是大坝工程物理量测值分析的基本方法，常用且有效。通过过程线分析，可以判断效应物理量随时间变化的规律及其与相应环境量之间的相关关系，如周期性、趋势性、变化类型、发展速率、变幅、变化范围、特征值等。若工程物理量测值不符合常规变化规律，则说明该测值可能存在问题。相关性图主要分析工程物理量与环境量的相关关系；空间分布图主要是分析不同部位观测物理量之间的关系；特征值分析主要包括极值、均值、变幅等。不直接测量(读)工程物理量的仪器测读值本身不能直接用于工程运行特性分析，需要通过计算公式换算成工程物理量后方可使用。但是，仪器测读值是传感器直接输出的原始物理量，它可以直观反映出仪器的可靠性。比如测读值超过仪器本身的测量范围、测值不随外界环境变化而变化、测值呈现趋势性增大或减小等，均能直观反映仪器是否可靠。

当监测物理量测值存在异常时，应对仪器测读值进行分析评价。仪器测读值评价宜根据仪器工作特性及测读值变化情况判定数据可靠性。

历史测值评价宜采用测值合理性与规律性分析的方法，评价标准应符合下列规定：

(1) 数据变化合理，过程线呈规律性变化，无系统误差或虽有系统误差但能够排除，评价为可靠；

(2) 数据变化基本合理，过程线能呈现出明确的规律，仪器可能存在系统误差但可修正，评价为基本可靠；

(3) 数据变化不合理，过程线无规律或系统误差频现，难以处理修正，测值无法分析和利用，评价为不可靠。

4.2.2.5　综合评价

监测设施可靠性综合评价标准应符合下列规定：

（1）监测设施考证资料评价和历史测值评价结果为可靠或基本可靠，现场检查与测试评价结果为可靠，综合评价为可靠。

（2）监测设施考证资料评价和历史测值评价结果为可靠或基本可靠，现场检查与测试评价结果为基本可靠，综合评价为基本可靠。

（3）监测设施考证资料评价、历史测值评价、现场检查与测试评价结果中一项为不可靠，综合评价为不可靠。

应对所有监测设施可靠性进行统计整理。可靠的监测设施应继续进行监测。基本可靠的监测设施可继续监测，应在分析的基础上进一步评价其可靠性。为了观测资料分析的可靠性，避免不正常监测设施的错误数据对资料分析影响，对不正常的观测设施应停测封存或报废处置。不可靠的监测设施应按《大坝安全监测仪器报废标准》（SL 621）规定停测、封存或报废。

4.3　监测资料分析

监测资料分析可采用比较法、作图法、特征值统计法、数学模型法，具体可参见《土石坝安全监测技术规范》（SL 551）或《混凝土坝安全监测技术规范》（SL 601）。

比较法有监测值与监控指标相比较、监测物理量的相互对比、监测成果与理论的或试验的成果比较等三种方法。

作图法根据分析的要求，画出相应的过程线图、相关图、分布图以及综合过程线图（如将上游水位、降水量以及渗流压力和渗流量等画在同一张图上）等。由图可直观地了解和分析监测值的变化大小和其规律，影响监测值的荷载因素和其对监测值的影响程度，监测值有无异常等。

特征值包括各物理量历年的最大值和最小值（包括出现时间）、变幅、周期、年平均值及年变化趋势等。通过特征值的统计分析，可以看出监测物理量之间在数量变化方面是否具有一致性和合理性。

数学模型法通过建立位移、渗流压力、渗流等效应量与库水位、气温、时效等原因量之间的关系，对监测资料进行定量分析，分为统计模型、确定性模型及混合模型。当监测资料系列较长时，常用统计模型。

大坝安全监测资料分析主要包括下列工作：

（1）分析历次巡视检查资料，通过大坝外观异常现象及其部位、变化规律和发展趋势，定性判断与工程安危的可能联系。

（2）分析效应量随时间的变化规律，考察相同运行条件下的变化趋势和稳定性，以判断大坝运行性态有无异常和存在向不利安全方向发展的时效作用。由于大坝设计参数往往与实际情况存在较大差异，坝体形体尺寸、材料特性、防渗性能也各有不同，因而变形、渗流压力、渗流量等效应量的绝对值也就各不相同，更无严格的评价标准。故在监测资料分析中应着重分析比对效应量在相同荷载条件下的当前实测值与其历史值的相对变化情况，切忌将

效应量的实测绝对值大小作为安全评价的唯一判别标准。

(3) 分析效应量在空间分布上的情况和特点，判断大坝是否存在异常区或不安全部位。

(4) 分析各效应量的特征值和异常值，并与相同条件下的设计值、试验值、模型预报值以及历年变化范围相比较。当效应量超出警戒值时，应分析原因及对大坝安全的影响。

(5) 利用相关图或数学模型，分析效应量的主要影响因素及其定量关系和变化规律，以寻求效应量异常的主要原因，考察效应量与原因量相关关系的稳定性，预测效应量的发展趋势，并判断其是否影响大坝安全运行。当监测资料序列较长时，可采用统计模型，有条件时亦可采用确定性模型或混合模型。

4.4 大坝安全性态评价

大坝安全监测资料分析应作出以下明确结论：

(1) 大坝变形是否符合一般规律和趋于稳定；大坝渗流场是否稳定，土石坝的浸润线(面)及混凝土坝的坝基扬压力是否正常；大坝应力(压力)、应变是否小于规范或设计允许值。在此基础上，综合评价大坝安全性态。

(2) 巡视检查或监测资料应反映大坝安全性态异常的部位、性质、特征和出现的时间、运行条件，以及异常情况的处理情况与效果。

(3) 根据监测工作中存在的问题，对监测设备、方法、测次等提出改进意见。

(4) 根据监测资料分析结果，指出可能影响大坝安全的潜在隐患与原因，并针对性地提出改善大坝运行管理、维修养护或除险加固的建议。

通过监测资料分析，可以从整体上对大坝安全性态是否正常作出定性评估，大坝是否安全还应结合渗流安全、结构安全、抗震安全计算复核综合确定。

根据监测资料分析结果对大坝安全性态进行分级应遵循下列原则：

(1) 当所有监测资料变化规律正常，测值在经验值及规范、设计、试验规定的允许值内，运行过程中无异常情况时，可认为大坝安全性态正常。

(2) 当局部监测资料存在趋势性变化现象，但测值仍在警戒值或经验值及规范、设计、试验规定的允许值以内时，可认为大坝安全性态基本正常。

(3) 当监测资料有向大坝安全不利方向发展的明显趋势性变化，或测值发生突变，超出警戒值或经验值及规范、设计、试验规定的允许值时，可认为大坝安全性态异常。

第5章

运行管理评价

近年来，通过大规模的病险水库除险加固工程建设，我国水库大坝工程安全状况显著改善，但仍不时有溃坝事故发生，2010年、2011年、2012年、2013年分别有11座、3座、2座、5座水库溃坝，究其原因，主要是运行管理不到位和不规范。因此，通过大坝运行管理评价，发现大坝运行管理工作中的不足并加以改进，是进一步提高大坝安全保障水平的重要途径，也与国际上先进的大坝安全管理理念一致。

水库运行管理评价是大坝安全评价的内容之一，应包括水库整个运行期的情况评价，但一般应侧重于水库工程现状。运行管理评价的目的是评价水库现有管理条件、管理工作及管理水平是否满足相关大坝安全管理法规与技术标准的要求，以及保障大坝安全运行的需要，并为改进大坝运行管理工作提供指导性意见和建议。运行管理评价内容包括对水库运行管理能力、调度运用、维修养护、安全监测等方面的评价。

5.1 运行管理能力评价

水库运行管理能力评价主要复核水库管理体制机制、管理机构及人员、管理规章制度、管理设施等是否符合《水库大坝安全管理条例》、《水库工程管理设计规范》(SL 106)等相关大坝安全管理法规与技术标准的要求。

5.1.1 水库管理体制机制

体制机制评价应复核水库是否划定合适的工程管理范围与保护范围；是否建立以行政首长负责制为核心的大坝安全责任制，明确政府、主管部门和管理单位责任人；是否按照《水利工程管理体制改革实施意见》(国办发〔2002〕45号)要求完成水库管理体制改革任务，理顺管理体制，落实人员基本支出和工程维修养护经费。

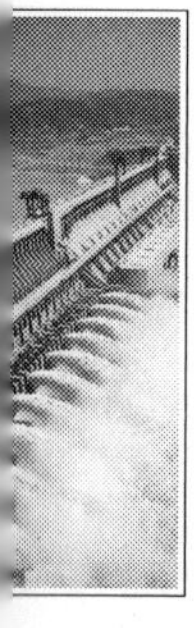

5.1.2 运行管理机构及人员

水库运行管理主体即管理机构、管理队伍，在水库运行管理中占据着核心地位，是保障水库安全运行的首要保障。目前，大中型水库一般均设有运行管理单位，但工程技术人员往往不足。小型水库多为乡镇分散管理，相当一部分无管理机构，管理人员中技术人员极少，特别是小(2)型水库，一般由当地村民负责看护，甚至无人管理。因此，水利部于2010年发布了《小型水库安全管理办法》(水安监〔2010〕200号)，其第十九条规定："对重要小型水库，水库主管部门(或业主)应明确水库管理单位；其他小型水库应有专人管理，明确管护人员。小型水库管理(管护)人员应参加水行政主管部门组织的岗位技术培训。"

管理机构方面，应复核水库是否按照《水库工程管理设计规范》(SL 106)组织建立适合水库运行管理需要的管理单位，并配备足额具备相应专业素养、满足水库运行管理需要的行政管理与工程技术人员。

5.1.3 管理规章制度

管理制度建设是水库规范化管理的需要，目的是将人为因素导致的溃坝风险降低到最低程度。与水库运行管理相关的规章制度包括主管部门制定的规章制度和水库管理单位自行制定的规章制度。

根据《水库大坝安全管理条例》规定，结合水库管理实际和发展要求，国务院水行政主管部门以部门规章或规范性文件的方式建立了各项水库大坝安全运行管理制度，主要包括水库大坝注册登记制度；水库运行、维护与监测制度；水库大坝安全鉴定制度；病险水库除险加固制度；水库降等与报废制度；水库大坝突发事件应急管理制度；水利工程管理考核制度；水库运行管理督查制度等。还包括责任制、档案管理、信息管理等制度。水库管理单位内部自行制定的主要是各种岗位制度，如水情测报制度、大坝巡视检查和安全监测制度、设备操作与维护制度等。

目前，很多先进国家普遍建立了水库大坝安全年度报告制度，以克服水库大坝定期安全鉴定间隔时间长、水库安全性态变化反映不及时的缺陷。如瑞士联邦法律明确规定，所有水库业主都必须编制报送水库大坝安全年度报告，作为政府监管部门及时、全面了解水库大坝安全状况的主要渠道，并作为水库业主安排维修养护计划的依据。美国在水库大坝安全年度报告制度的基础上，还建立了大坝运行许可制度，政府部门根据年度报告反映的水库大坝安全性态，决定是否允许水库业主正常运用水库。我国大中型水库也计划逐步建立大坝安全年度报告制度。大坝安全年度报告由水库管理单位专业工程师在大坝安全年度检查以及监测资料分析基础上编制，并上报主管部门备案。编制大坝安全年度报告时，水库管理单位要总结年度内在水库洪水调度、巡视检查、安全监测、工程维修养护、应急预案管理等方面的工作成果与经验，并重点分析这些方面工作存在的不足及需改进之处，评价本年度内的水库安全状况与管理工作状况。

管理制度评价应复核水库管理机构是否按照相关法规与规范性文件要求，制定适合水库实际的调度运用、安全监测、维修养护、防汛抢险、闸门操作以及行政管理、水政监察、技术档案等管理制度并严格执行。

5.1.4 管理设施

管理设施是保障水库正常运行管理和确保大坝安全的必要条件和物质基础。

管理设施评价应复核水库水文测报站网、工程安全监测设施、水库调度自动化系统、防汛交通与通信设施、水库上下游警报系统、工程维修养护设备和防汛设施、供水建筑物及其自动化计量设施、水质监测设施、水库管理单位办公生产用房等是否完备和处于正常运行状态。管理设施完备性评价要点如下：

(1) 大型及重点中型水库应按照《综合利用水库调度通则》(水管〔1993〕61 号)及《水文自动测报系统规范》(SL 61)要求，建立水文测报站网及自动测报系统，并与上一级系统联网；一般中型和小型水库至少应设置库区降水观测设施。

(2) 大中型水库应按照《土石坝安全监测技术规范》(SL 551)或《混凝土坝安全监测技术规范》(SL 601)要求，设置满足水库运行管理需要并能反映工程安全性状的大坝安全监测设施；小型水库应参照《土石坝安全监测技术规范》(SL 551)或《混凝土坝安全监测技术规范》(SL 601)要求设置必要的安全监测设施。对具有供水功能的水库，应设置供水水量计量设施以及水质监测设施。

(3) 大中型水库应建立对外以及水库工程管理范围内各建筑物之间的交通道路，并配备足够数量的交通工具，满足水库日常运行管理和防汛抢险需要，大型水库道路标准应达三级以上，中型水库道路标准应达四级以上。对外道路应与正式公路相接。在道路适当地点应设置回车场、停车场，并设置路标和里程碑。

小型水库应有到达枢纽主要建筑物的必要交通条件，防汛道路应到达坝肩或坝下，道路标准应满足防汛抢险需要。

(4) 大中型水库应配备可靠的对内、对外通信设施(备)，满足水库日常管理信息传递、汛期报汛及紧急情况下报警的要求。对外通信应建立与主管部门和上级防汛指挥部门以及水库上、下游主要水文站和上、下游有关地点的有线及无线通信网络。

小型水库应配备必要的通信设施，满足汛期报汛或紧急情况下报警的要求。重要小型水库应具备两种以上有效通信手段，其他小型水库应具备一种以上的有效通信手段。

(5) 大中型水库应根据水库工程规模和特点，按《水库工程管理设计规范》(SL 106)、《防汛物资储备定额编制规程》(SL 298)等规范要求配备工程维修设备和防汛设施，包括备用电源、照明设备以及工程维修养护设施和必要的防汛抢险储备物资、仓库、料场等。

小型水库应结合防汛抢险需要，储备必要的防汛抢险与应急救援物料器材。

(6) 大中型水库及设有运行管理机构的小型水库，应根据管理人员数量以及水库日常管理和防汛抢险需要，按《水库工程管理设计规范》(SL 106)确定的标准配备办公、生产用房和办公设施(备)；其他小型水库应配备必要的管理用房，满足管护人员汛期值守要求。

5.2 水库调度运行评价

水库调度运行评价主要复核水库调度规程编制、水文测报、安全监测、应急预案编制、运行大事记、技术档案等工作是否符合相关大坝安全管理法规与技术标准的要求，以及能否按照审批的调度规程合理调度运用。

5.2.1 水库调度规程编制

水库调度规程是水库调度运用的依据性文件。《水库调度规程编制导则》(SL 706)适用于指导已建大中型水库、坝高 15 m 以上或总库容 100 万 m^3 以上小型水库调度规程的编制，其他小型水库参照执行。

根据《综合利用水库调度通则》(水管〔1993〕61 号)和《水库调度规程编制导则》(SL 706)，并结合水库具体情况，水库管理单位或主管部门(业主)应组织编制水库调度规程，并按管辖权限经水行政主管部门审批后执行。水库汛期调度运用计划或方案应由有调度权限的防汛抗旱指挥部门审批。影响范围跨省(自治区、直辖市)的重要水库，其调度规程还应由流域机构审定。共同负担下游防洪和兴利任务的串联、并联水库群应同时制定联合调度运用计划或方案。

(1) 水库调度规程主要内容要求

根据《水库调度规程编制导则》(SL 706)要求，水库调度规程应明确水库调度的调度依据、调度条件、调度任务与调度原则、调度要求、调度方式等。

水库调度依据应明确以下主要指标、运用参数及相关基本资料：

1) 水库的特征指标，主要包括正常蓄水位、汛期限制水位、防洪高水位、设计洪水位、校核洪水位、死水位等特征水位，以及总库容、兴利库容、防洪库容、调洪库容、死库容等特征库容。

2) 用于水库调度的参数，主要包括防洪标准及安全泄量，供水量与供水保证率，灌溉面积与灌溉保证率，装机容量与保证出力，通航标准，防凌运用水位，生态基流或最小下泄流量等。

3) 与水库调度运用相关的库容曲线、泄流能力与泄流曲线、下游水位流量关系曲线、电站水轮机出力限制线、入库水沙、冰情等基本资料。

水库调度应明确以下安全运用条件及要求：

1) 水库各水工建筑物的安全运用条件。

2) 水库各金属结构的安全运行条件。

3) 水库调度过程中的工程安全监测与巡视检查要求。

由于水库具有防洪与兴利任务，包括防洪、防凌、灌溉供水、生产生活供水、发电、环境保护、泥沙输运等功能效益，水库调度规程应包括防洪调度和兴利调度。当水库功能发生变化时，其调度任务及调度原则也会相应发生变化。因此，应围绕水库初步设计确定或有关文件已批复的功能进行运行调度。水库调度应坚持“安全第一、统筹兼顾”的原则，在保证水库工程安全、服从防洪总体安排的前提下，协调防洪、兴利等任务及经济社会各用水部门的关系，发挥水库的综合利用效益；要兼顾梯级调度和水库群调度运用的要求。

水库防洪调度一般包括以下内容：

1) 核定(或明确)各防洪特征水位及库容。

2) 不同频率洪水调度方式、判别条件和调度权限。

3) 超标准洪水防御方案及超标准洪水的判别条件、调度方式、调度权限、调度令下达和执行程序。对一些重要水库还应绘制溃坝淹没范围图。

4）绘制快速调洪辅助图表。

5）明确实施水库防洪调度计划的组织措施和调度权限。特别是水库在汛期应依据工程防洪能力和防护对象的重要程度，采取分级控制泄洪的防洪调度方式。对于入库洪水具有季节变化规律的水库，应编制分期防洪调度方案，经水库主管部门审批后实施。大型水库和重要中型水库，应有审定的洪水预报方案。

水库兴利调度一般包括以下内容：

1）当年(期、月)来水的预测。

2）协调有关各部门对水库供水的要求。

3）拟定各时段的水库控制运用指标。

4）根据上述条件制定(年、月)的具体供水计划。

水库兴利方式各有侧重，要根据水库调节性能和兴利各部门用水特点拟定。

当水库调度任务、运行条件、调度方式、工程安全状况发生重大变化时，需要适时对调度规程进行修订，应进行专题论证，并报原审批部门审查批准。

(2) 水库调度规程评价要点

水库调度规程评价主要包括以下内容：

1）水库管理单位是否按《水库调度规程编制导则》(SL 706)要求编制了适合水库工程实际情况的调度规程。

2）已编制的水库调度规程是否得到了具有其管辖权限的水行政主管部门的审批，其中水库汛期调度运用计划应由有调度权限的防汛抗旱指挥部门审批。

3）水库管理单位是否按照审批的调度规程对水库工程进行合理调度运用。

4）在水库调度任务、运行条件、调度方式、工程安全状况发生重大变化时，水库管理单位是否及时对水库调度规程进行修订并报原审批部门审查批准。

5.2.2 水文测报

(1) 水库水文测报要求

大型及重点中型水库应按照《综合利用水库调度通则》及《水文自动测报系统规范》(SL 61)要求，结合水库工程对水文预报及水库调度的实际需要，建立水文测报站网及自动测报系统，并与上一级系统联网；一般中型和小型水库至少应设置库区降水观测设施。水文预报方案应经水库主管部门审定；预报方案应根据实测资料积累情况，及时进行修改或补充。

水库水文测报应明确水文气象情报与预报的方式和要求，充分利用水库和水文气象部门已有的水文气象站网，开展短、中、长期水文气象情报与预报工作；根据相关技术标准要求，明确水文气象预报资料和预报的精度。

(2) 水库水文测报评价要点

水库水文测报情况评价主要包括以下内容：

1）大型及重点中型水库管理单位是否按《水文自动测报系统规范》(SL 61)要求，建立了适合水库工程实际情况的水文测报站网及自动测报系统，并与上一级系统联网。一般中型和小型水库是否至少设置了库区降水观测设施。

2）水文预报方案是否经水库主管部门审定；预报方案是否能够根据实测资料积累情

况，及时进行修改或补充。

3）水文测报工作是否能够按照审定批准的水文预报方案正常开展；水文气象预报资料和预报的精度是否满足水库工程实际和相关技术标准要求。

5.2.3 安全监测

(1) 安全监测要求

在做好水库调度的同时，水库管理单位应做好运行期巡视检查与安全监测工作。巡视检查与安全监测具体参照《土石坝安全监测技术规范》(SL 551)、《混凝土坝安全监测技术规范》(SL 601)执行。

(2) 安全监测评价要点

安全监测情况评价主要包括以下内容：

1）水库大坝及泄输水建筑物是否按《土石坝安全监测技术规范》(SL 551)或《混凝土坝安全监测技术规范》(SL 601)要求，建立了适合水库工程实际情况的渗流、变形、应力应变等安全监测系统或安全监测项目，安全监测设施或仪器是否完备并能够正常运用。

2）巡视检查与安全监测资料采集、整编及分析工作是否能够按《土石坝安全监测技术规范》(SL 551)或《混凝土坝安全监测技术规范》(SL 601)要求，并结合水库工程实际情况正常开展。

5.2.4 应急预案编制

(1) 应急预案编制要求

大中型及重要小型水库的水库管理单位应根据《水库防汛抢险应急预案编制大纲》(国家防汛抗旱总指挥部办公室，2006 年 3 月)、《水库大坝安全管理应急预案编制导则》(SL/Z 720)要求，组织编制水库大坝安全管理应急预案，明确组织体系、运行机制、应急保障和监管内容等，并经水库安全管理政府责任人所在同级人民政府或防汛指挥机构批准和发布，同时报水行政主管部门备案；一般小型水库应急预案在满足工程应急管理实际要求的前提下可适当简化。

水库应急预案是针对水库工程灾难性事件(自然事件和工程事故)制订的应付灾害的一种重要非工程措施，具体到水库大坝安全方面，则是当不利的自然事件或人为事故发生时保护大坝下游、减少洪灾损失的一种基本手段，可在一定程度上发挥减灾救援的预防作用。在遭遇突发事件时，应急预案对保障水库大坝的安全将会起到极为重要的作用，已成为安全管理环节中不可或缺的一部分。当遇到超过水库校核标准的洪水时，要及时向下游预警并尽可能采取紧急抢险措施，力争保障大坝和泄输水建筑物等的安全。需要采取非常泄洪措施的，要预先慎重拟定启用非常泄洪措施的条件。一个先进的、完善的应急预案往往会很大程度地减少大坝灾难性事件所造成的下游生命和财产损失，减小对社会和环境的破坏影响等。对应急预案而言，制订只是第一步，还需要进行宣传、培训、测试。计划制订后，所有相关的技术人员和社会抢险人员都应在应急模式下进行训练培训，并指派专人或机构定期对应急预案进行检查、更新，这样才会最大限度地发挥应急预案的作用。

（2）应急预案编制评价要点

应急预案编制情况评价主要包括以下内容：

1）水库管理单位是否按《水库防汛抢险应急预案编制大纲》或《水库大坝安全管理应急预案编制导则》（SL/Z 720）要求，编制了适合水库工程实际情况的应急预案；突发事件及其风险分析评价技术深度是否能够满足预案要求，并附有洪水淹没风险图（包括通过泄洪设施大流量下泄洪水淹没风险图、溃坝洪水淹没风险图），主要包括洪水淹没范围图、洪水淹没范围水深图以及撤退转移路线与避险安置点图；突发事件的应急组织体系、预测预警、应急处置以及应急保障工作是否完善。

2）已编制的水库应急预案是否得到了具有其管辖权限的水库安全管理政府责任人所在同级人民政府或防汛指挥机构的批准。

3）水库管理单位是否按照审批的应急预案对水库工程进行应急管理。

4）在水库工程条件（包括水工建筑物、运行调度方式、安全状况）、运行调度条件、管理条件（管理设施与人员、水雨情测报设施、安全监测设施）以及应急组织体系、预测预警、应急处置和应急保障等方面发生重大变化时，水库管理单位或主管部门（业主）是否及时对水库应急预案进行更新修订并报原审批部门审查批准。

5.2.5 运行大事记编写

水库管理单位或主管部门（业主）应编写完整、翔实的水库运行大事记，重点记载水库逐年运行特征水位和泄量，运行中出现的异常情况及原因分析与处理情况，遭遇特大洪水、地震、异常干旱等极端事件时的大坝安全性态，历次安全鉴定结论和加固改造情况。

5.2.6 技术档案积累与管理

水库管理单位应加强技术资料积累与管理，建立水库工程基本情况、建设与改造、运行与维护、检查与观测、安全鉴定、管理制度等技术档案。对缺失或存在问题的资料应查清补齐、复核校正。

5.3 工程维修养护评价

5.3.1 工程维修养护评价主要内容

水库工程维修养护评价主要复核水库管理单位是否按照《水库工程管理通则》（SLJ 702）及《土石坝养护修理规程》（SL 210）、《混凝土坝养护修理规程》（SL 230）等相关标准的要求，制订维修养护计划，落实维修养护经费，对大坝和相关设施（备）进行经常性的养护和修理，使其处于安全和完整的工作状态，并对大坝以往开展的修理和加固改造工程及其效果作详细记载和评价。水库工程维修养护包括对水库枢纽水工建筑物、闸门与启闭设备、监测设施、防汛交通和通信设施、备用电源等的检查、测试及养护和修理，以及对影响大坝安全的白蚁危害进行防治。

5.3.2 工程维护、改扩建及除险加固过程

工程维护包括日常维护、岁修、大修或抢修，均以恢复局部、改善原有结构、保持设计功能、确保工程安全为原则，如需扩建、改建或除险加固时，应列入基本建设计划，按规定的基建程序报批后进行。水库的工程维护、改扩建及除险加固工程必须明确项目负责人，并建立质量安全保证体系，严格执行质量标准和工艺流程，确保工程质量。完工后，必须由工程项目审批部门严格按《水利水电建设工程验收规程》(SL 223)主持验收，一般日常维护、岁修工程可适当简化手续。

5.3.3 大坝维修养护

大坝维修养护应按《土石坝养护修理规程》(SL 210)及《混凝土坝养护修理规程》(SL 230)的有关要求执行。

(1) 土石坝维修养护

土石坝养护主要包括：坝顶(道路、防浪墙、照明设施)、坝体(包括裂缝、滑坡、沉陷、渗漏等)、坝端、坝坡的养护；排水设施的养护；观测设施的养护；坝基和坝区的养护处理等。具体应做好坝顶道路养护及坝肩局部破损整修、坝顶防浪墙修补、坝顶照明设施修缮、上下游坝坡杂草杂物及动物洞穴清除、坝体细小缺陷(包括局部不严重的裂缝、滑塌、沉陷、渗漏等)修补、排水沟清理、排水棱体表面堵塞物清理等日常维护工作。养护效果评价可结合水库现场检查进行，主要内容如下：

1) 坝面上是否种植树木、农作物，坝坡是否平整，无雨淋沟、无荆棘杂草丛生；护坡块砌是否完好，要求砌缝紧密，填料密实，且无松动、塌陷、脱落架空等现象；排水系统是否无淤堵。

2) 在大坝管理和保护范围内，是否有爆破、打井、采石、采矿、挖沙、取土、修坟等危害大坝安全的活动迹象。

3) 坝体上是否修建了码头、渠道，如确实需要在大坝管理和保护范围内修建码头、鱼塘的，必须经大坝主管部门批准，并与坝脚和泄水、输水建筑物保持一定距离，不得影响大坝安全、工程管理和抢险工作等。

土石坝修理项目主要包括：护坡的修理，坝体裂缝的修理，坝体渗漏的修理(包括坝体和贴坡式砂石反滤层的修理)，坝基渗漏和绕坝渗漏的修理，坝体滑坡的修理，排水设施的修理，混凝土面板坝面板的修理等。

土石坝的修理一般分为岁修、大修和抢修。岁修是指根据大坝运行中所发生的和巡视检查所发现的工程损坏等问题，即时进行必要的修理和局部改善。岁修工程项目应由水库管理单位根据水库大坝运行情况，提出岁修计划，报水行政主管部门审批后实施。大修是针对水库枢纽工程发生较大损坏、修复工作量大、技术性较复杂甚至危及大坝安全的工程问题，如坝体裂缝、滑坡、沉陷、渗漏及绕坝渗漏，或经临时抢修未作永久性处理的工程险情等工程量大的整修工程。大修工程项目应在分析研究其原因的基础上，由管理单位及时委托

具有资质的咨询单位提出大修工程的可行性研究报告或专题报告，并向上级水行政主管部门申报立项；经上级水行政主管部门审批后，水库管理单位根据批准的工程项目，组织设计和施工，制定详细的修理施工计划。大修工程项目的设计和施工应由具有相应等级资格的设计和施工单位来承担。当突然发生危及大坝与其附属建筑物工程安全的各种险情时，必须立即进行抢修。

(2) 混凝土坝维修养护

混凝土坝养护一般包括建筑物的日常保养和防护；混凝土坝修理包括混凝土裂缝修补、渗漏处理、剥蚀修补及处理和水下修补等。

混凝土坝的养护修理应做好工程的养护工作，防止损坏缺陷的发生和发展。养护时发现工程损坏后，必须及时修理，防止扩大。混凝土坝修理包括工程损坏的调查、修理方案设计、施工及其质量控制、验收等4个工作程序。修理工程的报批：较大修理项目由水库管理单位提出修理设计方案，并经上级水行政主管部门审批后实施；对影响结构安全的重大修理项目，应由原设计单位或由具有相应资格的设计单位设计，并报上级水行政主管部门批准实施。

5.3.4 输泄水建筑物及金属结构、电器设备维修养护

输泄水建筑物及金属结构、电器设备维修养护包括混凝土建筑物、闸门、启闭设施、电气设备、备用电源等的维修养护。

混凝土建筑物维修养护具体应做好混凝土建筑物（如闸墩、底板、侧墙、洞身及启闭房等）的缺损修补、渗漏处理和水下修补等。

金属结构及电器设备维修养护包括闸门定期清洗、修补与油漆、滚轮检修与加油、止水调整；启闭机各部位清洗、除锈、修补与油漆，螺杆校正、易损件更换、制动装置调试；电动机、开关箱、仪表、动力线路、照明等电气设备的清洁、测试、定期校验、调整、局部修补及易耗品的更换；电源及备用电源的发电机组清洗保养和试机、易损件更换；检查电力线路是否正常、定期测量导线绝缘电阻值，以及做好指示仪表、接地系统及避雷器定期检验等各项工作，确保金属结构及电器设备安全和可靠运行。

5.3.5 监测设施维修养护

监测设施维护包括水雨情观测设施和大坝安全监测设施的维护。水雨情观测设施维护应做到雨量计、库水位计、数据传输通信设施、监控计算机等保持完好，数据传统通信信号保持畅通，自动测报系统软件保持运行正常。水管式沉降仪、钢丝位移计等安全监测系统应经常维护。水管式沉降仪观测玻璃管及储水桶内的杂质应及时清理，并定期更换系统内的液体；钢丝位移计系统应保持工作台清洁，观测标尺应经常擦拭养护，并做好观测台的防腐防锈工作。监测设施如有损坏应及时修复，必要时应请求具有修复资质的单位和技术人员进行修复。

5.3.6 管理设施维护

管理设施维护应做好管理用房整洁、卫生、美观，保持办公设施如办公桌椅、计算机、打

印机等设施或设备运行正常、能够满足运行管理需求，确保交通道路畅通，通信设施、报警设施能够运行正常。

5.3.7 其他设施维护

其他设施维护内容包括上坝及防汛交通道路、防汛快艇、交通车辆、消防设施、抢险物资与工具等，应确保这些设施能够运行正常，满足水库工程运行管理需要。

5.3.8 对大坝维修、改扩建及加固工程的记载与评价

对大坝以往开展的修理、改扩建和加固改造工程，应作详细记载，并对竣工验收资料进行整编存档；在安全评价时，水库管理单位应向安全评价单位提供相应的验收资料，具体如下：

(1) 管理单位应提交工程竣工报告、批准文件、全部设计文件和图纸。

(2) 施工单位应提交加固或大修施工报告、竣工图纸和竣工决算、施工原始记录及质量检测记录等。

(3) 监理单位应提交工程监理报告、工程监理原始记录及工程阶段验收鉴定书等资料。

(4) 各有关单位应详细提供隐蔽工程部分的阶段验收(或检查)鉴定资料和竣工验收鉴定书。

安全评价单位在充分掌握并分析验收资料的基础上，应结合现场安全检查、运行性状表现及观测资料整编分析，对修理、改扩建和加固改造工程效果作出评价；此外，应特别注意安全监测仪器记载的定期检测维修情况。

5.4 安全监测

安全监测应重点检查说明水库大坝安全监测的项目、观测布置及观测方法，并进行仪器监测的完备性和可靠性评价；检查日常监测资料是否进行了整编分析，并对大坝安全性态进行初步评价。

大坝安全监测方法主要包括巡视检查和仪器监测。监测范围包括坝体，坝基和坝肩，输、泄水建筑物，对大坝安全有重大影响的近坝区岸坡以及与大坝安全有直接关系的建筑物和工程设备。大坝安全监测断面和测点数量一般有限，巡视检查是不可少的，实践表明，绝大多数的工程问题(事故)是通过日常巡视检查发现的。

5.4.1 巡视检查

巡视检查分为日常巡视检查、年度巡视检查和特别巡视检查三类。

土石坝日常巡视检查应根据土石坝的具体情况和特点，制定巡视检查制度，包括巡视检查的时间、部位、内容和要求等，并确定日常的巡回检查路线和检查顺序，由有工程经验的技术人员负责进行。日常巡视检查的次数一般每周一次，或每月不少于两次，但在汛期高水位

时应增加次数，特别是出现大洪水时，每天至少一次。年度巡视检查一般在每年的汛前、汛后，用水期前后，冰冻较严重地区的冰冻期和融冰期，有蚁害地区的白蚁活动显著期等，应按规定的检查项目，由管理单位负责人组织，对土石坝进行比较全面或专门的巡视检查。检查次数，视地区不同而异，一般每年不少于 2～3 次。特别巡视检查一般在土石坝遇到严重影响安全运用的情况（如发生暴雨、大洪水、有感地震、强热带风暴以及库水位骤升、骤降或持续高水位等），发生比较严重的破坏现象或出现其他危险迹象时进行，应由主管单位负责组织，必要时应组织专人对可能出现险情的部位进行连续监视。当水库放空时亦应进行全面巡视检查。检查项目应包括坝体、坝基及坝区（含近坝库岸），输、泄水洞（管），溢洪道闸门及启闭机，观测及通信设施等。

混凝土坝日常巡视检查应根据大坝的实际情况制定日常巡视检查的程序。巡视人员应按巡视检查程序对大坝作例行检查，以便及时发现异常迹象。日常巡视检查的次数每月不宜少于一次，汛期应增加巡视检查次数，水库水位达到设计水位前后，每天至少应巡视检查一次。年度巡视检查在每年汛前、汛后及高水位、低气温时进行，应按规定的检查项目，对大坝进行较为全面的巡视检查（在汛前可结合防汛检查进行）。年度巡视检查，每年应进行 2～3 次。在坝区（或其附近）发生有感地震或大坝遭受大洪水以及发生其他特殊情况时应立即进行巡视检查。检查项目包括坝体、坝基、坝肩、引水建筑物、泄水建筑物、近坝区岸坡、闸门、金属结构、其他设施或设备等。巡视检查方法除依靠目视、耳听、手摸、鼻嗅、脚踩等直观方法外，可辅以简单工具对工程表面和异常现象进行检查。

日常巡视检查中发现异常现象时，应立即采取应急措施，并上报主管部门。年度巡视检查和特别巡视检查结束后，应提出简要报告，对发现的问题及时采取应急措施，并进行综合分析比较，写出详细报告，并立即报告主管部门。各种巡视检查均应有记录，并应整理归档，在水库安全鉴定时，提供给水库安全评价单位。

5.4.2 仪器监测

仪器监测主要包括监测项目、观测布置、观测设施及安装埋设、观测方法及要求、观测频次等，对于不同坝型分别根据相应建筑物的等级按照安全监测技术规范执行。

（1）监测完备性

大坝安全的仪器监测应根据水库等级、规模、结构型式及其地形地质条件等因素，设置必要的监测项目及其相应设施，并定期进行系统的观测。土石坝的监测类别一般包括变形监测，渗流监测，压力（应力）监测，水文、气象监测等，具体监测项目见表 4.2-1。混凝土坝一般根据建筑物级别设置监测项目，主要包括变形监测，渗流监测，压力（应力）、应变及温度监测等，具体监测项目见表 4.2-2。对必须设立的监测项目，如有因水库实际情况难以实施者，应报上级主管部门批准后缓设或免设。

大坝监测项目可根据工程具体条件，适当增减。各监测仪器、设施的布置，既要能较全面地反映工程的运行状态，又能突出重点和少而精，通过监测资料整编分析，可适时掌握大坝的工作状况。

（2）监测系统可靠性

对于自动化采集系统，其可靠性主要依靠平均无故障工作时间、数据采集缺失率等两个

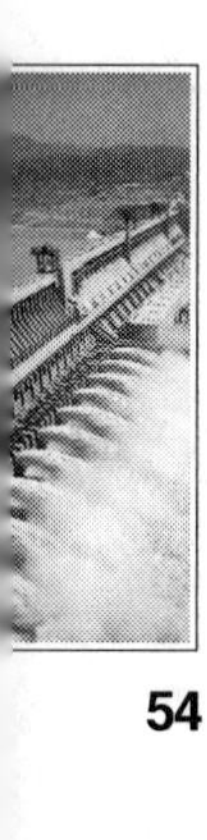

指标进行评价。

5.4.3 监测资料整编与分析

水库管理单位应及时对监测资料进行整编分析，以便通过监测资料及时了解大坝的性状，为水库大坝安全评价提供基本资料。

5.4.3.1 监测资料整编

监测资料整编包括平时资料整理与定期资料编印。每次观测后应立即对原始数据加以检查和整理，并应及时进行初步分析。大中型水库每年应进行一次资料整编，每年汛前必须将上一年度的监测资料整编完毕。在整理和整编的基础上，应定期进行资料的分析。在资料整理和初步分析中，应做好原始观测数据的检验、观测数据的计算、填表和绘图、初步分析和异常值的判识。如发现异常值，确认后应立即向主管人员报告。

平时资料整理的主要内容包括：

(1) 适时检查各观测项目原始观测数据和巡视检查记录的正确性、准确性和完整性，如有漏测、误读(记)或异常，应及时补(复)测、确认或更正。

(2) 及时进行各观测物理量的计(换)算，填写数据记录表格。

(3) 随时点绘观测物理量过程线图，考察和判断测值的变化趋势。如有异常，应及时分析原因，并备注文字说明。原因不详或影响工程安全时，应及时上报主管部门。

(4) 随时整理巡视检查记录(含摄像资料)，补充或修正有关监测系统及观测设施的变动或检验、校(引)测情况，以及各种考证图、表等，确保资料的衔接与连续性。

定期资料编印工作的主要内容包括：

(1) 汇集工程的基本概况(含各种运行指标)、监测系统布置和各项考证资料，以及各次巡检资料和有关报告、文件等。

(2) 在平时资料整理基础上，对整编时段内的各项观测物理量按时序进行列表统计和校对。此时如发现可疑数据，一般不宜删改，应加注说明，提醒注意。

(3) 绘制出各观测物理量在时间和空间上的分布特征图，以及有关因素的相关关系图。

(4) 分析各观测物理量的变化规律及其对工程安全的影响，并对影响工程安全的问题提出运行和处理意见。

(5) 对上述资料进行全面复核、汇编，并附以整编说明后，刊印成册，建档保存。

大、中型水库大坝在作安全鉴定时，应全面收集整理大坝安全监测资料，提出监测资料分析报告或总报告，为大坝的安全鉴定提供依据。中、小型水库无安全监测资料时，应加强现场检查，采取必要的补救措施，如观测勘探孔、稳定地下水位等。

5.4.3.2 监测资料分析

监测资料整编分析首先应严格审查监测资料(数据)的可靠性，并在资料分析的基础上，结合巡视检查结果，从监测角度对大坝变形、渗流及稳定性状给出总体评价。

(1) 监测资料可靠性分析

监测资料(数据)的可靠性审查很重要。错误(或失真)的资料(数据)会导致错误的结果，给工程带来不利影响，甚至严重的后果。

众所周知，监测资料的观测误差是客观存在、不可避免的。产生误差的原因有观测者

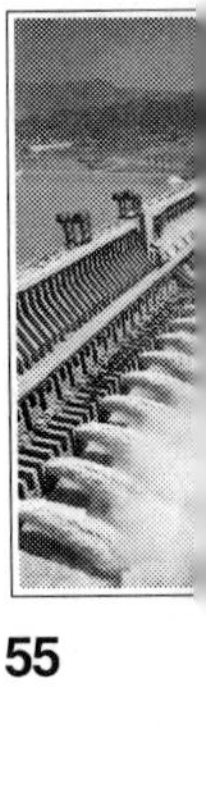

方面的因素，有测量仪器和工具方面的因素，也有外界条件的影响，如温度、湿度、大气折光等。这三方面综合起来即为观测条件。通过计算观测值与真值之差，即真误差，可判断测值系列的可靠性。真误差平方的算术平均值的平方根为一列观测值的标准偏差或标准误差，习惯上常称为观测中误差。对于等精度观测（在同样的观测条件下所进行的观测）序列，可以用全序列观测值的标准偏差来衡量其观测精度。但是，由于观测值的真误差一般是未知的，为此，通常用观测值的残差代替真误差。编制相应的误差分析程序，对典型观测资料进行误差分析，并以此评价各监测量的精度和可靠性。观测中误差的计算公式如下：

$$\sigma=\pm\sqrt{\frac{\sum_{i=1}^{n}\delta_i^2}{n}} \tag{5.4-1}$$

式中：δ_i 为实测值的真误差；n 为测值个数。

对于一列测值 $\{x_i\}$，被测量的最或然值（最接近于真值的量）就是这列观测值的算术平均值 $\overline{x}$，则有残差

$$\upsilon_i = x_i - \overline{x}$$

由上两式得到测值序列 $\{x_i\}$ 用残差表示的标准偏差（即观测中误差）公式为：

$$\sigma=\pm\sqrt{\frac{[\nu_i^2]}{n}}\text{，其中 } i=1,2,\cdots,n \tag{5.4-2}$$

式中：高斯符号[]表示求和。

根据现场检测、测值历史过程线以及中误差的计算成果，并综合观测仪器的精度、仪器量程、相应的监测技术规范、仪器资料以及与同类仪器对比，可确定如表 5.4-1 所列可靠性评价标准。

表 5.4-1　观测项目的中误差限值

观测项目	仪器代码	中误差限值		备注
		合格	优良	
多点位移计	BX	0.30 mm	0.15 mm	变形
沉降仪	CS	1.00 mm	0.50 mm	
测缝计	J	0.20 mm	0.10 mm	
界面变位计	JI	0.20 mm	0.10 mm	
渗压计	P、PZ	0.20 m	0.10 m	渗流
测压管	SP	0.20 m	0.10 m	
量水堰	WI	60 m³/d	30 m³/d	

续表

观测项目	仪器代码	中误差限值		备注
		合格	优良	
应变计	S、SS	10 $\mu\varepsilon$	5 $\mu\varepsilon$	应力应变
堤应变计	ES	1.0 $\mu\varepsilon$	0.5 $\mu\varepsilon$	
无应力计	N	10 $\mu\varepsilon$	5 $\mu\varepsilon$	
钢筋计	R	10 MPa	5 MPa	
锚杆测力计	RB	10 MPa	5 MPa	
钢板计	PL	5.0 MPa	2.5 MPa	
锚索测力计	PR	5.0 kN	2.5 kN	
土压力计组	PS	10 kPa	5 kPa	
总压力盒	PI	10 kPa	5 kPa	
边界土压力计	PT	10 kPa	5 kPa	
温度计	T	1.0℃	0.5℃	温度

监测资料的可靠性较差时，应注意从以下几个方面分析原因：①仪器设备安装埋设考证，重点是埋设位置及起始值（零点）的确定；②仪器设备是否工作正常，传感器精度是否符合要求；③观测记录是否符合要求，计（换）算是否正确；④经验判断——工程类比。

（2）监测资料初步分析

资料分析的项目、内容和方法一般应根据水库实际情况而定，但对于变形量、渗漏量、扬压力（扬压力非大坝基本荷载者除外）及巡视检查的资料必须进行分析评价。

1）变形方面。比较同类效应量观测值的变化规律或发展趋势，是否具有一致性和合理性，大坝变形（含裂缝或接缝）是否符合一般规律，是否趋于稳定或有何异常。

2）渗流方面。可将监测成果与理论计算成果相比较，观察其规律和趋势是否有一致性、合理性；判断大坝渗流场（包含渗流压力或扬压力和渗流量）是稳定的（或是向有利方向发展），还是有恶化趋势。

3）坝体稳定性方面。土石坝坝体的浸润线及混凝土坝坝基的扬压力是否正常，并与设计值（或经安全论证过的某稳定值）相比较。若低（小）于设计值，可初步判断大坝整体是稳定的；否则，可能不稳定，应做进一步分析研究。

按照分析的深度，监测资料分析分为初步分析和系统分析。初步分析是在对资料进行整理后，采用绘制过程线、分布图、相关图及测值比较等方法对其进行分析，并同时进行监测资料的合理性检查。系统分析是在初步分析的基础上，采用各种方法进行定性、定量以及综合性的分析，并对工作状态作出评价。常用的方法有比较法、作图法、特征值统计法及数学模型法等。

1）比较法，包括监测值与技术警戒值相比较、监测物理量之间的对比、监测成果与理论

的或试验的成果(或曲线)相对照等三种。

2) 作图法,包括各监测物理量的过程线及特征原因量(如库水位等)下的效应量(如变形量、渗流量等)过程线图,各效应量的平面或剖面分布图,以及各效应量与原因量的相关图等。

3) 特征值统计法,对物理量的历年最大值和最小值(包括出现时间)、变幅、周期、年平均值及年变化趋势等进行统计分析。

4) 数学模型法,建立效应量(如位移、渗流量等)与原因量(如库水位等)之间的定量关系,可分为统计模型、确定性模型及混合模型。使用数学模型法作定量分析时,应同时用其他方法进行定性分析,加以验证。

需要说明的是,本节所说的整编分析为一般常规的和定性的分析与评价,即初步分析,而监测资料的系统分析则在相应的专项章节中进行介绍。

5.5 运行管理综合评价

5.5.1 运行管理常见问题

(1) 水库管理机构不完善,管理人员缺编,工程技术人员缺乏。

(2) 水库管理制度不完善,未按水库大坝管理有关规定制定水库各项管理规章制度;水库管理部门虽制定了各项管理规章制度,但没有专人负责,也未认真执行。

(3) 水库水文测报站网、工程安全监测设施、水库调度自动化系统、防汛交通与通信设施、水库上下游警报系统、工程维修养护设备和防汛设施、供水建筑物及其自动化计量设施、水质监测设施、水库管理单位办公生产用房等欠缺、不完善,或处于无法正常运行状态(如处于损坏状态)。小型水库特别欠缺这些管理设施,部分小型水库甚至无管理房。

需要提及的是,经过近年来大中型及部分小型水库的普遍除险加固,大多数水库建立了水雨情观测设施或大坝安全监测系统,但部分水库的水雨情观测设施或大坝安全监测系统不够完善或损坏较严重,或因技术人员水平有限,未按要求进行观测,且对观测资料未作整理和分析,个别水库观测资料丢失还很严重,这些已不能满足水库实际安全监测工作要求。

(4) 水库无调度规程,缺乏防洪和兴利调度运用方案或计划;水库调度规程未经审查批准;水库虽有经审查批准的调度规程,但由于水库大坝存在各种病险和安全隐患,未按经审查批准的调度规程进行水库调度。

(5) 水库无防洪或大坝安全管理应急预案,缺乏防洪和兴利调度运用方案或计划;水库调度规程未经审查批准;水库虽有经审查批准的调度规程,但由于水库大坝存在各种病险和安全隐患,未按经审查批准的调度规程进行水库调度。

(6) 水库工程维修养护工作不到位,工程形象面貌差,安全隐患得不到及时根除。

(7) 水库的设计、加固、维护等资料管理不完善,丢失严重。

5.5.2 运行管理综合评价

大坝运行管理评价应作出如下明确结论：

(1) 水库管理机构和管理制度是否健全，管理人员职责是否明晰；

(2) 大坝安全监测、防汛交通与通信等管理设施是否完善；

(3) 水库调度规程与应急预案是否科学合理、可操作性强；

(4) 是否能按审批的调度规程合理调度运用，并按规范开展安全监测，及时掌握大坝安全性态；

(5) 大坝是否得到及时完好的维修养护，处于安全和完整的工作状态。

上述五方面均做得好，水库能按设计条件和功能安全运行的，大坝运行管理可评为规范。

上述五方面大部分做得好，水库基本能按设计条件和功能安全运行的，大坝运行管理可评为较规范。

上述五方面大部分未做到，水库不能按设计条件和功能安全运行的，大坝运行管理应评为不规范。

第 6 章

工程质量评价

6.1 工程质量评价内容与方法

6.1.1 工程质量评价目的及内容

(1) 水库大坝安全评价时的质量评价具有其特殊性，主要目的是复核大坝基础处理的可靠性、防渗处理的有效性以及大坝结构的完整性、耐久性与安全性等是否满足现行规范和工程安全运行要求。

(2) 工程质量评价内容包括如下几个方面：

1) 评价大坝工程地质条件及基础处理是否满足现行规范要求；

2) 评价大坝工程质量现状是否满足规范要求；

3) 根据运行表现，分析大坝工程质量变化情况，查找是否存在工程质量缺陷，并评估其对大坝安全的影响；

4) 为大坝安全评价提供符合工程实际的参数；

5) 为大坝除险加固的质量控制提供指导性意见。

(3) 为系统、科学做好工程质量评价工作，应收集如下基础资料：

1) 工程地质及水文地质资料；

2) 关于基础(含岸坡)开挖、基础处理等工程的设计、施工、监理及验收的有关图件和文字报告等；

3) 关于建筑物施工的质量控制、质量检测(查)、监理以及验收报告等资料；

4) 工程在施工期及运行期出现的质量事故及其处理情况的有关资料；

5) 竣工后历次质量检查及参数测试等资料。

6.1.2 工程质量评价方法

工程质量评价的方法主要有现场巡视检查法、历史资料分析法、勘探及试验检查法。

(1) 现场巡视检查法：即现场检查法，是通过现场检查并辅以简单测量、测试及安全监测资料分析，复核大坝形体尺寸、外观质量及运行情况是否正常，进而评判大坝工程质量。

(2) 历史资料分析法：对资料较全的大、中型水库，主要是通过对工程施工期的质量控制、质量检测(查)以及验收报告等档案资料进行复查和统计分析，重点是查阅设计、监理、施工等参建单位的原始资料，重点对施工质量缺陷处理效果、验收遗留工程施工质量及运行中暴露的工程质量缺陷进行评价。对缺乏资料的中、小型水库，需与原设计、施工或建设管理人员进行座谈收集资料，并与有关规范相对照，作为工程质量评价的参考。

(3) 勘探及试验检查法：地质勘探是了解水库大坝建筑物及基础质量现状最直接有效的方法。由于施工当时条件和手段的限制，建筑物的质量不能满足现行的规范要求，加之经多年运行，筑坝材料性状会发生不同程度的劣化，因此，一般应进行适当的勘探、取样试验或检测，才能对实际工程质量有较为全面、客观的评价。相关地质勘探规范对水库大坝安全评价时的地质勘探工作进行了专门的要求。通过对建筑物或坝基岩层进行地质勘探、试验或原位测试检查，可获取原体参数，并据此进行安全评价或复核。尤其是水库大坝运行过程中已暴露出的质量问题，影响到工程的安全运行时，更应进行地质勘探，必要时，可适当加深、加大地质勘探工作量，并结合运行表现，对大坝工程质量进行评价。

6.1.3 质量评价中应注意的问题

(1) 通常，当人们用“工程质量”来评价一个工程的优劣时，应是从该工程(产品)的全程、全员的质量管理和技术监督要素考虑，其内容是极其全面和严格的。如规划、勘测、设计、施工直至运行检验等。然而《导则》中“工程质量评价”一章中的“工程质量”所指，仅是对水库大坝工程的“施工(或建筑)质量”的评价，即只对总则第 1.0.2 条所述的“永久性挡水建筑物以及与大坝安全有关的泄水、输水和过船建筑物及金属结构等”在建造(或制作)方面的质量进行评价，不包括上述“广义工程质量”的其他方面。

(2) 目前，新建水库大坝工程或病险水库除险加固工程均按基本建设程序正规建造，严格实行“三制”，勘测设计、施工和验收资料齐备，工程质量评定结果明确，并有施工自检、监理抽检以及第三方检测的数据作为依据，因此对这些水库大坝，其工程质量评价应在资料分析的基础上，重点对验收遗留工程施工质量、施工质量缺陷处理效果及运行中暴露的质量缺陷进行评价。

(3) 而早期修建的水库大坝相当多为“三无”或“三边”工程，基础资料匮乏，大坝工程质量不详，在开展首次大坝安全鉴定时，应补充钻探试验与安全检测(查)查明工程质量。

(4) 对混凝土和金属结构、电气设备除做现场检查外，还应进行现场试验和检测。

(5) 当评价发现大坝工程质量不满足规范要求或存在重大质量缺陷时，应结合大坝渗流安全、结构安全、抗震安全评价作进一步论证，确定是否需要采取措施进行处理。

(6) 有些建筑物的质量现状，在目前的条件和科技水平下难以查明，对此，应更多地通过查阅有关资料来获取信息，结合实际运行过程中出现的问题，对其工程质量进行评价。

6.2 工程地质条件评价

6.2.1 评价目的与要求

工程地质条件是大坝工程依托的基础，大坝与工程地质条件（地质环境）相互作用、相互制约，工程地质条件对大坝工程安全至关重要。由于工程地质问题导致大坝失事的不在少数。工程地质问题是多种多样的，概括起来主要有以下五个方面：

（1）区域稳定性问题。这是水电工程评价的首要问题。区域稳定性包括区域地质环境、地壳结构、现今构造活动、地震活动、液化以及活动断层等对工程稳定性的影响等。

（2）基础沉降变形问题。地基在上部结构的荷载作用下会产生沉降变形，过量的或不均匀的沉降变形会使建筑物发生裂缝、倾斜、塌陷，影响其正常运用，甚至毁坏。

（3）地基、边坡或洞室围岩的稳定性问题。地基承载能力或强度过底，会导致坝基滑移，危及坝体的安全和稳定。边坡与地下洞室破坏了原有的岸坡、岩体的平衡条件，改变了其运行环境，还可能增加新的荷载，可能会出现不稳定现象。

（4）渗漏问题。水库、坝基的渗漏会造成水量的大量损失，使水库不能实现预期功能，有时还会影响地基、边坡及围岩的稳定性。

（5）地质灾害问题。包括崩塌、滑坡、泥石流、采空区等带来的地质灾害问题。

因此，地质条件评价应对枢纽区地形地貌、地层岩性、地质构造、地震、水文地质等进行评价。

评价要求如下：应明确场地的地震动参数及相应的地震基本烈度；评价水库渗漏、库岸稳定及水库淤积等情况；查明是否存在影响工程安全的地质缺陷和问题，对运用中发生地震或工程地质条件发生重大变化的水库大坝，应评估工程地质条件变化及其对工程安全的影响；对坝基、岸坡、地下洞室等处理效果作出地质初步分析，分析可能的地质缺陷及其影响；提供计算所需的其他各种地质边界和进行数值分析所需的岩体物理力学参数。

6.2.2 地质勘察及成果分析

（1）工程地质勘察资料的收集与回顾

大坝建设阶段、前期除险加固阶段都会有工程地质勘察资料。

库区工程地质勘察的主要内容一般包括：地质与水文条件，威胁水库运行和安全的滑坡、潜在不稳定岸坡、泥石流等分布及可能影响，透水层与隔水层的分布范围、可溶岩地区的喀斯特发育情况、水库封闭条件及渗漏的可能性，库区对水环境产生影响的地质条件等。

坝址工程地质勘察主要涉及水坝、地下洞室和人工开挖边坡的工程地质勘察，坝址勘察内容主要包括：坝址所处河段的河流形态、河谷地形地貌特征及河谷地质结构；坝址地层岩性、岩体结构特征、软弱岩层分布规律、岩体渗透性及卸荷与风化程度，第四系沉积物的成因类型、厚度、层次、物质组成、渗透性以及特殊土体的分布；坝址地质构造，特别是大断层、缓

倾角断层和第四系断层的发育情况；坝址及近坝地段的物理地质现象和岸坡稳定情况；透水层和隔水层的分布情况，地下水埋深及补给、径流、排泄条件；可溶岩坝址喀斯特洞穴的发育程度、两岸喀斯特系统的分布特征和坝址防渗条件；坝址地形、地质条件及其对坝型的适应性。

前期除险加固安全评价阶段地质勘察内容一般包括：收集分析已有地质、设计、施工和水库险情处理资料；全面复查工程区水文地质、工程地质条件，重点检查水库运行以来的地质条件的变化；对坝基、岸坡、地下洞室等处理效果作出地质初步分析；了解坝体填筑质量并作出地质分析；复核工程区场址的地震动参数。

回顾地质条件变化时，要注意了解水库蓄水运用中暴露的问题。如库岸稳定性影响，可能危及水坝安全的近坝库段的大型崩塌、滑坡、危岩体，以及可能影响水库正常运行和居民安全的大型滑坡影响；具有区域特征的地质条件影响，如我国北方平原地区水库蓄水引起的坍岸及浸没影响，岩溶地区水库的封闭条件、渗漏的可能及其规模的影响，中西部山区泥石流的影响；水库蓄水对采矿安全以及采矿对水库安全的影响；水库蓄水引起的水库周边地下水变化及影响，等等。

(2) 现状地质条件分析

应收集分析已有的地质、设计、施工和水库运行监测及水库险情处理资料。全面复查工程区水文地质、工程地质条件；结合水库蓄水运用情况和工程运行表现，重点检查水库运行以来地质条件的变化，对坝基、岸坡、地下洞室等处理效果作出初步地质分析，分析判断可能存在的地质问题、地质缺陷及其影响。

分析前，首先应了解建坝时已揭露的工程地质条件、地质缺陷及其处理措施。其次，结合水库蓄水运行表现，了解基础处理效果和蓄水对地质条件的影响，根据表现判断是否有前期工作未能揭露的地质条件。前期除险加固阶段一般是结合病险情况进行补充勘察，应注意与已有地勘资料系统综合分析。

现状初步分析应结合水库现状情况、蓄水运用和工程的运行表现，分析判断可能存在的地质问题、地质缺陷及其影响，必要时应提出地质勘察要求并开展补充勘察工作。地质缺陷和问题包括断层、构造、裂隙、透水层、软弱夹层以及浸没、地下水具有腐蚀性等。以下简单举例说明地质条件变化或地质环境的影响及重要性。

1) 工程蓄水导致地质条件的变化。Malpasset 双曲拱坝位于法国南部 Rayran 河上，坝高 66 m，水库总库容 5 100 万 m^3。1954 年末建成并缓慢蓄水；1959 年 11 月中旬，库水位才蓄至 95.20 m，此时坝址下游 20 m、高程 80 m 处有水自岩石中流出；12 月 2 日晨，库水位猛增到 100 m，巡视检查未见异常，21:20 大坝突然溃决，当时库水位为 100.12 m。溃坝洪水导致下游 12 km 处 Frejus 城镇部分被毁，死亡 421 人，财产损失达 300 亿法郎。绝大多数专家认为坝基内过大的孔隙水压力是造成失事的主要原因。Wittke 教授通过模拟分析认为，坝踵岩体在垂直片理方向的拉应力导致片理产生张性裂缝，库水进入裂缝并将裂缝劈开至下部断层处，在裂缝内形成全水头压力，使左坝肩至断层的岩块失稳，导致了大坝溃决。

2) 蓄水运用对基础防渗的影响。克孜尔水库位于新疆渭干河上，总库容 6.4 亿 m^3，1998 年竣工验收。整个库盘嵌在砂泥岩不透水或微透水基岩内，岩体较完整，但副坝右坝肩处有通过库盘的 F_2 活动断层，宽约 90 m，将附近阶地错断上升形成大方山北坡，坡高约 33 m。F_2 断层表部为弱风化破碎的软岩，属强透水岩体，基础采用水泥灌浆防渗处理。运行中，F_2断层带的防渗效果下降，沿断层带向下游的渗漏向两侧及下游扩展，坝后水位升高，见图 6.2-1、图 6.2-2。而副坝及右坝肩变形并无异常，但基岩裂隙水 SO_4^{2-} 含量很高，对普通硅酸盐水泥具有强腐蚀作用，说明 F_2断层带基础防渗功能下降主要是由地下水对水泥的腐蚀性导致的。

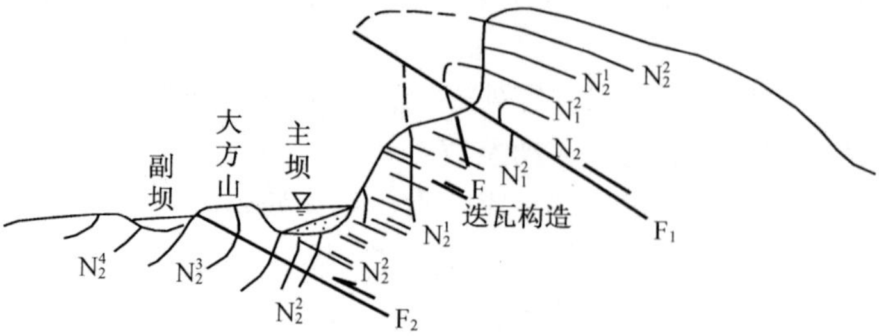

图 6.2-1　F_2断层横断面

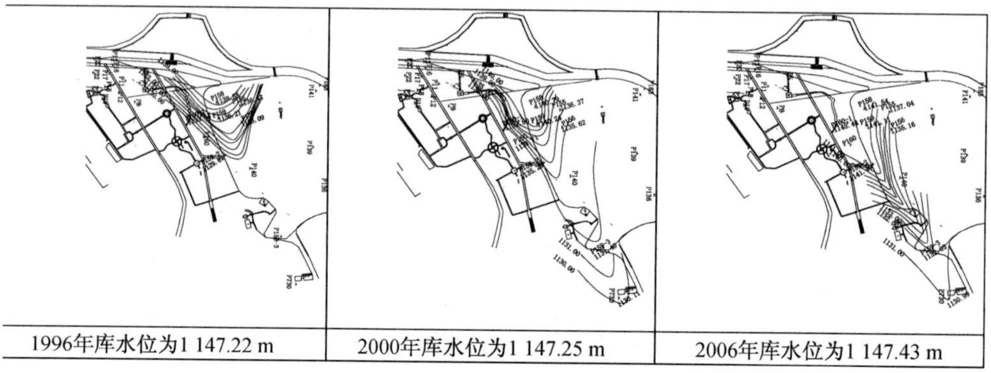

图 6.2-2　F_2断层平面等水位线分布变化

(3) 现状地质勘察

现状地质勘察的基本任务是根据前期资料回顾及初步判断分析，针对性地开展安全评价阶段的地质勘察工作。当工程地质资料缺失时，应根据安全评价需要，结合《水利水电工程地质勘察规范》(GB 50487)关于安全评价阶段工程地质勘察的要求开展工作，为工程地质条件评价和工程质量评价提供依据。地质勘察应满足安全评价的需要，确定可能地质缺陷的位置、性状、范围，提供计算所需的其他各种地质边界和进行数值分析所需的岩体物理力学参数。

6.2.3　场地地震基本烈度区划

我国是一个多地震的国家，尤其是中国东部的太行山、燕山山前地震带，西部的青海、宁夏、新疆以及西南的广大地区，地震活动性强。历史上由于地震导致大坝破损的事件为数众多。一般情况下，采用《中国地震动参数区划图》(GB 618306)确定基本工程场地的地震动参数，并按《水工建筑物抗震设计标准》(GB 51247)确定相应的基本地震烈度。

还有些大坝，如三峡工程、小浪底工程，虽然位于构造相对稳定，地震活动不强烈的地区，但是由于工程的特殊重要性，其区域构造稳定性和地震活动性问题也应高度重视，必要时应开展专题研究。规范明确对基本烈度为 6 度及 6 度以上地区的坝高超过 200 m 或库容大于 100 亿 m^3 的大(1)型工程，以及基本烈度为 7 度及 7 度以上地区坝高超过 150 m 的大(1)型工程，应开展专门的地震危险性分析。

此外，水库蓄水可能出现水库诱发地震。如新丰江水库 1961 年发生 Ms6.1 级水库地震，是世界上 4 次震级大于 6.0 级的水库地震之一，其后在中国大陆先后共有约 20 座水库发生过水库地震。水库地震由于震源浅、距离近，可能会对工程产生较大影响。必要时也应开展地震危险性专题研究，以便复核时分析评价。

6.3 土石坝质量评价

6.3.1 评价目的和要求

我国的土石坝数量多，而且多修建于 20 世纪 50—70 年代，工程设计、施工要求低，工程质量存在较多问题。土石坝质量评价主要是通过对原始资料的收集、整理与分析，了解其建设过程的质量控制情况，基础防渗体系是否安全可靠；通过地质勘察成果分析和必要的补充勘探试验，查明水库大坝及其相关建筑物的基础、岸坡开挖情况，特殊地质问题处理情况及效果；通过现场和室内土工试验和检测，查明坝体材料的特性，提出符合实际情况的建筑物的原体参数，为结构、渗流及抗震安全复核提供依据。

6.3.2 评价内容及标准

土石坝工程质量评价主要复核坝基处理、筑坝材料选择与填筑、坝体结构、防渗体施工以及坝体与坝基、岸坡及其他建筑物的连接等是否满足设计规范、施工规范及安全评价导则的要求。

6.3.2.1 坝基处理质量复核

坝基处理应满足渗流控制、静力和动力稳定、允许沉降量和不均匀沉降量等方面的要求，保证坝的安全运行。评价应阐述清楚坝基处理情况，如坝基及岸坡开挖、砂砾石坝基渗流控制、岩石坝基处理，以及易液化土、软黏土和湿陷性黄土坝基的处理等情况；结合观测资料分析、运行表现、地质勘察资料等评价处理措施是否能满足设计、施工规范要求。

基础防渗处理应满足设计标准与施工规范的要求。当发现坝基处理不能满足时，应分析可能的影响，并在专题评价内容中进行分析评价。

6.3.2.2 筑坝材料选择与填筑质量复核

评价应查明筑坝材料的土性、颗粒含量、渗透性以及填土的压实度、相对密度或孔隙率，大中型水库及坝高大于 30 m 的小型水库土石坝应符合《碾压式土石坝设计规范》(SL 274)要求。其他小型水库土石坝应符合《小型水利水电工程碾压式土石坝设计规范》(SL 189)要求。面板堆石坝应符合《混凝土面板堆石坝设计规范》(SL 228)要求。土石坝填筑质量同时还应符合《碾压式土石坝施工技术规范》(DL/T 5129)要求。

(1) 防渗土料应满足以下要求：

1) 渗透系数：均质坝不大于 1×10^{-4} cm/s，心墙和斜墙不大于 1×10^{-5} cm/s。

2) 水溶盐含量(指易溶盐和中溶盐，按质量计)不大于 3%。

3) 有机质含量(按质量计)，均质坝不大于 5%，心墙和斜墙不大于 2%。

4) 有较好的塑性和渗透稳定性。

5) 浸水与失水时体积变化小。

6) 用于填筑防渗体的砾石土，粒径大于 5 mm 的颗粒含量不宜超过 50%，最大粒径不宜大于 150 mm 或铺土厚度的 2/3，0.075 mm 以下的颗粒含量不应小于 15%。

(2) 反滤料过渡层料和排水体料应满足以下要求：

1) 质地致密，抗水性和抗风化性能满足工程运用条件的要求。

2) 级配满足设计要求。

3) 透水性满足设计要求。

4) 反滤料和排水体料中粒径小于 0.075 mm 的颗粒含量应不超过 5%。

(3) 黏性土的压实度应符合下列要求：

1) 1 级、2 级坝和高坝的压实度应为 98%～100%，3 级中、低坝及 3 级以下的中坝压实度应为 96%～98%。

2) 设计地震烈度为 8 度、9 度的地区，宜取上述规定的大值。

3) 有特殊用途和性质特殊的土料的压实度应检查是否满足设计要求。

(4) 砂砾石和砂的填筑质量应以相对密度为控制指标，应符合下列要求：

1) 砂砾石的相对密度不应低于 0.75，砂的相对密度不应低于 0.70，反滤料的相对密度宜为 0.70。

2) 砂砾石中粗粒料含量小于 50%时，应保证细料(小于 5 mm 的颗粒)的相对密度也符合上述要求。

3) 地震区无黏性土，浸润线以上土料的相对密度不低于 0.75，浸润线以下土料的相对密度则根据设计烈度大小，选用 0.75～0.85；对于砂砾料，当大于 5 mm 的粗料含量小于 50%时，应保证细料的相对密度满足上述对无黏性土压实的要求，同时还应满足设计要求。

(5) 堆石的填筑标准宜用孔隙率为设计控制指标并应符合下列要求：

1) 土质防渗体分区坝和沥青混凝土心墙坝的堆石料，孔隙率宜为 20%～28%。

2) 沥青混凝土面板坝堆石料的孔隙率宜在混凝土面板堆石坝和土质防渗体分区坝的孔隙率之间选择。

3) 采用软岩风化岩石筑坝时，孔隙率应满足设计要求

4) 设计地震烈度为 8 度、9 度的地区，可取上述孔隙率的小值。

6.3.2.3 坝体结构质量复核

主要复核坝体分区、防渗体、反滤层和过渡层、坝体排水、护坡等是否符合《碾压式土石坝设计规范》(SL 274)、《小型水利水电工程碾压式土石坝设计规范》(SL 189)、《混凝土面板堆石坝设计规范》(SL 228)等相应规范的要求。

(1) 复核坝体分区是否符合设计要求，不符合的应在专题分析中评估结构及渗流的安

全性。

(2) 坝坡坡比应满足稳定安全要求，沥青混凝土面板坝的上游坡不宜陡于1∶1.7。设计地震烈度为9度的地区，坝顶附近的上、下游坝坡宜上缓下陡，或采用加筋堆石表面钢筋网或大块石堆筑等加固措施。

(3) 坝顶应考虑波浪、沉降、震陷等影响，保留足够超高，满足防洪要求；设有防浪墙时，防浪墙应坚固不透水，并与防渗体紧密结合。

(4) 土质防渗体顶部应有一定的厚度与足够的超高，顶部和土质斜墙上游应设保护层，保护层厚度应不小于该地区的冻结和干燥深度。

(5) 土质防渗体(包括心墙、斜墙、铺盖和截水槽等)与坝壳和坝基透水层之间以及下游渗流出逸处，如不满足反滤要求均须设置反滤层。

(6) 坝体必须能自由地向坝外排出全部渗透水，满足反滤设计要求，便于观测和检修。

(7) 坝表面为土、砂、砂砾石等材料时应设专门护坡，堆石坝可采用堆石材料中的粗颗粒料或超径石做护坡。除干砌石或堆石护坡外，均必须设坝面排水。除堆石坝与基岩交坡处外，坝坡与岸坡连接处均必须设合适的排水沟。

6.3.2.4　坝体与混凝土坝、溢洪道、船闸、涵管等建筑物的连接质量复核

注意检查有无接触面集中渗流、不均匀沉降、裂缝、水流冲刷等，从设计、施工及运行表现等综合评价接触部位的填筑质量。

对运行中出现不均匀沉降、塌陷、裂缝、滑坡、集中渗漏、散浸等现象的土石坝，必要时应补充工程地质勘察与安全检测，以分析查明质量缺陷，并初步评估对大坝结构稳定、渗流稳定的影响。

6.4　混凝土坝质量评价

混凝土坝的类型主要有重力坝、支墩坝和拱坝，在设计和施工中，技术要求各有不同，但质量评价的内容却大同小异。

另外，碾压混凝土坝坝基和坝体质量评价总体与混凝土坝质量评价相同，防渗面板质量评价可参考砌石坝面板质量评价，为避免重复，不单列一节。

6.4.1　评价内容及方法

混凝土坝的浇筑质量是关系到大坝结构稳定及抗滑、抗渗安全的重要因素。混凝土坝质量评价不仅要评价坝基处理质量，同时要评价大坝浇筑质量和运行表现。

(1) 坝基质量评价内容及方法

坝基质量评价内容包括：①坝基及岸坡的清理；②防渗体基础及岸坡的开挖；③坝基及岸坡防渗、固结及对地质构造的处理；④坝基及岸坡特殊地质问题，如软弱层、岩溶、涌泉等的处理。

坝基和岸坡处理的施工质量在大坝的建筑质量中占有非常重要的地位，可谓基础的基础。但对已建坝来说，因其多属于隐蔽工程，已无法做“现场跟踪”式的复查了。故坝基和岸坡处理的质量评价，应首先采用历史资料分析法，必要时再进行补充勘探和试验。

当发现施工质量不满足规范要求或存在重大质量隐患时，应结合工程的现实状况进行专门论证，并确定是否需要补充勘探试验和采取处理措施。这是对本节内容的延伸性要求。

（2）坝体浇筑质量评价内容及方法

坝体质量评价要求从原材料开始依序追踪复查，一直到最终实际完成的硬化混凝土情况，即：①水泥、砂石料（骨料）、钢筋、掺和料及外加剂等原材料的质量；②混凝土拌和及其入仓浇筑的质量（指浇筑过程和凝固之前的情况）；③混凝土养护及其接缝处理的质量（指完成浇筑后的情况），复查重点是硬化混凝土实际的强度、抗渗、抗冻等级（标号）、抗冲、抗磨蚀、抗溶蚀性能，以及变形模量等是否满足规定要求。

对资料较全的大中型水库，通过对施工、监理、设计等资料的收集，查明原材料的质量是否满足现行规范要求；了解其施工过程的质量控制是否满足现行规范要求；了解施工过程中的重大技术问题处理是否满足设计要求及实际运行中的效果；了解基础防渗状况等。其主要内容包括：水泥、砂石料（骨料）、钢筋、掺和料及外加剂等原材料的质量；混凝土拌和及其入仓饶筑的质量；混凝土养护及共接缝处理的质量；帷幕灌浆施工质量及观测资料分析；固结灌浆施工质量；坝基及岸坡特殊地质问题如软弱层、岩溶等的处理等。

通过实体检测、钻探或试验工作查明混凝土实际的强度，抗渗、抗冻等级（标号），抗冲、抗磨蚀、抗溶蚀性能，以及弹性模量等是否满足规定要求。尤其对发现的裂缝、剥蚀、漏水等缺陷应进行必要的检测，提出符合实际情况的原体参数，为结构安全复核提供依据。

（3）综合评价

《导则》还要求对混凝土工程的综合质量进行评价，重点是通过“由表及里”地开展定性、定量分析工作，最后集中落实于大坝混凝土结构的整体性、耐久性以及基础处理可靠性方面的评价。对已发现的裂缝、剥蚀、漏水等问题需进行调查、检测，并分析它们对大坝稳定性、耐久性以及整体安全的影响。

6.4.2 检测成果分析

（1）常规混凝土检测

混凝土坝运行一段时间后，其强度、耐久性都会发生变化，也会出现不同程度的裂缝，混凝土检测是大坝质量评价的必要工作。混凝土的外观检验法，是通过对混凝土块体外貌的直观检查定性地推断其内部的某些质量问题。例如：模板接缝处有离析、泌水现象，反映混凝土配合比有问题；表面的蜂窝、麻面表明施工工艺质量差；变形过大或弯曲、裂缝等，反映混凝土强度和结构的安全度不够；混凝土表面出现开裂或剥落则可能预示其材料性能低劣或开始劣化等。

另外，《导则》还对缺乏基本资料的情况作了规定，即：当缺乏质量评价所需的基本资料，或经复查大坝的实际施工质量不满足要求或存在质量隐患时，应结合工程的运行表现（据外观检查结果及变形和渗流监测资料分析）对大坝进行（有针对性的）实体检测或钻探、试验工作，对混凝土质量作进一步论证。有关硬化混凝土的实体检验方法可视具体情况从表6.4-1中选用。

表 6.4-1　硬化混凝土现场检验法

检验项目	选用方法	可能的局部损坏	主要限制条件
构件强度和性能	荷载试验和变形测量	构件被破坏	试验构件需被隔离
混凝土强度及密实度	① 取芯试验； ② 回弹法、超声法及 γ 射线辐射测量法； ③ 贯入阻力法； ④ 拔出法； ⑤ 钻孔内裂法	① 遗留孔洞必须修补； ② 无损害； ③ 遗留锥孔必须修补； ④ 遗留拔出孔洞； ⑤ 遗留锥孔必须修补	① 试件尺寸、分布及构件的安全保护； ② 要求较光滑的测试面； ③ 最小边距和构件厚度； ④ 需预先周密计划； ⑤ 钻孔困难
混凝土裂缝	超声法、声发射和全息摄影技术		
渗透性	吸收、流动及毛细水上升试验		
水泥含量、含湿量、配合比及组合材料	中子法、化学分析法、电阻法、微波吸收法、取芯法、测微法		
钢筋探测	电磁法、X 射线和 γ 射线照相法		

（2）特种混凝土检测

《导则》还对某些特种混凝土坝的质量评价也作了规定，即：碾压混凝土、流态混凝土、水下混凝土、压浆混凝土、喷射混凝土以及沥青混凝土等特种混凝土，其质量评价应按专门的规程规范的要求进行。如碾压混凝土的施工应符合《水工碾压混凝土施工规范》(SL 53)的规定，其质量检验应按《水工混凝土试验规程》(SL 352)执行。

6.4.3　评价标准

（1）基础质量评价

1）基础开挖：在一般情况下，重力坝坝高小于 50 m 的低坝须开挖到弱风化中上部基岩；中坝宜开挖到微风化至弱风化中部基岩；坝高大于 100 m 的高坝宜开挖到新鲜、微风化或弱风化下部基岩。拱坝应按设计要求开挖至新鲜、微风化或弱风化中下部的基岩。

2）帷幕灌浆深度：当坝基下有相对不透水层时应深入到相对不透水层以下不少于 3 m，当相对隔水层埋深较大时，可在(0.3～0.7)H(H 为大坝设计水头)范围内选取。但在通常情况下，检测帷幕灌浆深度的手段缺乏，目前主要采用查阅设计、监理、施工等资料的方法。另外，在观测资料较为完整时，可通过资料的整理、分析得出帷幕灌浆的质量(效果)。

（2）混凝土工程坝体质量评价

混凝土工程坝体应按设计指标及水工混凝土施工规范和水工钢筋混凝土结构设计规范要求进行质量评价。有关设计指标要求如下。

1）混凝土强度指标应满足设计要求，并不低于表 6.4-2 的要求。

表 6.4-2　混凝土最低强度等级一览表

环境条件类别	素混凝土	钢筋混凝土		预应力混凝土	
		Ⅰ级钢筋	Ⅱ级钢筋	热轧、冷轧带肋钢筋	高强钢丝、热处理钢筋
1	C10	C15	C20	C30	C40
2	C15	C15	C20	C30	C40
3	C15	C20	C25	C35	C40
4	C20	C25	C30	C35	C40

注：1. 桥面及处于露天的梁、柱结构，混凝土强度等级不宜低于 C25。
2. 有抗冲耐磨要求的部位，应进行专门研究确定，且混凝土强度等级不应低于 C25。

2）混凝土抗渗、抗冻等级应满足设计要求，并不低于表 6.4-3、表 6.4-4 的规定。

表 6.4-3　混凝土抗渗等级的最小允许值

项次	结构类别及运行条件		抗渗等级
1	大体积混凝土结构的下游面及建筑物内部		W2
2	大体积混凝土结构的挡水面	$H<30$	W4
		$H=30\sim70$	W6
		$H=70\sim150$	W8
		$H>150$	W10
3	素混凝土及钢筋混凝土结构构件及背水面能自由渗水者	$i<10$	W4
		$i=10\sim30$	W6
		$i=30\sim50$	W8
		$i>50$	W10

注：1. 表中 H 为水头，m；i 为水力梯度。
2. 当结构表层设有专门可靠的防渗层时，表中规定的混凝土抗渗等级可适当降低。
3. 承受侵蚀水作用的结构，混凝土抗渗等级应进行专门的试验研究，但不应低于 W4。
4. 埋置在地基中的结构构件（如基础混凝土防渗墙等），可按照表中第 3 项的规定选择混凝土抗渗等级。
5. 对背水面能自由渗水的素混凝土及钢筋混凝土结构构件，当水头小于 10 m 时，其混凝土抗渗等级可根据表中第 3 项降低一级。
6. 对严寒、寒冷地区且水力梯度较大的结构，其抗渗等级应按表中的规定提高一等级。

表 6.4-4　混凝土抗冻等级

项次	气候分区	严寒		寒冷		温和
	年冻融循环次数（次）	≥100	<100	≥100	<100	—
1	受冻后果严重且难以检修的部位	F300	F300	F300	F200	F100
2	受冻后果严重但有检修条件的部位	F300	F200	F200	F150	F50
3	受冻较重部位	F200	F200	F150	F150	F50
4	受冻较轻部位	F200	F150	F100	F100	F50

注：气候分区划分标准为：最冷月平均气温低于－10℃为严寒；最冷月平均气温在－10～－3℃为寒冷；最冷月平均气温高于－3℃为温和。

应该注意的是，表 6.4-2～表 6.4-4 所列的混凝土强度、抗渗、抗冻等指标是最低要求，如设计文件要求高于表中要求，则应按设计要求进行质量评价，如设计文件要求低于表中要求，则应按表 6.4-2～表 6.4-4 规定进行质量评价。

3) 裂缝检测。应对裂缝性状（包括宽度、长度等）进行描述，必要时，对其深度进行检测，为分析裂缝成因及裂缝加固处理提供依据。

6.5 砌石坝质量评价

6.5.1 评价内容及方法

(1) 评价内容及要求

砌石坝质量评价也包括坝基和坝体砌筑质量评价两部分，其中坝基质量评价内容及方法见 6.4.1 节；筑坝材料主要复核石料和胶凝材料是否符合要求；当采用混凝土防渗面板和心墙进行坝体防渗时，其浇筑质量复核可参照混凝土坝执行；坝体构造主要复核坝顶布置和交通，坝内廊道和孔洞，坝体分缝、排水和基础垫层是否符合要求。

坝体砌筑质量应复核胶结材料的强度，抗渗、抗冻等级（标号），抗溶蚀性能以及砌体强度、砌体容重与空隙率、砌体密实性等是否符合要求。对运行中出现裂缝、漏水等现象的砌石坝，应进行调查和检测，分析查明质量缺陷，并评估对大坝稳定性及整体安全的影响。

(2) 评价方法

通过实体检测、试验、钻探或探坑工作查明混凝土防渗面板实际的强度，抗渗、抗冻等级，抗溶蚀性能以及弹性模量等是否满足规定要求；对发现的裂缝、剥蚀、漏水等缺陷应采取必要的检测，提出符合实际情况的原体参数，为结构安全复核提供依据。

6.5.2 检测成果分析

(1) 混凝土面板检测

混凝土面板或混凝土心墙的检测与混凝土坝上游面检测内容基本相同，重点通过对混凝土块体外貌的直观检查定性地推断其内部的某些质量问题。例如：模板接缝处有离析、泌水现象，反映混凝土配合比有问题；表面的蜂窝、麻面表明施工工艺质量差；变形过大或弯曲、裂缝等，反映混凝土强度和结构的安全度不够；混凝土表面出现开裂或剥落则可能预示其材料性能低劣或开始劣化等。

当缺乏质量评价所需的基本资料，或经复查大坝的实际施工质量不满足要求或存在质量隐患时，应结合工程的运行表现（据外观检查结果及变形和渗流监测资料分析）对大坝进行（有针对性的）实体检测或钻探、试验工作，对混凝土质量作进一步论证。有关硬化混凝土的实体检验方法可视具体情况从表 6.4-1 中选用。

(2) 砌石体检测

砌石体主要检测下游侧浆砌石坝面是否存在砂浆脱落、砌石松动现象，砌石与砌石之间

的空隙有无饱满砂浆充填，必要时进行探坑试验，评价其密实性。量测裂缝特征（长度、宽度和深度），查明渗水点的位置等。

6.5.3 评价标准

（1）基础质量评价

砌石坝的基础处理要求与混凝土坝相同，其质量检测指标也基本相同。

（2）坝体防渗质量评价

1）混凝土防渗面板与心墙的底部厚度宜为最大水头的 1/30～1/60。顶部厚度不应小于 0.3 m。

2）混凝土防渗面板或心墙必须嵌入建基面 1～2 m，并与坝基防渗设施连成整体。

3）混凝土防渗面板与心墙的强度，抗渗、抗冻等级等性能指标及外观质量评价与堆石坝防渗体相同。

（3）坝体质量评价

1）石料

砌体所用石料必须质地坚硬、新鲜、完整，标号应满足设计要求；毛石块质量应大于 25 kg，中部厚不小于 15 cm，块石上下两面大致平整，无尖角，块厚宜大于 20 cm，粗料石（条石）棱角分明，六面大致平整，同一面最大高差宜为石料长度的 1%～3%，石料长度宜大于 50 cm，块高宜大于 25 cm，长厚比不宜大于 3。

2）胶结材料

砌石坝的胶结材料应采用水泥砂浆或细骨料混凝土。砌石体胶结材料的标号及配合比应满足设计要求，常用的水泥砂浆标号有 50、75、100、125 四种；细骨料混凝土标号有 100、150 两种。

3）砌石体

砌石体的容重应满足设计要求，在一般情况下，毛石砌体为 2.1～2.3 t/m^3；块石砌体为 2.0～2.4 t/m^3；粗料石（条石）砌体为 2.3～2.5 t/m^3。

砌石体的变形模量和极限抗压强度应满足设计要求，有条件的地方可采用试验进行测定。质量评定等级的掌握标准可参照混凝土质量评价。

6.6 其他建筑物质量评价

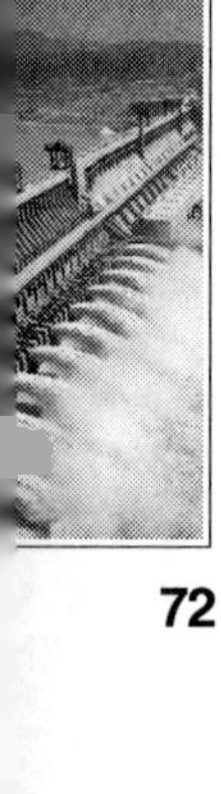

其他建筑物主要为泄、输水建筑物，包括溢洪道、泄洪（隧）洞、输水（隧）洞（管）及其金属结构，还包括过船（木）建筑物、鱼道以及影响大坝安全的近坝岸坡。

评价应结合工程的运行表现，根据外观检查结果、监测资料分析等，有针对性地开展实体检测或钻探、试验工作，对结构物质量作进一步论证。对已发现的裂缝、剥蚀、漏水等问题需进行调查、检测，“由表及里”地开展定性、定量分析工作，并分析可能的影响，评价建筑物结构的安全性与可靠性。

6.6.1 混凝土结构质量评价

可参照混凝土坝工程质量评价执行，从混凝土的设计要求、施工质量、运行表现着手，评价结构物的强度、变形、耐久性是否满足设计和运行要求。复查重点是混凝土实际的强度，抗渗、抗冻等级(标号)，抗冲、抗磨蚀、抗溶蚀性能，以及变形模量等是否满足规定要求。

6.6.2 砌石结构质量评价

可参照砌石坝工程质量评价执行，并应符合《溢洪道设计规范》(SL 253)、《水工挡土墙设计规范》(SL 379)、《浆砌石坝施工技术规范(试行)》(SD 120)、《水工建筑物岩石基础开挖工程施工技术规范》(SL 47)、《水工建筑物水泥灌浆施工技术规范》(SL 62)、《水利水电工程施工质量检验与评定规程》(SL 176)等标准的有关规定。

6.6.3 建筑物边坡质量评价

应复核开挖和压脚、地面排水、地下排水、坡面支护、深层加固、灌浆处理、支挡措施等是否符合《水利水电工程边坡设计规范》(SL 386)、《水利水电工程锚喷支护技术规范》(SL 377)以及《水工建筑物岩石基础开挖工程施工技术规范》(SL 47)、《水工建筑物水泥灌浆施工技术规范》(SL 62)、《水利水电工程施工质量检验与评定规程》(SL 176)等标准的有关规定。

6.6.4 金属结构质量评价

应重点复核其制造和安装是否符合《水利水电工程钢闸门设计规范》(SL 74)、《水利水电工程启闭机设计规范》(SL 41)、《水电站压力钢管设计规范》(SL 281)以及《水利水电工程钢闸门制造、安装及验收规范》(GB/T 14173)、《水利水电工程启闭机制造安装及验收规范》(SL 381)、《水利水电工程压力钢管制作安装及验收规范》(GB 50766)等相关标准的规定。

6.7 工程质量综合评价

6.7.1 常见的工程质量问题

通过近年来“三类坝”鉴定成果的核查，发现常见的工程质量有以下几个方面。

(1) 土石坝

1) 大坝基础防渗不能满足现行规范要求。主要表现在大坝清基不彻底，垂直防渗设施的深度不够，水平铺盖长度、厚度及渗透系数不满足设计要求，大坝基础未设置截水槽或截水槽不满足规范要求等。

2）坝体防渗不能满足现行规范要求。主要表现在坝体或心墙渗透系数不满足规范要求，混凝土防渗面板或心墙抗渗标号不满足规范要求，或由于变形较大，使混凝土防渗面板或心墙产生裂缝，导致漏水等。

3）坝体压实度或相对密度或孔隙率不能满足规范要求。

4）坝体反滤料、过渡层料级配不能满足规范要求，排水体失效等。

（2）混凝土坝

1）大坝防渗不能满足规范要求。主要表现在大坝清基不彻底，不满足现行规范要求，防渗帷幕向两岸延伸的长度不够、止水破坏等。

2）坝体混凝土强度等级不能满足设计要求，无抗渗、抗冻指标，坝体排水失效等。

3）拱坝拱座处理不能满足设计要求，导致大坝变形较大，从而产生裂缝。

（3）砌石坝

1）大坝基础防渗不能满足规范要求。主要表现在大坝清基不彻底，帷幕灌浆深度不能满足现行规范要求，防渗帷幕向两岸延伸的长度不够等。

2）坝体防渗不能满足现行规范要求。主要表现在未设置混凝土防渗面板或心墙，混凝土防渗面板或心墙抗渗标号不能满足规范要求，混凝土防渗面板或心墙裂缝、止水破坏等。

3）坝体砌筑材料、胶结材料不能满足规范要求，砌石体空隙大、发生不均匀变形等，或经多年运行风化严重等。

（4）碾压混凝土坝

碾压混凝土坝基础及坝体常见的质量问题与混凝土坝基本相同，但碾压混凝土坝碾压层面之间的渗漏问题应引起足够的重视。

6.7.2 工程综合评价标准

通过上述现场检查、历史资料的系统分析、勘探及试验检查等，可对工程质量作出综合评价。依据《导则》，根据实际施工及运行中暴露出的质量问题，工程质量分为合格、基本合格、不合格三级，各级评价原则如下：

（1）实际施工质量满足规范或设计要求，工程运行中未暴露出质量问题，试验、检测的各项数据满足现行规范要求，工程质量评定为合格，工程可正常运行。

（2）工程质量基本满足设计和规范要求，且工程运行中暴露出局部质量缺陷，但试验、检测的关键性数据满足现行规范或设计要求，且尚不严重影响工程安全，可认为工程质量基本合格，应加强观测，监视运行，发现问题，及时处理。

（3）工程运行中暴露出严重质量缺陷和问题，安全检测结果大部分不满足设计和规范要求，严重影响工程安全运行，工程质量应评为不合格。

这里需要指出的是大坝安全评价时的质量评价有别于该工程的原竣工验收或等级评定标准，如结论不一致时，则应以最新复核结论为准。但在试验或检测时应注意所取试样的代表性和典型性。

第 7 章

防洪能力复核

水库建成投入运行后，下述情况可能会影响到水库的防洪安全：一是原设计洪水计算结果有可能因水文资料的延长而发生变化；二是因水库控制流域内的人类活动改变了流域的产汇流条件，进而影响到原设计洪水计算结果；三是大坝工程和其防洪保护对象可能不同于原设计条件，故需要根据现状情况，复核水库适用的防洪标准。因此，为保证大坝安全，在定期安全鉴定时，应进行水库防洪安全评价。防洪能力复核的主要内容包括防洪标准复核、设计洪水复核计算、调洪计算及大坝抗洪能力复核。

7.1 洪水复核和防洪安全评价依据与方法

7.1.1 评价依据

水库防洪能力复核的主要评价依据见表 7.1-1。

表 7.1-1 水库防洪能力复核的主要评价依据

序号	文件名称	用途
1	《水库大坝安全鉴定办法》(水建管〔2003〕271 号)	防洪安全性分级依据
2	《水库大坝安全评价导则》(SL 258)	评价导则
3	《防洪标准》(GB 50201)	工程等别、洪水标准、超高规定
4	《水利水电工程等级划分及洪水标准》(SL 252)	
5	《水利水电工程设计洪水计算规范》(SL 44)	设计洪水计算
6	《综合利用水库调度通则》(水管〔1993〕61 号)	调洪演算资料
7	《碾压土石坝设计规范》(SL 274)	超高复核
8	《混凝土重力坝设计规范》(SL 319)	
9	《混凝土拱坝设计规范》(SL 282)	
10	《溢洪道设计规范》(SL 253)	溢洪道控制段超高复核
11	工程资料：历次设计审查意见和批复文件；调度批复文件	工程等别、洪水标准、调度原则

7.1.2 评价程序和方法

评价程序：在广泛收集和审查基本资料（水文、气象、自然地理、工程资料等）的基础上，进行洪水标准复核和设计洪水复核，进而进行调洪计算，获得特征水位（设计洪水位、校核洪水位），然后复核挡水和泄水设施安全性。最后进行防洪能力评价与防洪安全性分级。

收集资料：水文气象资料一般来源于水文站、气象站和水库工程资料。根据工程位置，收集相关站点的资料沿革，确定依据站、代表站和参证站。

评价方法：

设计洪水的计算方法采用由流量资料推求和由暴雨资料推求两种方法。

调洪计算依据水量平衡原理，有静库容法和动库容法，一般采用静库容法。

超高复核中，风浪要素计算主要采用莆田试验站公式、鹤地公式和官厅公式。

7.1.3 评价中应注意的问题

评价中应注意的问题在《导则》7.1 中作了规定：

《导则》7.1.3　如果经批复的水库现状防洪标准符合或超过现行规范要求，宜沿用原水库防洪标准。否则，应对水库防洪标准进行调整，并履行审批手续。

《导则》7.1.4　设计洪水复核计算应优先采用流量资料推求。如设计洪水复核计算成果小于原设计洪水成果，宜沿用原设计洪水成果进行调洪计算。

《导则》7.1.5　调洪计算应根据设计批复的调度原则和采用能反映工程现状的水位-泄量-库容关系曲线。当调洪计算结果低于原设计或前次大坝安全鉴定确定的指标时，宜仍沿用原特征水位和库容指标。

《导则》7.1.6　当大坝控制流域内还有其他水库时，应研究各种洪水组合，并按梯级水库调洪方式进行防洪能力的复核。考核上游水库拦洪作用对下游水库的有利因素时应留有足够余地，并应考虑上游水库超标准泄洪时的安全性。

《导则》7.1.7　对设有非常溢洪道的水库，应根据非常溢洪道下游的现状条件，复核其是否能够按原设计确定的启用方式和条件及时泄洪。

7.2 复核与评价内容

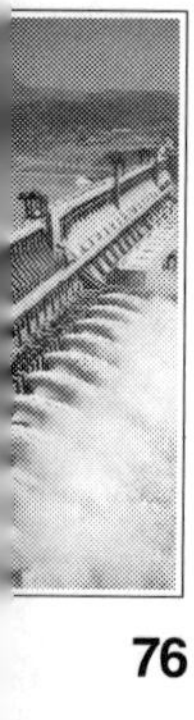

《导则》7.1.1 和 7.1.2 条即为防洪标准复核的目的和内容。

《导则》7.1.1　防洪能力复核的目的是根据水库设计阶段采用的水文资料和运行期延长的水文资料，并考虑建坝后上下游地区人类活动的影响及水库工程现状，进行设计洪水复核和调洪计算，评价大坝现状抗洪能力是否满足现行有关规范的要求。

《导则》7.1.2　防洪能力复核的主要内容包括防洪标准复核、设计洪水复核计算、调洪计算及大坝抗洪能力复核。

具体的工作内容可分为以下几大部分：

(1) 收集和审查基本资料；

(2) 复核洪水标准；

(3) 复核设计洪水；

(4) 调洪计算；

(5) 复核挡水和泄水安全性；

(6) 防洪能力评价与防洪安全性分级。

具体见表7.2-1。

表7.2-1 复核与评价内容

序号	工作内容
(1) 收集和审查基本资料	1. 搜集和整理水库流域概况和水文气象、工程特性、工程地质、设计与施工、安全监测、大坝安全状况、大坝运行管理等方面的资料。 2. 对搜集的基本资料的准确性和可靠性进行分析，必要时应通过走访、现场检查、补充地质勘察、安全检测等途径和手段查清补齐
(2) 复核设计洪水标准	依据《防洪标准》(GB 50201)、《水利枢纽工程除险加固近期非常运用洪水标准的意见》(水规〔1989〕21号)及水库规划、设计、施工、验收等批复文件，复核水库大坝的设计洪水标准
(3) 复核设计洪水	1. 延长水文资料系列复核设计洪水(洪峰流量、时段洪量及设计洪水过程线)。注意建库后上游人类活动的影响。 2. 根据资料条件采用由流量资料推求设计洪水或由暴雨资料推求设计洪水。 3. 将复核的设计洪水与历次设计洪水成果进行比较，分析合理性
(4) 调洪计算	1. 根据水库承担的任务以及运行环境和功能变化，复核水库调度运用方式。 2. 以调度规程等批复文件为依据，以现状库容曲线、复核的泄流曲线，按批复的调度原则(起调水位、调洪运用方式)进行调洪计算。 3. 将调洪计算的特征水位(设计洪水位、校核洪水位)与现状采用值进行比较
(5) 复核挡水和泄水安全性	1. 复核挡水建筑物的坝顶超高、防渗体顶高程。 2. 复核泄水建筑物的安全(泄洪设施超高、消能防冲、备用电源、下泄水流对大坝的影响、非常溢洪道的启用)等。 3. 复核下游淹没范围与淹没损失评估
(6) 防洪能力评价与安全性分级	1. 明确防洪复核结论。 2. 进行防洪安全性分级

7.3 基本资料收集与复核

7.3.1 收集基本资料

《导则》中跟防洪能力复核相关的收集资料条款有：

《导则》2.1.1 应根据大坝安全评价的需要，搜集和整理水库流域概况和水文气象、工程特性、工程地质、设计与施工、安全监测、大坝安全状况、大坝运行管理等方面的资料。

《导则》2.1.2　基础资料应能反映水库工程当前的实际状况，特别应注意搜集运行过程中可能发生变化的资料，包括水文系列延长、水库功能与防洪保护对象变化、抗震标准改变、淤积与库容变化、水库特征值变化、水库调度运行方式改变、大坝下游冲刷等方面的资料。

《导则》2.2.1　流域概况和水文气象资料搜集与复核应按照 SL 44 的有关规定进行。

《导则》2.2.2　工程特性方面应搜集水库大坝工程概况、工程特性表、现状工程图等资料。

《导则》2.2.4　设计与施工方面应搜集大坝初始建设、改扩建及除险加固工程的设计、施工、验收资料，以及历次设计审查意见和批复文件。

（1）流域概况和水文气象资料

1）水库所在流域内的地形、地质、植被、土壤分布、水系、降水、蒸发、气温、风向、风力等基本资料，以及水库所在流域特征参数，如控制流域面积、河道长度、河道比降等；

2）水库所在流域与相关区域的暴雨、洪水、冰情特征等资料，相关雨量站的降雨资料，相关水文（位）站历年实测洪水资料及人类活动对水文参数的影响资料；

3）水库上、下游其他水利工程基本情况资料。

（2）水库大坝工程特性资料

1）水库大坝工程概况，包括兴建与后期改扩建或除险加固概况，工程特性资料（工程等别与建筑物级别、防洪标准、特征水位与特征库容、水工建筑物基本情况、闸门与启闭设施及电源配置情况）；

2）现状枢纽平面布置图、主要水工建筑物平面及典型断面图；

3）现状库容曲线、下游河道重要控制站水位与流量关系线等；

4）水库防洪保护对象以及灌溉、供水、发电、航运等兴利功能指标；

5）水库下游防洪保护区和溃坝洪水风险区社会、经济、人口等资料。

（3）历次设计审查意见和批复文件

它们是确定工程等别、洪水标准、调度原则的依据。

（4）根据防洪能力复核的工作内容划分

首先要收集工程概况资料，如流域特征、暴雨洪水特征、水库主要建筑物的平面分布图、水库运行的特征水位、特征库容、大坝的结构尺寸、泄洪建筑物的结构尺寸。

然后根据工作内容划分为：

1）计算设计洪水依据的基本资料：设计批复文件、大坝设计文件中的设计洪水计算部分（通常包含了历史洪水调查资料与建库前的实测水文资料）、延长的洪水和暴雨资料[运用期流域内相关水文（位）站历年实测洪水资料及人类活动对水文参数的影响资料、运用期流域内相关雨量站降雨资料]等，形成延长的资料系列后，即可进行频率计算；水库集水面积及其范围内的分、蓄、调水工程的有关资料，用于分析在运行期中是否有因上述工程影响洪水一致性的因素，并便于将洪水资料还原到同一基础。

2）进行调洪计算的资料：调度批复文件、水位库容曲线、水位泄量曲线。

3）进行坝顶（防渗体）超高复核、泄洪建筑物安全性复核、下游淹没范围与损失评估的资料。

7.3.2 审查基本资料

《导则》中跟防洪能力复核相关的审查资料条款有：

《导则》2.1.3 应对搜集的基本资料的准确性和可靠性进行分析，对存在明显错误或系统偏差的资料，应予纠正或剔除。

《导则》2.1.4 当搜集的基础资料不满足大坝安全评价要求时，应通过走访、现场检查、补充地质勘察、安全检测等途径和手段查清补齐。

基础资料往往会因某种(些)因素而发生变化，如上游兴修水利工程、进行水土保持等人类活动会影响洪水资料的一致性，多泥沙河流上的水库淤积会影响水库水位-库容关系曲线，随着下游淹没区人口、经济的发展和基础设施的建设，其数据则相应发生变化。

(1) 审查计算设计洪水所依据的基本资料

对洪水资料的审查按《水利水电工程设计洪水计算规范》(SL 44)的要求进行复核。《水利水电工程设计洪水计算规范》(SL 44)中“2 基本资料”对暴雨洪水资料，流域特征资料，水位、流量资料等的资料搜集与复核以及洪水系列的一致性处理、洪水和暴雨资料系列的插补延长、历史洪水和暴雨的调查与考证复查作了明确的要求。《水文资料整编规范》(SL 247)对水位资料、河道流量资料、水工建筑物流量资料、降水量资料整编方法和合理性审查作了明确规定和要求。

1) 复核暴雨洪水资料和流域特征资料

大暴雨洪水资料的可靠程度对计算成果的精度影响较大，对大暴雨洪水必要时进行现场调查和比测试验。审查历史洪水的最高水位(洪痕)、洪峰流量、洪水总量、洪水过程及重现期等。

流域特征资料应采用新近测绘成果。

2) 复核水位、流量资料

应重点检查和复核测验精度较差的资料、大暴雨洪水资料及明显受自然和人为因素影响的资料。水位观测时由于不同时期的水位基面、水尺断面、水尺零点高程不完全一致，会影响水位精度。大洪水时可能存在缺、漏测等情况。流量测验主要复核大洪水的浮标系数、水面流速系数、借用断面、水位流量关系的高水延长等。

3) 审查洪水系列资料

审查洪水系列资料的可靠性、一致性、代表性。

可靠性就是资料的可靠程度。

一致性是指一个统计系列的成因要一致。比如，我国的洪水按成因可分为暴雨洪水、融雪洪水、雨雪混合洪水。我国大部分地区都可能发生暴雨洪水，这类洪水大、造成的灾害最严重。我国西部、北部以及中南部的高山地区，融雪洪水、雨雪混合洪水也会造成一定的灾害。在形成统计系列时，要区分洪水成因。

蓄水、引水等工程会影响河川径流系列的一致性。当流域内修建蓄水、引水、分洪、滞洪等工程，或发生决口、溃坝等情况，明显影响各年洪水的一致性时，应将资料还原到同一基础。

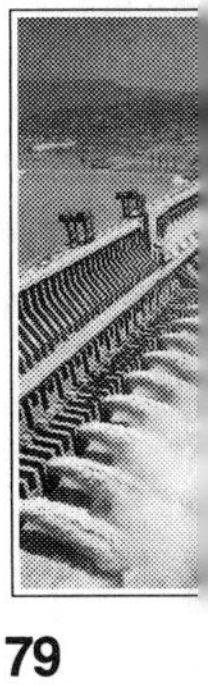

代表性是指样本资料的统计能否合理地反映总体的统计特性。代表性审查：①与水

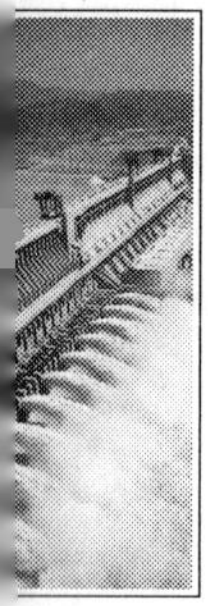

文条件相似的参证站比较，假设本站有 1961—1980 年 20 年的实测洪峰资料，而参证站有 1876—1980 年共 105 年的实测洪峰资料，则以参证站的 105 年资料作为总体系列，采用适线法估算得均值、离差系数及偏态系数，再求得参证站 1961—1980 年的资料作为样本系列，如果总体系列与样本系列的统计参数均值、离差系数、偏态系数很相近，则参证站 1961—1980 年的资料有代表性，因两站水文条件相似，故推断本站 1961—1980 年的资料有代表性；②假设本站有 1961—1980 年 20 年的实测洪峰资料，而附近的一个代表性雨量站有 1876—1980 年共 105 年的雨量记录，以雨量站的 105 年暴雨系列和 1961—1980 年的暴雨系列进行频率分析，得到各自的均值、离差系数及偏态系数，如果总体系列与样本系列的统计参数均值、离差系数、偏态系数很相近，则雨量站的 1961—1980 年的雨量资料有代表性，因该雨量站的暴雨可以代表流域的面暴雨量，故推断本站 1961—1980 年的流量资料有代表性。

(2) 审查用于调洪计算的资料

《综合利用水库调度通则》对库容曲线、设计洪水、泄水及输水建筑物的泄流曲线等与水库安全调度运用关系密切的几项资料作了明确的要求。

1) 库容曲线：应使用近期合格的 1/5 000～1/25 000 地形图量制的库容曲线成果 。在多沙河流上的水库，要求三至五年施测一次库区地形图(包括水下部分)，如发生大洪水应在当年汛后施测，并绘制新库容曲线。一般河流上的水库，当泥沙淤积对有效库容影响较大时，亦应施测库区地形图，修正原库容曲线，并按程序核定后公布使用。

2) 设计洪水：运行多年的水库应对原设计洪水进行复核，使用最新审批的成果。

3) 泄水、输水建筑物的泄流曲线：应经过实测资料率定。

4) 下游河道的安全泄流量：要采用流域防洪规划所规定的水库下游河道控制断面的安全泄流量。

水库管理单位应将水库的基本资料汇编成册，并根据资料的积累和变化情况及时予以补充和修正。

(3) 审查坝顶(防渗体)超高复核、泄洪建筑物安全性复核、下游淹没范围与损失评估的资料

1) 主要审查多年实测最大风速、风向及风区长度，以及坝顶、防渗体的实际高程，要注意设计高程跟实际高程可能会有很大的差别。

2) 审查泄洪建筑物的尺寸、高程、结构安全等资料，收集历次泄洪时的资料，包含泄洪建筑物在历次泄洪过程中有无损坏、闸门是否严重振动、有无空蚀、泄洪对大坝下游坡是否有冲刷影响等；通过收集历次泄洪时泄洪建筑物的运行资料，可以初步了解到泄洪建筑物是否达到设计标准，若在很小的泄量下即发生水毁的话，其安全性可能就值得关注。

检查空蚀，主要检查闸墩、门槽、溢流面、平面收缩(扩散)段、平面弯曲段、陡坡变坡处、反弧段及其下游段、水流边界突出处是否存在空蚀现象。

有的溢洪道与大坝紧靠，两者间有泄洪导墙，审查在泄洪过程中导墙有无被冲垮的历史，若曾冲垮，是否对大坝下游坝脚发生什么不利影响?

3) 审查水库下游河道断面资料，用于河道洪水演算，以便界定淹没范围。收集和审查水库下游洪水淹没区人口、耕地、房屋、厂矿企业、重要基础设施等资料。

7.4 洪水标准复核

7.4.1 工程等别和级别

据《防洪标准》(GB 50201)和《水利水电工程等级划分及洪水标准》(SL 252)，水利水电枢纽工程应根据其工程规模、效益和在国民经济中的重要性分为五等，其等别按表 7.4-1 的规定确定。

水利水电枢纽工程的水工建筑物应根据其所属枢纽工程的等别、作用和重要性分为五级，其级别按表 7.4-2 的规定确定。

表 7.4-1　水利水电工程分等指标

工程等别	工程规模	水库总库容 (10^8 m^3)	防洪			治涝	灌溉	供水	发电
			保护人口 (10^4人)	保护农田 (万亩①)	保护区当量经济规模(10^4人)	治涝面积 (万亩)	灌溉面积 (万亩)	供水对象重要性	装机容量 (MW)
Ⅰ	大(1)型	≥10	≥150	≥500	≥300	≥200	≥150	特别重要	≥1 200
Ⅱ	大(2)型	10～1.0	150～50	500～100	300～100	200～60	150～50	重要	1 200～300
Ⅲ	中型	1.0～0.1	50～20	100～30	100～40	60～15	50～5	中等	300～50
Ⅳ	小(1)型	0.1～0.01	20～5	30～5	40～10	15～3	5～0.5	一般	50～10
Ⅴ	小(2)型	0.1～0.001	<5	<5	<10	<3	<0.5		<10

表 7.4-2　永久水工建筑物级别

工程等别	主要建筑物	次要建筑物
Ⅰ	1	3
Ⅱ	2	3
Ⅲ	3	4
Ⅳ	4	5
Ⅴ	5	5

7.4.2 我国各时期采用的洪水标准

根据《水利水电工程等级划分及洪水标准》(SL 252)，我国各时期采用的洪水标准见表 7.4-3。考虑行业标准服从国家标准，按《防洪标准》(GB 50201)制定了洪水标准。

① “亩”为中国市制土地面积单位，1 亩≈666.7 平方米(m^2)。

表 7.4-3　我国各时期采用的洪水标准

标准	运用情况		建筑物级别 1	2	3	4	5
			洪水重现期(年)				
苏 ГОСТ 3999—48	正常		1 000	100	50	20	10
	非常		10 000	1 000	200	100	20
1955 年苏建法规	正常		1 000	100	50	20	
	非常		10 000	1 000	200	100	
1959 年标准	正常		1 000	100	50	20	
	非常		10 000	1 000	200	100	
1961 年标准	正常		1 000	100～500	50～100	20～50	20
	非常		10 000	1 000～2 000	300～1 000	100～300	100
	紧急保坝			2 000～1 000	1 000～2 000	300～1 000	200～300
1964 年标准	正常		1 000	100	50	20	10
	非常		10 000	1 000	500	200	100
SDJ 12—78	正常		2 000～500	500～100	100～50	50～30	30～20
	非常	土石坝	10 000	2 000	1 000	500	300
	非常	混凝土坝	5 000	1 000	500	300	200
SDJ 12—78 补充规定	正常		500	100	50	30	20
	非常	土石坝	10 000 或 PMF	2 000	1 000	500	200
	非常	混凝土坝	5 000	1 000	500	200	100
GB 50201—94	设计		1 000～500	500～100	100～50	50～30	30～20
	校核	土石坝	PMF 或 10 000～5 000	5 000～2 000	2 000～1 000	1 000～300	300～200
	校核	混凝土坝	5 000～2 000	2 000～1 000	1 000～500	500～200	200～100

注:表中混凝土坝含浆砌石坝等。

7.4.3　近期非常运用洪水标准

《水利枢纽工程除险加固近期非常运用洪水标准的意见》(水规〔1989〕21 号)主要考虑的是病险水库工程的分批加固问题,该意见指明"已建工程提高防洪标准,由于投资过大及其他原因,一次达到《水利水电枢纽工程等级划分及设计标准》(SL 252)的要求确有困难者,可以考虑根据实际情况分期达标。在核实洪水基本资料和成果后,其非常运用洪水标准不得低于近期标准。在达到近期标准后,还应尽量备有超标准泄洪措施,力争短期内达到永久标准。"《鉴定办法》《导则》仍然强调这一点，主要还是因需要除险加固的水库规模与经济投入不相适应，存在矛盾，因此《大坝安全鉴定办法》将洪水标准是否达到近期非常运用洪水标准作为二类坝、三类坝的主要分类依据之一。

防洪能力复核所依据的洪水标准见表 7.4-4。

表 7.4-4　水库工程水工建筑物的防洪标准

水工建筑物级别	《防洪标准》(GB 50201)					除险加固近期非常运用洪水标准	
	防洪标准［重现期(年)］						
	山区、丘陵区			平原区、滨海区			
	设计	校核		设计	校核	土坝、堆石坝、干砌石坝	混凝土坝、浆砌石坝
		混凝土坝、浆砌石坝及其他水工建筑物	土坝、堆石坝				
1	1 000～500	5 000～2 000	可能最大洪水(PMF)或 10 000～5 000	300～100	2 000～1 000	2 000	1 000
2	500～100	2 000～1 000	5 000～2 000	100～50	1 000～300	1 000	500
3	100～50	1 000～500	2 000～1 000	50～20	300～100	500	300
4	50～30	500～200	1 000～300	20～10	100～50		
5	30～20	200～100	300～200	10	50～20		

7.4.4　复核时如何选定洪水标准

《导则》7.2.1　应根据水库总库容以及现状防洪保护对象的重要性与功能效益指标，复核水库工程等别、建筑物级别和防洪标准是否符合《防洪标准》(GB 50201)和《水利水电枢纽工程等级划分及设计标准》(SL 252)的规定。

《导则》7.2.2　如水库现状工程等别、建筑物级别和防洪标准达不到《防洪标准》(GB 50201)和《水利水电枢纽工程等级划分及设计标准》(SL 252)要求，应根据《水利枢纽工程除险加固近期非常运用洪水标准的意见》(水规〔1989〕21 号)，确定水库近期非常运用洪水标准，并按《防洪标准》(GB 50201)和《水利水电枢纽工程等级划分及设计标准》(SL 252)对防洪标准进行调整，作为本次防洪能力复核调洪计算与大坝抗洪能力复核的依据。

7.5　设计洪水复核

7.5.1　基本要求

《导则》7.3.1　设计洪水包括设计洪峰流量、设计洪水总量、设计洪水过程线、设计洪水

的地区组成和分期设计洪水等。按拥有的资料不同，设计洪水可分为由流量资料推求和由雨量资料推求。

对天然河道槽蓄能力较大的水库，应采用入库洪水资料进行设计洪水计算；若设计阶段采用的是坝址洪水资料，宜改用入库洪水资料，或估算入库洪水的不利影响。

对于难以获得流量资料的中、小型水库，可根据雨量资料计算流域设计暴雨，然后通过流域产汇流计算推求相应频率的设计洪水。对于缺乏暴雨洪水资料的水库，可利用邻近地区实测或调查洪水和暴雨资料进行地区综合分析，计算设计洪水。

（1）依据的资料系列

设计洪水的计算通常采用由流量资料和由雨量资料计算两种途径。

一般地，尽可能由流量资料推求入库设计洪水进行复核计算。我国绝大多数水库已建成运行 30 年以上，已具有较长期的洪水资料。

建设水库的规划设计阶段，对于难以获得流量资料的中、小型水库，不得已才采用由雨量资料推求洪峰流量、洪量和洪水过程线的方法。

若有可靠的实测暴雨资料，并不否定采用暴雨资料系列，因为如果流量资料缺乏可靠的历史特大洪水调查资料，则采用流量资料进行频率分析，其成果可能会偏小。在实际操作中，宜用多种途径、多种方法，综合分析、合理选用。

（2）采用的设计洪水型式

《导则》要求尽可能采用入库洪水进行设计洪水复核，主要考虑建库后河槽调蓄作用发生变化，产、汇流条件发生变化，坝址洪水与入库洪水存在差异。主要存在三方面因素：①天然河道槽蓄能力较大的水库，建库后洪水在库周直接入库，少了库周与坝址之间的河槽调蓄作用；②建库前库面降雨直接成为入库径流，产流条件发生变化；③建库前，干支流上的水文站洪水汇流到坝址，有一段传播时间，建库后，洪水直接入库而不是到坝址，传播时间缩短。

以上三方面的因素造成建库后入库设计洪水与建库前的坝址洪水有较大差别。与坝址洪水相比，入库洪水的洪峰比坝址洪水的洪峰到得早，洪量有所增大。有的情况下，入库洪水与坝址洪水的洪峰流量的差别是很大的，其比值可能达到 1.5 或更甚。随着设计时段的增长，入库洪量与坝址洪量的差别逐渐减少。对已建水库进行设计洪水复核时，若原设计是采用坝址设计洪水，应分析入库洪水与坝址洪水的差异，当两者差别较大时，宜改用入库设计洪水作为设计依据。对于水库较大、回水较远的水库，应以入库设计洪水进行洪水复核。

对于设计阶段采用坝址设计洪水的，可用马斯京根法作反演算将其转换为入库设计洪水。

（3）入库洪水计算方法简介

根据流量资料推求历年或典型年入库洪水的方法有以下几种：同时流量叠加法（即合成流量法）、马斯京根法、槽蓄曲线法及水量平衡法。对各方法简介如下：

1）同时流量叠加法

当在水库周边附近有水文站，其控制面积占坝址以上面积的比重较大、资料较完整可靠时，可分干支流、区间陆面和库面分别推算分区的入库洪水，再叠加为集中的入库洪水。

注意处理以下问题：①水库周边水文站的确定；②干支流入库断面洪水流量；③区间陆面洪水流量；④库面洪水流量；⑤合理性检查，将干支流洪水和推算的区间洪水演进到坝址断面处，然后叠加并与坝址实测洪水比较，检查其合理性。

2）马斯京根法

当汇入水库周边的支流较少，坝址处有实测水位流量资料，干支流入库点有部分实测资料时，可根据坝址洪水资料，用反演进的方法推求入库洪水。

由时段末的出流推求时段初的入流，逆时序反演计算公式如下：

$$I_1 = C'_0 O_2 + C'_1 O_1 + C'_2 I_2 （已知 I_2, O_1, O_2, 求 I_1） \tag{7.5-1}$$

$$\left.\begin{aligned} C'_0 &= \frac{K - Kx + 0.5\Delta t}{0.5\Delta t + Kx} \\ C'_1 &= \frac{0.5\Delta t - K + Kx}{0.5\Delta t + Kx} \\ C'_2 &= \frac{Kx - 0.5\Delta t}{0.5\Delta t + Kx} \end{aligned}\right\} \tag{7.5-2}$$

$$C'_0 + C'_1 + C'_2 = 1.0 \tag{7.5-3}$$

式中：x 为楔蓄形状系数，又称流量比重系数；K 为入流、出流过程线重心间隔的时间；Δt 为计算时段；I_1，I_2 为时段初、末入流（入库）；O_1，O_2 为时段初、末出流（坝址）。

3）槽蓄曲线法

当干支流缺乏实测洪水资料，但库区有较完整的地形资料时，可利用河道平面图和纵横断面图，根据不同流量的水面线（实测、调查或推算）绘制库区河段的槽蓄曲线，由坝址洪水反推入库洪水。

4）水量平衡法

水库建成后，可用坝前水库水位、库容曲线和出库流量等资料，用水量平衡法推算入库洪水。

$$\overline{I} = \overline{O} + \frac{\Delta V_{损}}{\Delta t} + \frac{\Delta V}{\Delta t} \tag{7.5-4}$$

式中：$\overline{I}$ 为时段平均入库流量；$\overline{O}$ 为时段平均出库流量；$\Delta V_{损}$ 为水库损失水量；ΔV 为时段始末水库蓄水量变化值；Δt 为计算时段。

（4）入库设计洪水计算

1）当有较长的入库洪水系列时，可采用频率分析法计算入库设计洪水。

2）当入库洪水系列较短，不能采用频率分析法时，可采用坝址设计洪水的放大倍比，放大典型入库洪水，作为入库设计洪水。坝址设计洪水的放大倍比指坝址设计洪峰或不同时段洪量与典型年坝址实测值的比值。借用该比值放大典型入库洪水过程线，即可推算入库设计洪水过程线。

3）当汇入库区的支流洪水所占比重较小，建库前坝址具有较长期洪水资料时，可根据坝址设计洪水采用流量反演法推求入库设计洪水。

7.5.2 由流量资料计算设计洪水

由流量资料计算设计洪水，大体分四个步骤：

① 洪水资料审查，以取得可靠性、一致性、代表性的资料；

② 选样，从每年洪水中选取符合要求的洪峰流量和洪量，组成各种统计系列（洪峰流量系列和不同历时洪量系列）；

③ 频率计算，推求设计洪峰和设计洪量；

④ 选择典型洪水过程线，根据工程特点及设计洪峰和设计洪量，选择采用同频率放大法或同倍比放大法放大典型洪水过程，得设计洪水过程线。

(1) 流量资料系列与资料选用

《导则》7.3.2 第 1 款　利用设计阶段坝址洪水或入库洪水实测系列资料、历史调查洪水资料，并加入运行期坝址洪水或入库洪水实测系列资料，延长洪峰流量和不同时段洪量的系列，进行频率计算。当运行期无实测入库洪水资料时，可利用实测库水位和出库流量记录以及水位-库容曲线反推求计算入库洪水系列资料。

但在实际复核工作中，如延长洪水系列后计算结果比原来的更小时，为安全起见，建议仍采用原设计洪水系列。

1) 洪峰选样

采用年最大值法进行洪峰选样。

2) 特大洪水处理

利用历史文献和调查历史洪水的方法来确定历史上很早以前发生的特大洪水，就可把样本资料系列年数增加至调查期的长度，提高资料的代表性。特大洪水按不连序系列处理。

通常根据面积比降法、水面曲线法推求洪峰流量。

3) 洪量选样和插补延长

洪量选样采用年最大值法。

调查历史洪水是增加洪峰系列代表性的有效途径，但由洪痕只能推出洪峰，难以直接求出洪量。

插补方法：

① 峰量相关：将一个测站各次洪水的洪水总量与同一次洪水的洪峰流量点绘成峰量相关曲线；

② 与参证站的洪量相关；

③ 由暴雨资料插补延长：若设计站的面暴雨资料较长，通过产汇流计算推算出缺测的洪水流量过程线。

(2) 频率计算

1) 经验频率计算

分连序洪水系列与不连序洪水系列两种。具体计算公式参见《水利水电工程设计洪水计算规范》(SL 44)中 3.2.2 条、3.2.3 条。

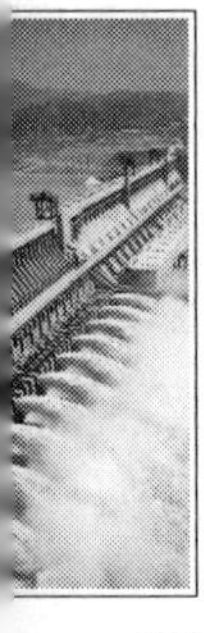

《水利水电工程设计洪水计算规范》(SL 44)之 3.2.2：在 n 项连序洪水系列中，按大小顺序排位的第 m 项洪水的经验频率 p_m，可采用下列数学期望公式计算：

$$p_m = \frac{m}{n+1} \quad m=1,2,\cdots,n \tag{7.5-5}$$

《水利水电工程设计洪水计算规范》(SL 44)之 3.2.3：在调查考证期 N 年中有特大洪水 a 个，其中有 l 个发生在 n 项连序系列内，这类不连序洪水系列中各项洪水的经验频率可采用下列数学期望公式计算：

① a 个特大洪水的经验频率为

$$p_M=\frac{M}{N+1}\quad M=1,2,\cdots,a \tag{7.5-6}$$

② $n-l$ 个连序洪水的经验频率为

$$p_m=\frac{a}{N+1}+\left(1-\frac{a}{N+1}\right)\frac{m-l}{n-l+1}\quad m=l+1,2,\cdots,n \tag{7.5-7}$$

或

$$p_m=\frac{m}{n+1}\quad m=1,2,\cdots,n \tag{7.5-8}$$

2）理论频率曲线

《导则》7.3.2 第 2 款　频率曲线的线型宜采用皮尔逊Ⅲ型，对特殊情况，经分析论证后也可采用其他线型。可采用矩法或其他参数估计法初步估算频率曲线的统计参数，然后采用经验适线法或优化适线法调整初步估算的统计参数。当采用经验适线法时，宜拟合全部点据；拟合不好时，可侧重考虑较可靠的大洪水点据。

①《导则》建议采用皮尔逊Ⅲ型理论频率曲线

洪水受气象、地域、地形、地貌等多种因素影响，概率分布很复杂。许多专家学者对此进行了深入的研究，提出了众多的洪水频率曲线线型，如皮尔逊Ⅲ型、对数皮尔逊Ⅲ型、克里茨基—闵开里分布（K-M）、耿倍尔（Gumbel）分布等等。我国疆土广阔，大部分地域处于亚热带及温带，往往在冷热气流运动作用下暴雨成灾。根据我国对长期洪水系列的分析结果和多年来水文工作的实际经验，普遍认为皮尔逊Ⅲ型曲线能较好地拟合大多数较长洪水系列，比较符合我国的洪水频率分布。因此自 1960 年以来，我国一直采用皮尔逊Ⅲ型曲线计算洪水频率。

特殊情况，经分析论证后可采用其他线型，如融雪、融冰型洪水，其形成机制与暴雨洪水不同，皮尔逊Ⅲ型曲线线型可能就不适用。

② 统计参数（均值 $\overline{X}$ 、变差系数 C_v 和偏态系数 C_s）

均值 $\overline{X}$ 表示洪水的平均数量水平、变差系数 C_v 代表洪水年际变化剧烈程度，偏态系数 C_s 表示年际变化的不对称度。根据《水利水电工程设计洪水计算规范》（SL 44）附录 A 洪水频率计算，采用矩法、概率权重矩法或双权函数法初步估计统计参数，矩法简单易行、使用最广，但有时与最优解相差较大，这时，可采用后两种方法初估参数，以期迭代过程迅速收敛。

矩法、概率权重矩法或双权函数法估计统计参数的计算公式参见《水利水电工程设计洪水计算规范》（SL 44）附录 A“洪水频率计算”A1.1“参数估计法”。

③ 适线法

通过适线调整初步估计参数，使理论频率曲线与经验频率点据拟合良好。采用的适线准则有离差平方和准则、离差绝对值和准则、相对离差平方和准则或采用经验适线法。当系列内各项洪水（绝对）误差比较均匀时，可采用离差平方和准则或离差绝对值和准则；当不同量级的洪水（尤其是历史洪水）误差差别较大但相对误差比较均匀时，可考虑采用相对离差平方和准则。

适线准则的具体计算公式参见《水利水电工程设计洪水计算规范》(SL 44)附录 A 洪水频率计算 A1.2 适线法。

④ 参数的合理性检验

《水利水电工程设计洪水计算规范》(SL 44)之 3.1.5 条第 3 款要求根据本站洪峰、不同时段洪量统计参数和设计值的变化规律，以及上下游、干支流和邻近流域各站的成果，对适线调整后的统计参数进行合理性检查，必要时作适当调整。

常用的合理性检查方法有三种：

① 本站洪峰及各种历时洪量的频率计算成果相互比较：a. 同一频率之下，应该是 $W7>W3>W1$，将它们的理论频率曲线绘在同一张图上，在实用范围内各线不相交；b. 一般情况下，历时愈短洪量系列的变差系数 C_v 应愈大。

② 与上下游、干支流和邻近流域各站的频率计算成果相互比较，a. 同一条河流的上、下游如果在同一地理区气候、地形等条件相似时或者同一地区大、小不同的河流，应该是洪峰流量及各种历时洪量的均值从上游到下游递增，洪峰模数递减，大河的均值比小河要大；而洪峰模数则是小流域的较大；b. 如果其他条件相同，洪峰流量的变差系数 C_v 应该是小流域的较大，同样，相同历时的洪量，变差系数 C_v 也是上游站的大和小流域的较大；c. 如果上、下游洪峰流量、洪量的关系较好时，也可利用相关图对成果进行检验。

③ 与暴雨频率计算成果比较，设计洪水的径流深不应大于同频率的、相应历时的面暴雨量，而且洪峰及洪量的变差系数 C_v应该比暴雨系列的大，这是因为洪水除受暴雨影响之外，还受下垫面的影响，所以洪水的变化幅度要大于相应暴雨的变化幅度。

(3) 推求设计洪水过程线。

《导则》7.3.2 第 3 款　在分析洪水成因和洪水特性基础上，选用对工程防洪运用较不利的大洪水过程作为典型洪水过程，据以放大求取各种频率的洪水过程线。

本条即为《水利水电工程设计洪水计算规范》(SL 44)之 3.2.1 条、3.2.2 条，采用同频率放大法或同倍比放大法放大典型洪水过程线。

1) 典型洪水过程线的选择

从实际资料中选取典型洪水过程线，首先要分析洪水成因和洪水过程特征，如洪水出现季节、峰型、主峰位置、上涨历时、洪量集中程度以及洪水的地区组成等。

选择典型洪水过程线应充分考虑水库安全，本着对水库防洪不利，选取峰高、量大、主峰段集中、主峰偏后且能够概括地代表本流域大洪水特性的洪水作为典型洪水。从实测入库洪水资料中初选出几场较大洪水，根据上述原则，认真分析对比，最后选定一场洪水的典型洪水过程。

2) 计算各种频率的洪水过程线方法

同频率放大法：在放大典型过程线时，若按洪峰和不同历时的洪量分别采用不同倍比，便可使放大后的过程线的洪峰及各种历时的洪量分别等于设计洪峰和设计洪量。也就是说，放大后的过程线，其洪峰流量和各种历时的洪水总量都符合同一设计频率。同频率放大计算成果受所选典型不同的影响较小，常用于峰量关系不够好的河流以及峰量均对水工建筑物防洪安全起控制作用的工程。对于较重要的水利水电工程，一般都采用同频率放大法。

同倍比放大法："按峰放大"适用于洪峰流量起决定影响的工程，"按量放大"适用于洪量起决定影响的工程。该法计算简便，常用于峰量关系较好，以及防洪安全主要由洪峰或某时段洪量控制的水工建筑物，特别是对长历时、多峰形的洪水过程，或要求分析复杂的洪水地区组成时，比同频率放大法更适用。对于同倍比放大法，若出现放大后洪峰或某时段洪量超过或低于设计值很多且对调洪结果影响很大时，应另选典型。

7.5.3 由暴雨资料推求设计洪水

由暴雨资料推求设计洪水，大体分四个步骤：

① 暴雨资料收集与审查，对基本雨量资料和特大暴雨资料进行审查；

② 推求设计暴雨，采用不同历时实测暴雨量进行频率分析或根据地区暴雨统计参数等值线图查算法求不同历时指定频率的设计雨量，采用同频率控制放大法求暴雨过程；

③ 用暴雨径流相关法与扣损等方法进行产流计算；

④ 推求设计洪水，分别拟定地面汇流和地下径流计算方案，将地面汇流过程和地下径流计算过程叠加得设计洪水过程线。

(1) 推求设计暴雨

《导则》7.3.3 第 1 款　当流域内雨量站较多、分布比较均匀、且具有长期比较可靠的暴雨资料时，可直接选取各种历时面平均暴雨量系列，进行暴雨频率计算，推求设计暴雨。设计暴雨包括设计流域各种历时点或面暴雨量、暴雨的时程分配和面分布。当流域面积较小，且缺少各种历时面平均暴雨量系列时，可用相应历时的设计点雨量和暴雨点面关系间接计算设计面暴雨量；当流域面积很小时，可用设计点暴雨量作为流域设计面平均暴雨量。

当无法直接计算时，可用间接计算法，即先求流域中心附近代表站的设计点暴雨量，然后通过暴雨的点面关系，求相应的面暴雨量。

1) 暴雨量的频率计算

《导则》7.3.3 第 2 款　在设计流域内或邻近地区选择若干个测站，对所需各种历时暴雨作频率分析，并进行地区综合，合理确定流域设计点雨量。也可从经过审批的暴雨统计参数等值线图上查算工程所需历时的设计点雨量。

注意两点：a. 国内大多数地区已积累了 30～40 年或更长系列的短历时雨量观测资料，可进行频率分析，在这种条件下，不宜再沿用以往将 24 h 设计雨量配暴雨递减指数 n 来推求短历时设计雨量的方法；b. 2004 年各省(自治区、直辖市)制成了经延长系列分析完成的 10 min、60 min、6 h、24 h、3 d 等不同历时新的暴雨统计参数图集，流域面积在1 000 km^{2}以下的中小流域，所需各历时设计点雨量可从暴雨参数等值线图中查读，并注意按新图集查算的成果与根据 20 世纪 80 年代图集查算成果的合理性分析。

目前我国暴雨量的频率计算方法、线型、经验频率公式等与洪水频率计算相同。但暴雨参数确定有一些特殊内容，如暴雨的 C_s 值一般采用与 C_v 相对固定的倍比值，变幅较小；而洪水的 C_s/C_v 采用范围较大。又如点暴雨的统计参数在一个地区内比较一致，或呈连续渐变的分布，适宜采用地区综合法；而洪水参数由于流域特征的差异较大，地区综合较为困难，侧重于利用历史洪水资料提高参数估算的精度。

注意收集本站和邻近地区的特大暴雨，加入雨量资料系列中，可以提高参数估计的精度。

本站有特大暴雨或可从邻近地区移来特大暴雨，在进行重现期处理后按不连序系列公式进行处理。

2）设计暴雨量的时程分配

《导则》7.3.3 第 3 款[《水利水电工程设计洪水计算规范》(SL 44)之 4.1.5]　设计暴雨量的时程分配应根据符合大暴雨雨型特性的综合或典型雨型，采用不同历时设计暴雨量同频率控制放大。

一次降雨起始的累积雨量或降雨强度随时间的发展过程、时程雨型特征由众多实际暴雨分析归纳得出。虽然各次降雨的雨强时间过程各不相同，但通过综合，仍可反映主要时程雨型特征的分布。一次降雨通常由多个阵雨组成。

由于实际发生的降雨过程变化复杂，不同的雨型对洪峰流量的计算影响较大，设计暴雨的时程雨型应采用地区多次大暴雨综合的雨型或具有代表性的大暴雨的典型雨型。目前各种历时的设计雨量仍采用同频率控制，但控制历时不宜过多，一般以 2～3 个为宜。

选定典型暴雨过程的原则：

① 应是设计条件下比较容易发生的；

② 对工程不利(雨量比较集中或主雨峰比较靠后)。

3）设计暴雨量的面分布

《导则》7.3.3 第 4 款[《水利水电工程设计洪水计算规范》(SL 44)之 4.1.6]　设计暴雨量的面分布，应根据符合大暴雨面分布特性的综合或典型面分布，以流域设计面雨量为控制，进行同倍比放大计算。也可采用几种面积的设计面雨量同频率控制放大计算。

中小流域设计洪水一般采用设计流域平均雨量推算，并不需要暴雨面分布雨型。当流域面积较大，需要采用分单元面积计算洪水过程线时，应考虑暴雨的面分布图形，计算方法可采用同倍比放大典型雨图，也可采用几种面积同频率控制放大。

(2) 产流计算与汇流计算

产流量不能直接量测，而只能根据水文观测资料间接地分析得出。

《导则》7.3.3 第 5 款[《水利水电工程设计洪水计算规范》(SL 44)之 4.3.2]　根据设计暴雨计算结果，采用暴雨径流相关、扣损等方法进行产流计算，求得设计净雨过程。根据设计净雨过程，可采用单位线、河网汇流曲线等方法推求设计洪水过程线。如流域面积较小，可用推理公式计算设计洪水过程线。

《导则》7.3.3 第 6 款　当流域面积小于 1 000 km^2、且又缺少实测暴雨资料时，可采用经审批的暴雨径流查算图表计算设计洪水。必要时可对参数作适当修正。

《水利水电工程设计洪水计算规范》(SL 44)之 4.3.2 对产流计算方法、汇流计算方法作了较详尽的说明。我国幅员辽阔，产流、汇流计算方法应根据工程所在地区自然地理、水文气象特征与资料条件合理选用。

产流方面：在湿润与半湿润地区，当产流计算采用暴雨径流相关法时，可用前期影响雨量(P_a)或降雨开始时流域蓄水量(W_0)作参数。设计条件下的 P_a 或 W_0 可采用根据几场实测大暴雨洪水资料得出的分析值。对扣损法中的初损 I_0 进行地区综合时，可采用最大初损值与产流面积建立关系。有条件时，后损 f_{tc} 可与雨强建立关系。在下垫面条件和暴雨分布不均匀的流域宜采用分区扣损的方法。产流参数，特别是干旱、半干旱地区流域产流参数，与产流面积关系密切，如采用未扣除不产流面积分析计算的产流参数，则有可能导致推算的径流偏小。

汇流方面：流域面积在 1 000 km^2 以内的山丘地区，可以采用单位线；流域面积在 300 km^2 以下的可采用推理公式与单位线。当流域面积在 1 000 km^2 以上，且降雨分布很不均匀时，可采用河网汇流曲线或多输入/单输出模型及流量差值演算模型。在资料都较齐全的流域，可结合本流域的自然地理、产流、汇流条件，选用流域水文模型。在水文资料短缺的 500 km^2 以下地区，也可考虑选用地貌单位线计算设计洪水。

(3) 可能最大暴雨

《导则》7.3.3 第 7 款　对于采用可能最大洪水作为非常运用洪水标准的水库，应复核可能最大暴雨和可能最大洪水的计算成果。

有些大型水库采用可能最大暴雨作为校核洪水标准，洪水复核也应进行可能最大暴雨的计算。在河南“75・8”洪水发生后，不少大型水库包括部分大(2)型水库都提高了洪水标准，以可能最大暴雨作为保坝洪水标准，对于大(2)型水库，不需进行可能最大暴雨复核，保坝洪水按国标执行即可。

1) 推求可能最大暴雨的方法

采用水文气象法推求可能最大暴雨的方法有：当地暴雨法、暴雨移置法、暴雨组合法、暴雨时面深概化法。

① 设计流域有特大暴雨资料时，可用当地暴雨法；

② 邻近地区有特大暴雨资料时，可用暴雨移置法；

③ 流域面积大、设计历时长时，可用暴雨组合法；

④ 设计流域及气候一致区内有较多特大暴雨资料时，可用暴雨时面深概化法。

放大暴雨时，应根据所选暴雨的具体情况，确定放大方法和放大指标：当所选暴雨为罕见暴雨时，可只作水汽因子放大；非罕见暴雨时，可作水汽因子和动力因子放大。

2) 推求可能最大暴雨的计算公式

推求可能最大暴雨的计算公式参见《水利水电工程设计洪水计算规范》(SL 44)附录 C “可能最大暴雨”。

3) PMF 与重现期 10 000 年设计洪水成果选用

设计洪水成果选择采用频率法的重现期 10 000 年洪水还是采用 PMF，因为可能最大洪水(PMF)与频率分析法在计算理论和方法上都不相同，应根据计算成果的合理性来确定。当用水文气象法求得的 PMF 较为合理时(不论其所相当的重现期是多少)，则采用 PMF；当用频率分析法求得的重现期 10 000 年洪水较为合理时，则采用重现期 10 000 年洪水；当两者可靠程度相当时，为安全起见，应采用其中较大者。

(4) 设计洪水的地区组成

当水库上游有调蓄作用较大的工程时，一般应拟定设计洪量的地区组成，计算上游调蓄工程以上和区间的洪水过程线，经上游调蓄工程调洪后的洪水与区间洪水组合，推求受上游工程调蓄影响的设计洪水。

(5) 特殊地区的设计洪水复核

《导则》7.3.4　特殊地区的设计洪水复核计算可参见《水利水电工程设计洪水计算规范》(SL 44)。

7.6 调洪计算

《导则》7.4.1 应根据水库承担的任务以及运行环境和功能变化，复核水库调度运用方式，在此基础上进行洪水调节计算，按照复核确定的水库防洪标准及近期非常运用洪水标准确定水库的防洪库容、拦洪库容和调洪库容以及相应的防洪特征水位。

工作步骤如下：

① 计算条件确定与资料复核：复核起调水位、调洪运用方式、水位-库容曲线及水位-泄量曲线、洪水预报方案与气象预报；

② 调洪计算；

③ 比较计算的特征水位与原特征水位的差别及原因。

7.6.1 计算条件确定与资料复核

（1）核定起调水位

《导则》7.4.2 第 1 款规定了核定起调水位的三条原则：

1）大坝设计未经修改的，应采用原设计确定的汛期限制水位。

2）大坝经过加固或改、扩建或水库控制流域人类活动对设计洪水有较大改变的，应采用经过审批重新确定的汛期限制水位。

3）因各种原因汛期降低限制水位运行的，应仍采用原设计确定的汛期限制水位进行调洪计算。

许多水库运行中可能连续多年遭遇枯水年，入汛时水库水位往往达不到设计规定的汛期限制水位。尽管其达不到设计规定的汛期限制水位，但在丰水年，水库蓄水位汛前达到汛期限制水位的可能性很大，因此，洪水复核中仍应采用原设计确定的汛期限制水位作为调洪计算的起调水位。

大坝经过改、扩建或加固改变了原设计的汛期限制水位，则应采用经主管部门审批重新确定的限制水位作为起调水位。经过改、扩建或加固水库的防洪能力发生显著变化，防洪能力增加了，因此，根据综合分析，可能已调整改变了原汛期限制水位，但调度运行方式的改变，应经主管部门审批审定，因此，这里强调应采用经过上级主管部门审批重新确定的汛期限制水位。

有些运行多年的水库，原设计洪水标准偏低，未达到现行规范的要求，或者是高水位下运行存在渗流险情，经水库主管部门批准，汛期降低限制水位运行的，则仍应按原设计或规范要求洪水标准的汛期限制水位进行调洪计算。因为降低汛期限制洪水位是标准偏低水库存在安全隐患，在加固前采取的临时措施，不能认为降低汛期限制洪水位后可抵御的洪水频率就是该水库的设计、校核洪水标准。

某些水库大坝安全鉴定，水库的防洪标准复核部分进行洪水调节计算时，不是根据主管部门审批的汛限水位起调，而是未经主管部门审批，擅自将汛限水位抬高，有的将其提高到正常蓄水位以便提高水库的兴利功能，但是一旦提高了起调水位，往往会造成水库防洪能力不够。由此来定水库是“三类坝”依据是不足的，功能调整不应影响水库的安全。因此，《导则》对起调水位作了明确规定。

（2）复核调洪运用方式

《导则》7.4.2第2款　复核设计拟定的或经主管部门批准变更的调洪运用方式的实用性和可操作性，了解有无新的限泄要求。

洪水标准复核中应根据规定的运用方式进行调洪计算。复核人员如发现原设计规定的运用方式不合理，在不改变或不影响水库其他开发目标前提下，可以考虑采用更优化的运用方式进行调洪计算。优化的运行方式需报上级主管部门批准后执行。

水库投入运行后，因各种原因使原设计成果已不适用时，应对水库运行指标进行分析研究，确定新的洪水调度方案，并经上级主管部门和防汛指挥部批准。譬如，有的水库原规划设计的调度运行指标及运行方式主要是针对大洪水而设的，在规划时未考虑实际运行中的中小洪水控制，而水库管理运行阶段的调度方案考虑到下游河道的安全泄量较小而对中小洪水进行控制，增加了限泄的要求，对洪水进行分级控制泄放，往往以频率大的洪水调洪计算成果作为小频率的洪水分级控制标准，因而与水库原规划设计的调度方式不一致，在这种情况下若仍采用规划设计的调度方式进行调洪计算，则会造成实际防洪调度中潜在的危险。

（3）复核水位-库容曲线

《导则》7.4.2第3款　复核水位-库容曲线。对多泥沙河流上淤积比较严重的水库，应采用淤积后的实测成果，且应相应缩短复核周期。

多泥沙河流上的水库，库区泥沙淤积严重，库水位与库容关系曲线有很大变化。鉴定时的调洪计算应采用最新的库水位-库容曲线。对于年淤积量较大的水库，其库容变化较大，经过几年的淤积，其水位-库容曲线发生了较大的变化，几年前的防洪复核成果就失去意义。因此，这里强调相应缩短复核周期，以保障防洪调度的安全性。在我国，西北地区的水库淤积就非常严重。一旦淤积侵占了防洪库容，如果仍采用未修正的水位-库容曲线进行调洪计算，计算得出的水库抗洪能力就会比水库实际的抗洪能力偏大，这样的复核结果是偏于危险的，给调度运行埋下了安全隐患。

（4）复核水位-泄量曲线

《导则》7.4.2第4款　复核泄洪建筑物泄流能力曲线。对具有泄洪功能的输水建筑物，其泄量可加入泄流能力曲线进行调洪计算，但是否全部或部分参与泄洪，应根据《水利工程水利计算规范》(SL 104)的规定确定。

洪水标准复核时，不能简单地应用原设计的泄洪建筑物的水位-泄量曲线。必须查考水位与泄量关系是否经过试验或率定。对未完建或结构存在严重安全隐患的溢洪道，可通过模型试验、水力复核、结构复核分析确定现状结构所能安全承受的水位-泄量曲线，以演算水库大坝的现状实际防洪能力，给除险加固决策提供参考。

在《溢洪道设计规范》(SL 253)附录A“水力设计计算公式”A.2“泄流能力计算公式”中，对开敞式WES型实用堰、带胸墙孔口实用堰、宽顶堰、驼峰堰的泄流能力给出了公式和计算参数的选取。调洪演算前，应根据相应的计算公式复核溢洪道的泄洪能力。

对输水建筑物的泄量是否能全部或部分参与泄洪，《导则》要求根据SL 104的规定确定。对于设计时即考虑泄洪的输水建筑物，调洪时仍考虑其参与泄洪。其他如电站机组、船闸、灌溉渠首等建筑物，根据SL 104之3.3.5条的规定执行，即调洪时可考虑水电站机组部分机组参与泄洪，泄洪流量按机组过水能力确定。但如遇某一设计洪水水头超出机组安全运行范围，或水电站厂房设计洪水标准低于此洪水标准时，不应考虑水电机组参与泄洪。船闸、灌溉渠首等建筑物，由于其流量较小，一般可不考虑其参与泄洪。

《导则》7.1.7　对设有非常溢洪道的水库，应根据非常溢洪道下游的现状条件，复核其是否能够按原设计确定的启用方式和条件及时泄洪。

需要说明的是，设计时设置非常溢洪道宣泄非常运用洪水的水库，在调洪时，应考虑非常溢洪道在设计启用条件下及时启用。有些设计中设置非常溢洪道的水库，调洪计算时未考虑非常溢洪道的泄洪能力，这是不恰当的，水库泄洪能力算小了，必然导致计算的水库防洪能力不够。

(5) 复核洪水预报方案与气象预报

《导则》7.4.4　调洪计算时不宜考虑气象预报。但对洪水预报条件好、预报方案完善、预报精度较高的水库，在估计预报误差留有余地的前提下，洪水调节计算时可适当考虑预报预泄。

复核洪水预报方案，包括预见期、预报合格率、预报精度，以及雨情、洪水情数据采集、传送的可靠性等。对于可能发生的误报对大坝防洪的影响宜进行评估。

如果洪水预报预见期长、预报合格率及精度高，水库管理人员可以根据水情作出相应的防洪对策，做到防洪有序调度。还可以通过预报预泄，有效地利用防洪库容，相当于增加了防洪库容，增加了水库的调洪作用。但是，考虑到洪水预报会存在误报，在考虑洪水预报的作用时，要留有余地。在调洪计算考虑洪水预报时，只能适当考虑。当前，有些大型水库已建立了较完善的水情预报系统，给水库预泄以增大可利用的防洪库容创造了较可靠的保障，此种情况下，先对多次洪水预报的误差进行评估，可从洪水预报完成率、洪峰流量预报误差、洪水总量预报误差、峰现时间预报误差及洪水过程线预报误差等几方面入手，再适当考虑水情预报的作用来进行调洪演算。误差评估可参照《水库洪水调度考评规定》(SL 224)。

目前气象预报的精度不高，调洪计算时一般不考虑气象预报。

7.6.2　调洪计算

(1) 调洪计算方法

《导则》7.4.3　调洪计算宜采用静库容法。对动库容占较大比重的重要大型水库，宜采用入库设计洪水和动库容法；当设计洪水采用坝址洪水时，宜采用静库容法。

对于大的湖泊式水库，流速甚小，水面曲线接近水平，仅回水尾端稍稍上翘，动库容较小，以静库容计算误差不大。但对于河川式水库，回水影响甚远，当入库流量大、流速大，形成的水面并非水平，这时若仍按水库水面为水平计算，则会产生较大的误差，应按动库容与静库容之和计算，即动库容法。

1) 调洪计算原理

水库水量平衡方程用式(7.6-1)计算。

$$\frac{I_1+I_2}{2}\Delta t-\frac{O_1+O_2}{2}\Delta t=V_2-V_1 \tag{7.6-1}$$

式中：I_1、I_2为 Δt 时段始、末的入库流量；O_1、O_2为 Δt 时段始、末的出库流量；V_1、V_2为 Δt 时段始、末的水库蓄水量；Δt 为计算时段。

蓄泄方程：

静库容

$$O=f(H) \tag{7.6-2}$$

$$O=f(V) \tag{7.6-3}$$

动库容

$$O=f(H,I) \tag{7.6-4}$$

$$O=f(V,I) \tag{7.6-5}$$

利用水库水量平衡方程和水库蓄泄方程联立求解。

从洪水开始，逐时段连续求解，即可求出水库下泄量过程线、最大下泄流量、最高静水位。

调洪计算的方法很多，这里仅简单地列出半图解法。

2）静库容调洪的半图解法（单辅助线法）

将式(7.6-1)转换如下式：

$$\left(\frac{V_2}{\Delta t}+\frac{O_2}{2}\right)=\frac{I_1+I_2}{2}-O_1+\left(\frac{V_1}{\Delta t}+\frac{O_1}{2}\right) \tag{7.6-6}$$

将式(7.6-2)转换如下式：

$$O=f\left(\frac{V}{\Delta t}+\frac{O}{2}\right) \tag{7.6-7}$$

计算时，先根据泄洪建筑物的水位-泄量关系及水位-库容关系，绘制 $O-\left(\frac{V}{\Delta t}+\frac{O}{2}\right)$ 的辅助曲线。

已知第一时段 I_1、I_2、O_1、V_1、Δt，则可根据式(7.6-6)求得 $\left(\frac{V_2}{\Delta t}+\frac{O_2}{2}\right)$，根据式(7.6-7)即可求出 O_2。第一时段末入流 I_2、出流 O_2及蓄水量 V_2即为第二时段初的 I_1、O_1、V_1。逐时段计算即可。

3）动库容法的图解法

将式(7.6-1)转换如下式：

$$I_1+I_2-2O_1+\left(\frac{2V_1}{\Delta t}+O_1\right)=\left(\frac{2V_2}{\Delta t}+O_2\right) \tag{7.6-8}$$

将式(7.6-5)转换如下式：

$$O=f\left(\frac{2V}{\Delta t}+O,I\right) \tag{7.6-9}$$

7.6.3 水库防洪调度方式

包括泄流方式、下泄流量及相应的泄洪闸门启闭规则等。

对于无闸门控制的溢洪道，泄流为自由泄流。

对于有闸控制的溢洪道，根据水库自身安全和下游防洪任务的条件，防洪调度可分为：①控制泄流与自由泄流相结合；②固定泄流或分级控制泄流调度；③ 防洪补偿的调度方式。

（1）控制泄流与自由泄流相结合调度

对于无下游防洪任务的有闸溢洪道水库，往往将防洪限制水位设置高于溢洪道堰顶高程，抬高兴利蓄水位和增加水库泄洪时的初始泄量。当洪水开始入库时，控制闸门开度，使泄量等于入库流量，保持库水位不变。此后，当入库流量开始大于闸门全开时的泄洪能力，则为自由泄流。

（2）固定泄流或分级控制泄流调度

当下游防洪保护对象距水库较近、区间洪水较小的情况，可采用固定控制泄量调度方式，如防护对象标准不同，可采用分级控制泄量的方式。

固定泄流量需要频繁改变闸门的开启度，易于操作的方式是定孔泄流。

采用分级控制泄量的调度运用方式，可采用入库流量或库水位或其他水文要素作为判别条件。要求判别条件简明易行。

对于防洪库容较小的水库，洪峰流量起主要作用，可用入库流量作判别条件。

对于防洪库容较大的水库，调洪结果主要取决于洪水的总量，可用库水位作判别条件。

（3）防洪补偿的调度方式

对防洪保护对象距水库较远、区间洪水较大的情况，若水库泄水传播到防洪控制点的时间小于区间洪水预报预见期及区间洪水传播时间之和，可采取补偿凑泄的调度方式，否则宜采用按防洪控制站已出现的水文要素判别的错峰调度方式。

理想的补偿方式是使水库下泄量加上区间来水量，等于下游防洪控制点的允许泄量。在区间洪水通过防洪控制点的一段时间减少水库泄量。

7.6.4　梯级水库的洪水调节计算

《导则》7.1.6　当大坝控制流域内还有其他水库时，应研究各种洪水组合，并按梯级水库调洪方式进行防洪能力的复核。考核上游水库拦洪作用对下游水库的有利因素时应留有足够余地，并应考虑上游水库超标准泄洪时的安全性。

考虑上游水库拦洪作用对下游水库的有利因素时要留有足够余地，一旦估高了上游水库的拦洪作用，估低了下游水库的入库设计洪水，会使现状防洪能力复核值偏大，不利于安全。如果上游水库的设计标准低于本级水库（或两者标准相同，但上游水库未达到设计标准），则还应考虑上游水库超标准泄洪时的安全性（含溃坝），由于上游水库超标准泄洪或溃坝加大了水库的入库流量和入库洪量，往往会造成下游水库出现严重险情（对防洪、渗流、结构稳定均有可能产生不利的影响）。

7.6.5　设计洪水位和校核洪水位

将本次计算的特征水位与原特征水位进行比较，分析差异原因，从安全角度考虑，如果本次复核值低于原特征水位值，建议仍采用原值。

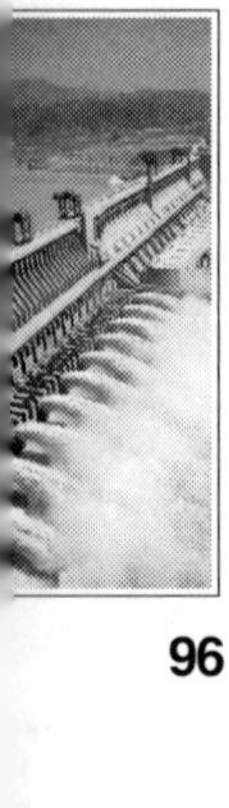

7.7 防洪安全规定

7.7.1 安全超高

(1) 坝顶安全加高规定

为了保证大坝的安全，在结构设计时，水库静水位以上还需设置坝顶超高。

土石坝的超高由三部分组成，即波浪爬高、风壅增高和安全加高。

混凝土坝的超高由浪高、浪高中心线与静水位的距离和安全加高构成。

安全加高则是考虑计算误差等因素增加的安全储备，不需要计算，按工程等级依据规范选取即可。《水利水电工程等级划分及洪水标准》(SL 252)之 4.0.1 条规定水利水电工程永久性挡水建筑物顶部高程，应按设计情况和校核情况时的静水位加相应的波浪爬高、风壅增高和安全加高，其安全加高应不小于表 7.7-1 的规定。

防浪墙:《水利水电工程等级划分及洪水标准》(SL 252)之 4.0.2 条规定当防浪墙稳定、坚固、不透水且与坝体防渗体紧密结合时，坝顶超高可以算至防浪墙顶，但坝顶高程应不低于水库正常蓄水位。

表 7.7-1 永久性挡水建筑物安全加高 单位:m

建筑物类型及运用情况			永久性挡水建筑物级别			
			1	2	3	4、5
土石坝	设计		1.5	1.0	0.7	0.5
	校核	山区、丘陵区	0.7	0.5	0.4	0.3
		平原、滨海区	1.0	0.7	0.5	0.3
混凝土闸坝、浆砌石闸坝	设计		0.7	0.5	0.4	0.3
	校核		0.5	0.4	0.3	0.2

(2) 土石坝的土质防渗体顶部超高规定

《水利水电工程等级划分及洪水标准》(SL 252)之 4.0.3 条规定土石坝的土质防渗体顶部在设计静水位以上的超高，应在表 7.7-2 规定的范围内选取，并且防渗体顶部高程不应低于校核情况下的静水位。

表 7.7-2 设计情况下土石坝土质防渗体顶部超高

防渗体结构型式	超高(m)
斜墙	0.8～0.6
心墙	0.6～0.3

(3) 地震区的土石坝超高规定

土石坝坝顶高程计算略不同于混凝土坝、浆砌石坝，对于地震区的土石坝，《水利水电工程等级划分及洪水标准》(SL 252)之 4.0.5 条规定坝顶超高应另计入地震坝顶沉陷和地震涌浪高度，地震涌浪高度可根据坝前水深和设计烈度的大小，采用 0.5～1.5 m。当库区有可能发生大体积坍岸或滑坡引起涌浪时，其安全加高应进行专门研究。

7.7.2 泄洪建筑物的安全规定

(1) 泄水建筑物消能防冲洪水标准规定

根据《水利水电工程等级划分及洪水标准》(SL 252)之 3.2.4 条规定：山区、丘陵区水利水电工程的永久性泄水建筑物消能防冲设计的洪水标准，可低于泄水建筑物的洪水标准，根据泄水建筑物的级别确定(见表 7.7-3)，并应考虑在低于消能防冲设计洪水标准时可能出现的不利情况。对超过消能设计标准的洪水，容许消能防冲建筑物出现局部破坏，但必须不危及挡水建筑物及其他主要建筑物的安全，且易于修复，不致长期影响工程运行。

表 7.7-3　泄水建筑物消能防冲洪水标准

永久性泄水建筑物级别	1	2	3	4	5
洪水重现期(年)	100	50	30	20	10

(2) 溢洪道控制段的安全超高规定

《溢洪道设计规范》(SL 253)之 2.3.7 条规定了溢洪道控制段的安全超高标准，参见表 7.7-4。对于溢洪道控制段的闸墩、胸墙或岸墙的顶部高程，要求在宣泄校核洪水时不应低于校核洪水位加安全超高值；挡水时应不低于设计洪水位或正常蓄水位加波浪的计算高度和安全超高值。波浪的计算高度取平均波高 h_m 加上波浪中心线与设计水位的高差 h_z。

表 7.7-4　安全超高下限值　　单位：m

运用情况	控制段建筑物级别		
	1	2	3
挡水	0.7	0.5	0.4
泄洪	0.5	0.4	0.3

(3) 溢洪道泄槽高度规定

《溢洪道设计规范》(SL 253)之 3.4.8 条规定泄槽段边墙高度，应根据计入波动及掺气后的水面线，再加上 0.5～1.5 m 的超高，对于水力条件复杂的部位(收缩段、扩散段、弯道段等)取大值。

(4) 泄洪无压隧洞水面线上的面积和高度

《水工隧洞设计规范》(SL 279)之 4.3.7 条规定了低流速无压隧洞的水面线上的面积和高度：在低流速无压隧洞中，若通气条件良好，在恒定流情况下，洞内水面线以上的空间不宜小于隧洞断面面积的 15%，且高度不应小于 400 mm；在非恒定流条件下，若计算中已考虑了涌波时，上述数值允许适当减小。对较长的隧洞和不衬砌或锚喷衬砌的隧洞，上述数值可适当增加。

《水工隧洞设计规范》(SL 279)之 4.3.8 条规定了高流速无压隧洞的横断面尺寸：宜通

过试验确定，并宜考虑掺气的影响。在掺气水面线以上的空间，宜为断面面积的15%～25%。当采用圆拱直墙形断面时，水面线不宜超过直墙范围。当水流有冲击波时，应将冲击波波峰限制在直墙范围内。

(5) 进水口建筑物的安全超高

《水利水电工程进水口设计规范》(SL 285)之3.2.2条规定了进水口建筑物的安全超高标准：闸门、启闭机和电气设备工作平台对挡水位的安全超高标准，对于整体式布置的进水口应与大坝、河床式水电站和拦河闸等枢纽工程主体建筑物相同，对于独立布置的进水口应根据进水口建筑物级别与特征挡水位按表7.7-5采用。

表7.7-5　进水口工作平台安全超高标准　　单位：cm

进水口建筑物级别		1	2	3	4、5
特征挡水位	设计水位	70	50	40	30
	校核水位	50	40	30	20

注：表中安全超高为特征挡水位加波浪爬高、风壅增高后的安全加高值。

7.8　挡水和泄水安全复核

根据《导则》7.5.1条规定：应在调洪计算确定的防洪特征水位基础上，加上坝顶超高，求得满足防洪标准要求的最低坝顶高程或防浪墙顶高程，并与现状实际坝顶高程或防浪墙顶高程比较，评判大坝现状抗洪能力是否满足《防洪标准》(GB 50201)和《水利水电工程等级划分及洪水标准》(SL 252)或水规〔1989〕21号的要求。

坝顶超高应按照相关设计规范要求进行计算。

对土石坝，还应按《碾压土石坝设计规范》(SL 274)要求复核防渗体顶高程是否满足防洪标准要求。

《导则》7.5.2　应从以下几方面复核泄洪建筑物在设计洪水和校核洪水条件下的泄洪安全性：

(1) 能否安全下泄最大流量。

(2) 泄水对大坝有何影响。

(3) 泄水对下游河道有何影响。

《导则》7.5.3　对大型和全国防洪重点中型水库，宜估算下泄设计洪水、校核洪水和溃坝影响范围，以及可能造成的生命和经济损失。

7.8.1　土石坝坝顶高程复核

超高复核时，波浪爬高、风壅增高应按规范要求进行计算，某些水库采用的波浪爬高、风壅增高复核公式是根据地区规定的经验公式，还有的水库不进行超高复核，而直接采用原设计阶段的超高值，而实际上，随着实测风速资料的延长，多年平均最大风速资料会更准确，甚至会有较大的差别，因此超高也需进行复核计算。

如果坝顶超高不能满足规范要求，在遭遇稀遇频率洪水时，往往会形成洪水漫坝。从我国失事水库的一些统计资料看，洪水漫坝造成失事的占 40%左右，当然，洪水漫顶的原因也不完全是溢洪设施的泄洪能力不够，还存在因泄洪闸门无法开启引起洪水漫坝。但不可否认，超高不够会严重威胁大坝的安全。因此，进行坝顶超高的复核是十分必要的。另外，对于土石坝，不乏水库的防渗体现状顶高程未达到设计高程，还应对防渗体顶高程进行复核，如某水库，从钻探取样资料看，主坝、左副坝及右副坝的心墙顶部高程均比原设计值低得多，在这种情况下，防洪调度的安全性就难以保障。

（1）计算风速的选取

按《碾压式土石坝设计规范》(SL 274)之 5.3.5 条规定，波浪爬高按本规范附录 A 计算，设计风速的取值应遵守下列规定采用：

1）正常运用条件下的 1 级、2 级坝，采用多年平均年最大风速的 1.5～2.0 倍。

2）正常运用条件下的 3 级、4 级、5 级坝，采用多年平均年最大风速的 1.5 倍。

3）非常运用条件下，采用多年平均年最大风速。

（2）土石坝坝顶超高与坝顶高程计算

$$y=R+e+A \tag{7.8-1}$$

式中：y 为坝顶超高，m；R 为最大波浪在坝坡上的爬高，m；e 为最大风壅水面高度，m；A 为安全加高，m。

根据《碾压式土石坝设计规范》(SL 274)之 5.3.3 条规定，土石坝坝顶高程按设计洪水位加正常运用条件的坝顶超高、正常蓄水位加正常运用条件的坝顶超高、校核洪水位加非常运用条件的坝顶超高、正常高水位加非常运用条件的坝顶超高再加地震安全加高四种情况计算，取最大值。

（3）风浪计算公式

按《碾压式土石坝设计规范》(SL 274)附录 A 的 A.1“波浪计算”的有关公式，计算风浪要素、风雍水面高度、波浪爬高。

1）风浪要素

风浪要素的计算公式较多，需根据具体情况选用。

莆田试验站公式适用于海湾地区、台风地区的海岸、河口堤坝及大型平原水库；鹤地水库的方法适合于吹程较大、沿海地区的大型平原水库；山区内陆、吹程较小的可选官厅水库方法。

① 莆田试验站公式

$$\frac{gh_m}{W^2}=0.13\tanh\left[0.7\left(\frac{gH_m}{W^2}\right)^{0.7}\right]\times\tanh\left[\frac{0.0018\left(\frac{gD}{W^2}\right)^{0.45}}{0.13\tanh\left[0.7\left(\frac{gH_m}{W^2}\right)^{0.7}\right]}\right] \tag{7.8-2}$$

$$T_m=4.438\sqrt{h_m} \tag{7.8-3}$$

$$L_m=\frac{gT_m^2}{2\pi}\tanh\left(\frac{2\pi H}{L_m}\right) \tag{7.8-4}$$

对于深水波，即当 $H\geqslant 0.5L_m$ 时，式(7.8-4)可简化成：

$$L_m = \frac{gT_m^2}{2\pi} = 1.56T_m^2 \tag{7.8-5}$$

式中：W 为风速，m/s；D 为吹程，m；g 为重力加速度；h_m 为平均波高，m；L_m 为平均波长，m；T_m 为平均波周期，s；H_m 为水域平均水深，m。

② 鹤地公式

对于丘陵、平原地区水库，当 $W<26.5$ m/s、$D<7\ 500$ m 时，波浪的波高和平均波长按下式计算：

$$\frac{gh_{2\%}}{W^2} = 0.006\ 25W^{\frac{1}{6}}\left(\frac{gD}{W^2}\right)^{\frac{1}{3}} \tag{7.8-6}$$

$$\frac{gL_m}{W^2} = 0.038\ 6\left(\frac{gD}{W^2}\right)^{\frac{1}{2}} \tag{7.8-7}$$

转换为：

$$h_{2\%} = 0.001\ 364W^{\frac{3}{2}}D^{\frac{1}{3}} \tag{7.8-8}$$

$$L_m = 0.012\ 3WD^{\frac{1}{2}} \tag{7.8-9}$$

式中：W 为风速，m/s；D 为吹程，m；$h_{2\%}$ 为累积频率 2%的波高，m。

③ 官厅公式

对于内陆峡谷水库，当 $W<20$ m/s、$D<20\ 000$ m 时，波浪的波高和平均波长按下式计算：

$$\frac{gh}{W^2} = 0.007\ 6W^{-\frac{1}{12}}\left(\frac{gD}{W^2}\right)^{\frac{1}{3}} \tag{7.8-10}$$

$$\frac{gL_m}{W^2} = 0.331W^{-\frac{1}{2.15}}\left(\frac{gD}{W^2}\right)^{\frac{1}{3.75}} \tag{7.8-11}$$

转换为：

$$h = 0.001\ 66W^{\frac{5}{4}}D^{\frac{1}{3}} \tag{7.8-12}$$

$$L_m = 0.062W^{1.001\ 55}D^{\frac{1}{3.75}} \tag{7.8-13}$$

式中：W 为风速，m/s；D 为吹程，m。

当 $\frac{gD}{W^2}=20\sim250$ 时，h 为累积频率 5%的波高 $h_{5\%}$，当 $\frac{gD}{W^2}=250\sim1\ 000$ 时，h 为累积频率 10%的波高 $h_{10\%}$。

2）风雍水面高度 e

$$e = \frac{KW^2D}{2gH}\cos\beta \tag{7.8-14}$$

式中：K 为综合摩擦系数；β 为风向与水域中线的夹角。

3）波浪爬高

波浪爬高是沿建筑物坡面爬升的垂直高度，它与坝前波浪要素（波高、波长）、坝坡坡度、断面型式、坡面糙率及渗透性、坝前水深、风速等有关。

m＝1.5～5.0 时，平均波浪爬高 R_m：

$$R_m = \frac{K_\Delta K_W}{\sqrt{1+m^2}} \sqrt{h_m L_m} \qquad (7.8\text{-}15)$$

式中：K_Δ 为斜坡的糙率渗透性系数，根据护坡类型定；K_W 为经验系数，根据 $\frac{W}{\sqrt{gH}}$ 选取；m 为斜坡的坡度系数。

注意：平均爬高 R_m 并非设计波浪爬高值。

设计波浪爬高值：1 级、2 级、3 级坝，采用 $R_{1\%}$；4 级、5 级坝，采用 $R_{5\%}$。

（4）坝顶高程是否满足规范要求

通过前述超高计算公式（7.8-1），加上不同工况下的静水位，计算得出防洪安全需要的坝顶高程，与现状坝顶高程相比，可以得出坝顶高程是否满足规范要求。

（5）防渗体顶高程是否满足规范要求。

根据规范对防渗体超高的要求（表 7.7-2），计算防洪安全需要的防渗体顶高程，与防渗体现状顶高程相比，得出防渗体顶高程是否满足规范要求。

7.8.2 混凝土坝坝顶高程复核

《混凝土重力坝设计规范》（SL 319）之 8.1.1 条规定：

$$\Delta h = h_{1\%} + h_z + h_c \qquad (7.8\text{-}16)$$

式中：Δh 为坝顶距水库静水位的高度，m；$h_{1\%}$ 为累积频率为 1％的浪高，m；h_z 为波浪中心线至水库静水位高度，m；h_c 为安全超高（m），按表 7.7-1 采用。

坝顶高程即为静水位加坝顶超高。

7.8.3 泄水安全复核

泄洪建筑物是水库防洪调度安全的重要保障，泄洪建筑物的泄洪安全性直接关系到水库的安危。

复核在设计和校核洪水时的泄洪安全性，包括：泄洪建筑物本身的安全，如泄洪建筑物的过水断面尺寸是否符合设计、消能设施是否完善、闸门启闭机质量和维护是否良好、能否在高水位期间安全操作等；泄洪对大坝安全的影响，如下泄最大流量时有无可能淘刷坝脚等；下泄最大流量时对下游河道及两岸的影响。

对设有非常溢洪道的水库，应根据非常溢洪道下游的现状条件，复核其是否能够按原设计确定的启用方式和条件及时泄洪。

（1）复核泄洪设施的超高

复核溢洪道控制段的安全超高、溢洪道泄槽高度、泄洪无压隧洞水面线上的面积和高度、进水口建筑物的安全超高等是否满足表 7.7-4 中关于泄洪建筑物的安全规定。

(2) 消能防冲复核

泄水建筑物的洪水标准，应根据泄水建筑物的级别，复核是否满足《水利水电工程等级划分及洪水标准》(SL 252)的规定。

消能防冲根据《溢洪道设计规范》(SL 253)的附录 A.4 和 A.5 的公式复核。

(3) 溢洪道闸门启闭设施、闸门振动、空蚀、启闭设施电源系统的复核

对有闸控制的溢洪道，闸门启闭机质量和维护是否良好、能否在高水位期间安全操作是关系汛期防洪安全的重要一环。国外汛期因停电、闸门无法开启而致漫顶溃坝的现象并不鲜见，我国在大坝安全鉴定中也应给予足够的重视，应该对闸门的振动情况、空蚀、泄洪控制设备的电源系统等进行检查复核。对于汛期溢洪道闸门可能出现无法开启的情况，建议调洪时增加一点工作量，即可以假定某个闸门不能开启再进行调洪计算，得出最高静水位，以了解对防洪安全不利的程度。在防洪预案中，则可以针对这种情况，制定相应的保坝措施。

(4) 溢洪道下泄水流对大坝、下游河道的影响

主要考虑下泄水流对大坝坝脚的淹没、冲刷影响，对下游河道及两岸山体的冲刷影响。有的水库下泄水流造成下游坝脚的受淹没深度很大，回水冲刷下游坝脚；有的水库下泄水流冲刷河道两岸山体形成滑坡，对大坝的安全有严重威胁。此外，还要考虑下泄水流对防汛公路的影响。

《溢洪道设计规范》(SL 253)之 2.1.10 条规定：当溢洪道靠近坝肩布置时，其布置及泄流不得影响坝肩及岸坡的稳定，在土石坝枢纽中，当溢洪道靠近坝肩时，与大坝连接的接头、导墙、泄槽等必须安全可靠。

《溢洪道设计规范》(SL 253)之 3.1.2 条第 4 款规定：下泄水流流态及水流对河床的冲淤应满足 2.1.10 的要求。

(5) 非常溢洪道的启用方式和条件复核

非常溢洪道是水库宣泄非常运用洪水的泄洪通道，多数设有非常溢洪道的水库未经受非常运用洪水的考验。《溢洪道设计规范》(SL 253)之 2.1.5 条规定，当设有正常、非常溢洪道时，正常溢洪道的泄洪能力不应小于设计洪水标准下所要求的泄量。

非常溢洪道宣泄超过正常溢洪道泄流能力的洪水。而当前一些水库的非常溢洪道启用标准过低，在遭遇洪水规模远小于设计洪水时即已启用非常溢洪道。另外，随着社会、经济的高速发展，许多水库的非常溢洪道下游人口密集、经济发达，一旦启用，将会造成不可估量的损失，非常溢洪道早已不适合再作非常溢洪道使用，有些水库的非常溢洪道既不能挡水，也不能泄洪。对于上述这种情况，如果经过分析论证(必要时进行溃坝计算)，估算非常溢洪道溃决时下游的损失，若证实确实已不再适合作为非常溢洪道，应报请上级主管部门，或是调整下游的产业发展和人口分布、加强下游的防洪能力，使之仍能作为非常溢洪道，或是废除非常溢洪道、加固使之成为副坝，重新设置、增设泄洪设施。及时启用非常溢洪道，对防洪调度安全十分重要。无论是自溃式的还是引冲式的，都应复核其是否能够及时启用。有的启用方式为炸药炸开启用，但防汛交通道路有缺陷，抢险人员甚至不可能在那样的情况下到达控制室或控制设施，根本不能按设计情况及时启用泄洪。

7.8.4 下游淹没影响

(1) 淹没范围与淹没损失评估的意义与复核内容

国际上对泄洪或垮坝可能引起的下游生命和经济损失的风险非常重视。我国国家防汛抗旱总指挥部早已经部署大型水库制作风险图。国家防汛抗旱总指挥部办公室1998年印发了《洪水风险图制作纲要》和《洪涝灾害损失调查纲要》,不少省份已针对大中型水库作了设计洪水与校核洪水泄流及溃坝洪水的下游淹没图,并作了损失评估。

溃坝型洪灾具有突发性强、来势凶猛、破坏力大的显著特点。关于溃坝洪水波的研究已有100多年的历史,国外对此问题的注意较早。在第二次世界大战中,水库大坝成了现代军事对抗中的主要打击目标之一,英国空军炸溃了德国的穆尔湖水库大坝。该水库是德国重工业和军事基地鲁尔区的饮用水和工业用水的主要来源,没有水源,钢铁、化学和军火工业都无法维持生产。因此,第二次世界大战之后,不少国家对所有的水利工程都进行了溃坝洪水的计算,例如法国不仅进行计算,对重要的坝还进行了溃坝洪水的物理模型试验。我国于1958年前后开始进行这方面的物理模型试验,随着建坝数量的增加,对一些重要大坝的溃坝洪水也进行了计算,计算中考虑了逐渐溃决和瞬时溃决两种形式,前者可按渐变流来处理,后者需要以间断波推进方法来处理。一维溃坝波演进已有较成熟的模型,二维计算方法国外少见,国内已有SGDB2等计算程序。

《导则》强调进行溃坝洪水评估,主要是为评估水库大坝溃坝对下游的社会经济影响,以便制订切实可行的避洪方案,调整下游影响区内的产业布局或极度危险区移民,一旦出现设计洪水情况下泄洪、校核洪水情况下泄洪或可能溃坝,及时发布预警预报,转移人员和重要物资,最大限度地减轻灾害损失。

下游淹没范围与淹没损失评估需要复核的内容主要包括:首先界定淹没范围,即设计洪水泄流下游淹没范围、校核洪水泄流下游淹没范围、溃坝洪水下游淹没范围;然后根据经济社会的发展,调查复核洪水淹没区人口、耕地、工矿企业、交通干线等,进行损失评估,包括设计洪水泄流下游淹没损失评估、校核洪水泄流下游淹没损失评估、溃坝洪水下游淹没损失评估。

对于近期已根据防办要求做了上述专题分析的水库,大坝安全鉴定中可以对该成果进行审查、复核,如果该成果可靠,可直接引用。

(2) 设计洪水与校核洪水下的泄洪对下游的影响

采用洪水演进方法将下泄洪水向下游演进至各个断面,得到各个断面的洪峰、最高淹没水深、洪水历时,根据地形图等高线绘制淹没范围。

还建议对常遇洪水下溢洪道泄洪时对下游的影响作评估分析,保障下游的民众在常遇洪水下能采取有效措施,受灾损失最小。这样的评估分析实用性较高。

(3) 溃坝洪水计算

通过溃坝风险分析,估算溃坝洪水对上、下游的影响。

主要计算内容包括:

1) 估算水体突然泄放的初瞬流态。

2) 推求溃坝洪水的最大流量及泄放过程。

3）计算水体向下游沿程的传播过程。

根据《水利工程水利计算规范》(SL 104)之11.3.3条，在汛期溃决情况下，水库水体采用设计洪水位以下水体计算，下游初始水位由相应设计洪水最大下泄量确定。据《水利工程水利计算规范》(SL 104)之11.3.4条，下泄水体突然泄放的初瞬流态、坝址最大下泄量、溃坝洪水过程线，可根据拟定的溃决形式和工况采用简化公式及概化过程线估算；溃坝洪水过程向下游演进，应采用非恒定流方法计算；对于重要的水库，必要时还应进行溃坝负波在库区的上溯演算。

坝址最大流量、坝址流量过程、溃坝洪水演进，计算方法和公式参见《水工设计手册》(第二版)第2卷“规划、水文、地质”中的5.10.2“溃坝洪水计算”。

通过溃坝洪水演进，了解下游各断面溃坝洪峰与溃坝水位，制作溃坝洪水淹没范围，通过调查下游淹没区的社会经济状况，据此估算下游溃坝淹没损失。

(4) 下游人口、耕地、工矿企业、交通干线等调查

在界定了淹没范围和淹没程度后，调查洪水波及范围内的经济社会：包括淹没范围中的土地利用情况；农、林、牧、副、渔各业的生产规模、水平；工矿企业、商业、事业单位分布状况；国家、集体、个人的房屋、设施、物资财产；贯穿区内的铁路、公路的货运量、客运量；风景、文化古迹等。在调查中，要重视收集县、乡等的年度统计资料。

评估淹没区洪灾经济损失可从直接经济损失和间接经济损失两方面入手，前者是指洪水直接淹没造成的可用货币计量的各类损失，后者是指直接经济损失以外的可用货币计量的各类损失，主要包括由于采取各种措施(如防汛、抢险、避难、开辟临时交通线等)而增加的费用、骨干交通线路中断给有关工矿企业造成原材料中断而停工停产及产品积压或运输绕道的费用、农产品减产给农产品加工企业和轻工业造成的损失等等。

关于洪灾调查与评估的方法可参考《洪灾风险及经济分析》与《洪灾经济损失的调查与评估》。

7.9 防洪能力评价

7.9.1 防洪能力复核结论

《导则》7.6.1条规定防洪能力复核应作出以下5条明确结论：

(1) 水库原设计防洪标准是否满足《防洪标准》(GB 50201)和《水利水电工程等级划分及洪水标准》(SL 252)要求，是否需要调整；

(2) 水文系列延长后，原设计洪水成果是否需要调整；

(3) 水库泄洪建筑物的泄流能力是否满足安全泄洪的要求；

(4) 水库洪水调度运用方式是否符合水库的特点，是否满足大坝安全运行的要求，是否需要修订；

(5) 大坝现状坝顶高程或防浪墙顶高程以及防渗体顶高程是否满足规范要求。

水库的防洪标准应能达到其工程等级对应的防洪标准要求。通过本次防洪能力计算复核，分析现状防洪能力与前次计算复核结果的主要差别。若本次计算复核结果与前次存在

较大差别，则需要解释本次计算复核采用的设计洪水标准、设计洪水与前次存在的差异和变化，评价本次计算复核的合理性、可靠性，确定是否采用本次计算复核结果。若水库之前未开展安全鉴定，则与原设计进行比较。

为保障防洪安全，要求水库防洪能力能达到国家现行规范要求，如果实际抗洪能力不能满足国家现行规范要求，则需进一步研究工程的加固与改造。

洪水能否安全下泄也是评定防洪能力的重要因素。它包括如下 3 方面的内涵：

(1) 泄洪建筑物的结构安全、过水断面尺寸、消能设施均符合规范和设计要求；闸门和启闭机运行状况良好、可靠。

(2) 下泄洪水不能淘刷坝脚，不存在泄洪雾化影响坝肩稳定问题。

(3) 泄洪建筑物下游行洪通道通畅，过流能力满足下游防洪标准的要求。

7.9.2 防洪安全性分级

《导则》7.6.2 规定：当水库防洪标准及大坝抗洪能力均满足规范要求，洪水能够安全下泄时，大坝防洪安全性应评为 A 级。

《导则》7.6.3 规定：当水库防洪标准及大坝抗洪能力不满足规范要求，但满足近期非常运用洪水标准要求，或水库防洪标准及大坝抗洪能力满足规范要求，但洪水不能安全下泄时，大坝防洪安全性可评为 B 级。

《导则》7.6.4 规定：当水库防洪标准及大坝抗洪能力不满足近期非常运用洪水标准要求时，大坝防洪安全性应评为 C 级。

防洪安全性分级见表 7.9-1。

表 7.9-1 大坝防洪安全性分级

大坝级别	坝型	抗御洪水频率［重现期(年)］					
		山区、丘陵区			平原区、滨海区		
		A	B	C	A	B	C
1	土坝、堆石坝	≥5 000	<5 000 ≥2 000	<2 000	≥2 000	<2 000 ≥1 000	<1 000
	混凝土坝、浆砌石坝	≥2 000	<2 000 ≥1 000	<1 000			
2	土坝、堆石坝	≥2 000	<2 000 ≥1 000	<1 000	≥1 000	<1 000 ≥300	<300
	混凝土坝、浆砌石坝	≥1 000	<1 000 ≥500	<500			
3	土坝、堆石坝	≥1 000	<1 000 ≥500	<500	≥300	<300 ≥100	<100
	混凝土坝、浆砌石坝	≥500	<500 ≥300	<300			

因《导则》主要是针对 1、2、3 级水工建筑物而言的，故此表未列 4 级及其以下水工建筑物。考虑到《水库大坝安全鉴定办法》已规定将近期非常运用洪水标准作为评定二类坝、三类坝的主要依据之一，在确定山区、丘陵区水工建筑物分级界限时，将近期非常运用洪水标准纳入分级指标中，对于山区、丘陵区水工建筑物，其防洪安全性分级如下：抗御洪水能力大于《防洪标准》(GB 50201) 校核洪水标准的低限，则为 A 级；小于近期非常运用洪水标准，则为 C 级；小于校核洪水标准的低限且大于近期非常运用洪水标准，则为 B 级。

而对于平原、滨海区水工建筑物，由于《防洪标准》(GB 50201) 下限即已等于或大于近期非常运用洪水标准，所以按《防洪标准》(GB 50201)，其防洪安全性分级如下：同一级别的水工建筑物，其抗洪安全性分级不考虑坝型的区别，抗御洪水能力大于《防洪标准》(GB 50201) 校核洪水标准的上限，则为 A 级；小于校核洪水标准的下限，则为 C 级；小于校核洪水标准的上限且大于校核洪水标准的下限，则为 B 级。

在《鉴定办法》中，对大坝工程分类(一、二、三类坝)时，大坝抗洪能力是否满足《防洪标准》(GB 50201) 或除险加固近期非常运用洪水标准是大坝分类的主要指标，并以抗洪能力是否满足近期标准作为评定二类、三类坝的主要依据之一。如果现状抗洪能力达到《防洪标准》(GB 50201)，则水库的防洪安全是有保障的。根据《鉴定办法》第十六条“大坝安全分类标准”，当洪水标准不满足除险加固近期非常运用洪水标准时，大坝为三类坝，此时，洪水标准具有“一票否决权”；当抗洪能力低于国标但达到近期非常运用洪水标准时，当工程在其他方面存在重大问题时，定为“三类坝”，若其他方面没有重大隐患，则为“二类坝”。

7.9.3 常见的防洪能力问题

通过对报送到水利部大坝安全管理中心的安全论证报告《防洪标准复核》分项报告进行核查，发现防洪标准复核报告中在设计洪水计算、调洪计算、现状防洪能力复核中主要存在以下几方面问题：

(1) 基本资料问题

基本资料不能反映水库工程当前的实际状况，未注意搜集运行过程中可能发生变化的资料，包括水文系列延长、水库功能与防洪保护对象变化、抗震标准改变、淤积与库容变化、水库特征值变化、水库调度运行方式改变、大坝下游冲刷等方面的资料。

(2) 设计洪水计算问题

1) 个别水库甚至未进行设计洪水复核，而直接采用原设计洪水成果；

2) 未分析、对照历次洪水资料；

3) 未分析成果合理性，当设计洪水与原成果有较大差别时，合理性分析尤其重要。

(3) 调洪计算问题

1) 某些水库复核时未进行调洪计算与超高复核，直接与原设计洪水比较洪峰、洪量及洪水过程线，并据此得出是否安全的结论；

2) 调洪计算时采用的调度原则与实际批复的调度方式不一致，比如，有些水库，批复中增加了对下游的保护要求，因此，在防洪操作中限泄洪水，如果仍采用未限泄的方式进行调洪，防洪复核就失去了意义；

3) 有些水库为了增加兴利功能，在未取得上级主管部门的批准下擅自将汛期限制水位

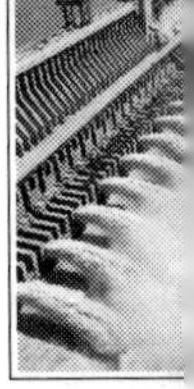

提高，再进行调洪计算，由于减少了防洪库容，自然可能造成水库防洪能力不够；

4）有些水库的年淤积量较大，调洪时未采用水库近期实测库容曲线，而采用年代久远的资料或者是原设计资料（当然，主要原因是水库没有近期实测资料），基础资料不准确，计算结果无实际工程意义；

5）有些采用的水位-泄量关系曲线不当，将水位-泄量关系曲线上延，而实际情况根本不允许上延，如闸墩高度较低，闸门下沿无法开启到上延的水位。

（4）现状抗洪能力复核问题

1）未进行超高复核和坝顶（防浪墙顶）、防渗体超高复核，而以最高静水位与原设计成果中最高静水位进行比较，并据此得出是否安全的结论，不太适当；实际上，有的水库大坝的超高较富裕，即使静水位比设计成果的静水位高，也还是安全的；

2）未将计算要求的坝顶、防渗体顶高程与实际高程比较，而与设计高程进行比较，未注意到实际值与设计值的显著差别，如某水库为心墙坝，由于后期加高大坝时未清除原坝体顶部的透水性较大的 1 m 厚的土层，而直接在其上筑填心墙，当前防渗体的实际顶部高程根本不能算至扩建设计高程；

3）某些水库大坝的防洪安全性有保障，但是溢洪道的泄洪安全性无保障，下泄水流冲刷大坝坝趾，进口、出口阻水等，防洪复核结论中没有反映这些情况。

第 8 章

渗流安全评价

8.1 概述

已建坝的渗流安全问题，在大坝的整体安全中占有重要地位。据国内外大坝失事原因调查统计，因渗流问题而失事的比例仅次于洪水漫顶，高达 30%～40%。这是因为渗流对任何挡水建筑物都是一种积极的破坏因素。对土石坝而言，渗透水流除浸湿土壤降低其强度指标外，当渗透力大到一定程度时将导致坝坡滑动、防渗体被击穿、坝基管涌、流土等重大渗流事故，直接威胁大坝的运行安全。对混凝土坝而言，坝基扬压力的大小将直接关系到坝体的抗滑稳定；两岸地下水位的高低将影响岸坡坝座和岩体的稳定。有侵蚀性的渗流水还会对建筑物和坝基的可溶物质造成侵害。此外，过大的渗漏损失也将减少工程效益。因此在每一工程设计中，均需对未来的渗流趋势作出估计和预先采取一定措施进行渗流控制。然而工程投入运用后，工程的实际渗流状态是否安全？原设计施工的渗流控制措施是否有效和能否按原设计条件安全运行？这就是已建坝渗流安全评价必须回答的主要问题。为此，《导则》第 8 章从渗流安全评价的目的出发，依序提出了渗流安全评价应包括的主要内容、所需要的基本资料和基本方法；以及土石坝、混凝土坝等建筑物具体的评价内容和掌握要点。

8.1.1 渗流安全评价依据

（1）规章制度

2003 年修订出版的《鉴定办法》第十四条对大坝渗流安全评价工作做了明确规定，大坝安全评价包括工程质量评价、大坝运行管理评价、防洪标准复核、大坝结构安全、稳定评价、渗流安全评价、抗震安全复核、金属结构安全评价和大坝安全综合评价等。

（2）技术标准

《导则》是水库大坝渗流安全评价的核心技术依据。大坝渗流安全评价应在现场安全检查和监测资料分析基础上，按照现行相关规范的规定和要求，复核与评价水库大坝渗流安全性态，提出水库大坝渗流安全结论。其他主要相关标准和规范还包括：《碾压式土石坝设计规范》(SL 274)、《土石坝安全监测技术规范》(SL 551)、《混凝土重力坝设计规范》(SL 319)、《混凝土坝安全监测技术规范》(SL 601)、《水利水电工程地质勘察规范》(GB 50487)、《土石

坝养护修理规程》(SL 210)等。

《导则》中增加了大坝安全监测资料分析的规定，要求大坝安全评价应在现场安全检查和监测资料分析基础上，按照现行相关规范的规定和要求，复核大坝渗流控制措施和当前的实际渗流性态能否满足大坝按设计条件安全运行。复核计算的荷载和参数应采用最新监测、试验、检测成果。

上述规定为水库大坝渗流安全评价提出了明确的规章制度和技术标准依据。

8.1.2 渗流安全评价的目的

大坝渗流控制措施包括上游截渗措施(铺盖、各种形式的防渗墙、帷幕灌浆等)、下游导渗措施(减压井、导渗沟、褥垫排水、烟囱式排水等)以及渗流出口的反滤排水措施(贴坡反滤、棱体排水等)；实际渗流性态是指大坝真实的渗流压力分布和渗流量大小及其变化规律，以及关键部位(防渗体、不同建筑物接触面、渗流出口等)的渗透稳定性。

大坝渗流安全评价的目的就是复核原设计、施工的渗流控制措施和当前的实际渗流状态能否保证大坝按设计条件安全运行。

8.1.3 渗流安全评价的主要内容

(1) 复核工程的防渗与反滤排水设施是否完善，设计、施工(含基础处理)是否满足现行有关规范要求。检查重点位置是土石坝防渗体与刚性建筑物的接触面、穿坝建筑物附近、坝基与两岸坝肩防渗处理等部位。

(2) 查明工程运行中发生过何种渗流异常现象，判断是否影响大坝安全。

(3) 分析工程防渗和反滤排水设施的工作性态及大坝渗流安全性态，评判大坝渗透稳定性是否满足要求。

(4) 检查土石坝有无动物危害，特别是白蚁危害，评价动物危害对大坝渗流安全的影响。

(5) 检查土石坝坝基及其库区是否存在岩溶成分，评价渗流侵蚀性对大坝安全的影响。

(6) 对大坝存在的渗流安全问题分析其原因和可能产生的危害，并提出控制、处理意见。

8.1.4 渗流安全评价需要的基本资料

(1) 有关渗流压力、渗流量和水质的监测资料(包含观测设施的平、剖面布置和各种原因量的全部观测数据)，渗流异常情况的检查报告或记录，重大渗流事故及其处理情况。

(2) 坝址区的工程地质和水文地质勘察报告(含各种平、剖面图)和试验资料。对非岩石坝基，应提供各土层的颗粒组成、渗透系数、物理性指标、接触关系及其允许渗透比降；对岩石坝基，应提供基岩裂隙和断层的产状和发育情况，以及其中松软充填物的渗透性、可溶性及其允许渗透比降等。

(3) 工程设计文件。对土石坝，应提供防渗和排水设计或有关说明，坝体纵、横剖面图(含坝体及坝基的材料种类分区及其渗透特性)，防渗体和排水体的型式、细部结构及其与相邻材料的接触过渡关系，设计预计的渗流压力分布、渗流量和各材料的允许渗透比降、浸润

线位置等；对混凝土坝，应提供大坝纵、横向地下轮廓线形状，包括防渗铺盖、防渗灌浆帷幕、排水幕和排水廊道及排水洞室的设置情况和有关技术指标、基础处理设施和建基面上设计扬压力分布图形等。

(4) 施工及验收报告，应提供基础与岸坡的处理及其实际完成情况和质量，防渗工程与排水设施的实际完成情况和质量，以及施工中发现的重大渗流隐患及其处理措施。

8.2 渗流安全评价方法

《导则》对土石坝、混凝土和砌石坝渗流安全分析方法做了规定，要求应在现场安全检查基础上，根据工程地质勘察、渗流监测、安全检测等资料，综合监测资料分析与渗流计算对大坝渗流安全进行评价。对有渗流监测资料的大坝，首先应进行监测资料分析；对运行中暴露的异常渗流现象应作重点分析；对设有穿坝建筑物的土石坝，还应重点分析穿坝建筑物与坝体之间的接触渗透稳定是否满足要求。对超高坝、新型材料坝及渗流性态复杂的大坝，必要时应补充安全检测和原体监测，通过专题研究论证，对大坝渗流安全作出评价。

《导则》第 8 章推荐了大坝渗流安全评价的主要方法，即现场检查法、监测资料分析法、计算分析法和经验类比法，宜综合使用。鉴于目前渗流计算分析方法在相关文献或资料中介绍得非常全面，理论非常充分，这里仅对其作简要介绍，此处重点对现场检查法、监测资料分析法和经验类比法进行介绍。

8.2.1 现场检查法

通过日常巡视检查及时发现渗流异常现象是最直观和有效的渗流安全评价手段。对缺少监测设施的小型水库，尤其应重视现场检查工作。当工程存在以下现象时，可初步认为大坝渗流性态不安全或存在严重渗流安全隐患，并进一步分析论证：

(1) 通过坝基、坝体及两坝端岸坡的渗流量在相同条件下不断增大；渗漏水出现浑浊或可疑物质；出水位置升高或移动等。

(2) 土石坝上游坝坡塌陷、下游坝坡散浸，且湿软范围不断扩大；坝趾区冒水翻砂、松软隆起或塌陷；库内出现漩涡漏水、铺盖产生严重塌坑或裂缝。

(3) 坝体与两坝端岸坡、输水涵管(洞)等结合部漏水，附近坝面塌陷，渗水浑浊。

(4) 渗流压力和渗流量同时增大，或者突然改变其与库水位的既往关系，在相同条件下显著增大。

该方法仅是全面定量评价前的先导性工作，是感性认识阶段。主要适用于资料不足的中小型工程，很难对工程质量作出全面评价。然而在一般情况下，不管是土石坝还是混凝土坝，上述现象多为大坝渗流事故的前兆，故应以此为线索，迅速开展进一步的定性、定量分析，找出原因，采取对策。在未得定论之前，应控制运行，确保安全。

分析历次巡视检查资料，通过大坝外观异常现象及其部位、变化规律和发展趋势，定性判断与工程安危的可能联系。

大坝巡视检查是安全监测的重要组成部分，巡视检查资料一定程度上反映了工程的整体运行状态，是工程安全分析评价的重要依据。

巡视检查包括坝体、近坝库岸、泄输水建筑物及其附属设备的巡视检查，其中与渗漏安全有关的重点在坝体和泄输水建筑物方面。与工程渗流有关的巡视检查评价内容主要包括：坝体裂缝、塌陷、隆起、渗漏、排水、水温与水质、管涌、散浸、沼泽化、侵蚀、冲刷、生物危害等，泄、输水建筑物的裂缝、错动、渗漏、排水、管涌、湿斑等。土石坝现场巡视检查指标概念框架见图 8.2-1。

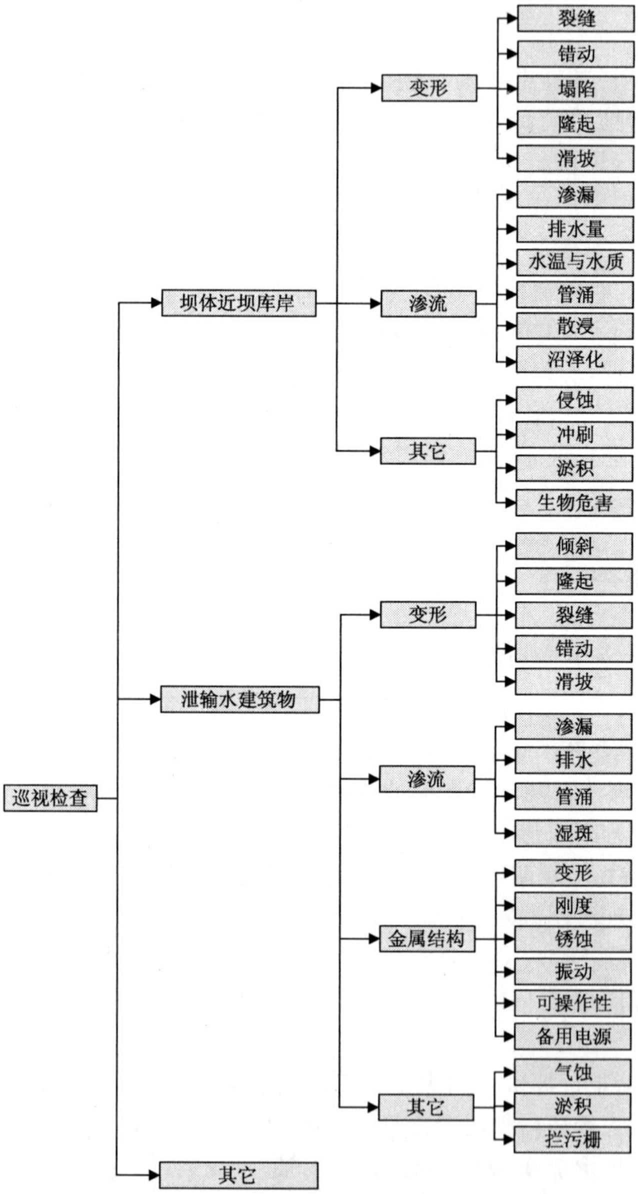

图 8.2-1　土石坝现场巡视检查指标概念框架

当巡视检查发现工程渗流缺陷或削弱工程渗流安全事件时，应对工程渗流缺陷或削弱工程渗流安全的事件进行及时的定性分析。对工程渗流缺陷，应详细记录检查时的工程运用条件，包括日期、库水位及其近期变化、天气、其他情况（施工、爆破、人为破坏）；并对渗流缺陷特征如位置、范围、状态进行详细描述（包括桩号、轴距、高程、面积、深度等）、拍照或摄像。对工程渗流安全不利的管理环节，应指出可能导致的后果，提出相应的改进措施。

巡视检查资料反映的工程严重程度，可采用大坝风险管理方法中的FMECA法进行分析评估，正确估计运行状态。分析时，应依据存在现象，分析发现可能的原因，分析潜在的影响，在此基础上进行短期的可预见分析和严重程度评价。当存在损坏或破坏迹象，但不妨碍设施的主要功能、不危及生命财产时，为"轻微"；当破坏可能恶化而损坏设施，造成生命财产威胁时，为"严重"；当破坏可能危及工程安全、威胁生命财产时，应为"非常严重"，此类破坏一旦出现应马上排除。巡视检查中发现的部分与渗流安全有关的可能事故汇编参见表8.2-1。

8.2.2 监测资料分析法

大坝渗流安全监测资料分析的目的是通过对水位、气温、降水量等环境量与渗流压力、渗流量、扬压力等效应量监测资料的分析，评估大坝渗流安全性态是否正常或发生转异。考虑到渗流滞后效应，应尽量选取出现机遇最多且持续时间又较长的库水位对应的渗流监测资料进行分析，土石坝应以能否形成稳定渗流场为原则。

本章把监测资料分析法作为渗流安全评价的首选方法，是因工程自身就是个1∶1的实验模型，监测资料是反映工程现实表现的重要依据。该法对已建坝尤为重要和必不可少，必要时还应做补充观测。

大坝渗流安全监测资料分析内容包括渗流监测系统完备性评价、渗流监测资料可靠性分析、渗流监测资料正反分析和大坝渗流安全性态评估。

8.2.2.1 监测资料分析思路

利用观测资料分析的基础是认为测点变化代表了测点部位建筑物的变化。经验模型分析主要利用工程经验，对监测资料进行分析，包括对单测点物理量变化速率分析，空间临近测点间的联合分析（如同断面测点间的联合分析）等内容。大坝渗流安全监测资料分析思路总体可分为针对渗流压力（扬压力）和渗流量两大类。

根据《导则》规定，大坝渗流安全评价方法是通过分析渗流压力和渗流量与库水位之间的相关关系，判断大坝渗流性态是否正常；同时，通过渗流压力和渗流量实测值或数学模型推算值与设计、试验或规范给定的允许值相比较，判断大坝渗流安危程度。以下为几种分析和评价途径：

（1）测点测值变化速率分析。根据统计模型，确定相应的滞后时间，当相应时段内的测点变化速率超过库水位变化速率或历史最大变化速率时，则认为测点部位存在异常渗流变化。

（2）渗透稳定性分析评价。渗流压力是渗流场的两大要素之一，也是对建筑物的一种破坏性荷载。《导则》要求，先根据观测资料复核工程有关部位实际（包括推算至未来高水位情况）的渗透比降J；然后与其允许值$[J]$相比较，并结合工程的具体特点（如反滤层的设

表 8.2-1　巡视检查中发现的可能与渗流安全有关的事故汇编表

序号	部位	缺陷	现象	可能原因	潜在影响	严重程度赋分		
						轻微	严重	非常严重
						4～6	6～8	8～10
1	坝顶	横向裂缝	坝顶路面和防浪墙裂缝；路面的隆起与下陷；防浪墙倾斜；观测量分析后发现	不均匀沉降；坝基轮廓线突变；地震	坝体开裂；渗漏量增加；大坝决口		*	如果裂缝深度延伸至库水位以下
2		纵向裂缝	坝顶路面和防浪墙裂缝；路面的隆起与下陷；防浪墙倾斜；观测量分析发现	库水位快速降落；坝壳与心墙存在不均匀变形	坝体产生裂缝；滑坡；渗漏量增加		*	裂缝贯穿至库水位以下或裂缝延伸至心墙
3		坝体土料流失	沉降和渗漏突然增加；出现渗水坑，渗水浑浊	坝体内部冲蚀或坝基管涌；溶蚀性地基内有渗水坑	冲蚀不断发展；大坝决口失事			*
4	上游面	填筑料流失及坝体漏水过大	库水面冒泡或有漩涡；库水位的意外下降；有渗水坑	坝体或坝基内部冲蚀管涌；混凝土或沥青内部产生大裂缝；渗水混浊	渗漏增加；坝体材料的管涌或冲蚀；溃坝			*
5		裂缝	纵、横向裂缝由观测发现	不均匀沉降；坝基轮廓线突变；地震；心墙干缩；库水位快速降落；坝壳与心墙存在不均匀变形	坝体开裂；渗漏量增加；大坝决口		*	如果裂缝深度延伸至库水位以下或裂缝贯穿至库水位以下或裂缝延伸至心墙
6		混凝土面板损坏	面板裂缝，接缝拉开，止水片损坏，面板倾斜	坝体不均匀沉降；冻融破坏	大坝渗漏导致水量损失；坝体材料受冲蚀；土坝溃决		对于堆石坝	对于土坝

续表

序号	部位	缺陷	现象	可能原因	潜在影响	严重程度赋分		
						轻微	严重	非常严重
						4～6	6～8	8～10
7	下游面与坝址	坝体渗漏过多	从排水管渗水过多或增大；渗水混浊变色，渗水坑	沿坝体裂缝有集中渗流；坝体内部的冲蚀	坝体内部的冲蚀和渗漏逐步发展；坝体可能失事			*
8		湿斑软化区域；茂密的新生长的植被区域	绕过内部排水体沿透水层或沿基岩接触面的渗漏	下游坝坡的浸润线过高，可能导致坝坡失稳			*	如果存在软化区域
9		冒水	出逸坡降过高	坝内冲蚀逐步发展；溃坝				如果有锥形孔形成
10		渗水温度有变化	坝内排水方式改变	形成新的渗透途径			如果渗水温度变化不是由于环境温度变化引起	
11		从动物洞穴或树根渗流	由于有机材料的溶解形成渗水通道；沿动物洞穴形成渗漏	渗漏过大、以致坝体安全度逐渐降低			*	
12		横向或纵向裂缝	观测发现	坝体或坝基不均匀沉降	坝体开裂；渗漏量增加；大坝决口			*
13	坝基	沉降过大	观测发现；路面沉降；设施破坏	地震；坝体自重；坝基土层固结；局部沉降	超高减少		*	
				坝基土料沿集中渗漏通道受冲蚀；基础可溶性物质溶解	不断溶蚀或冲蚀；坝体断面减小			*

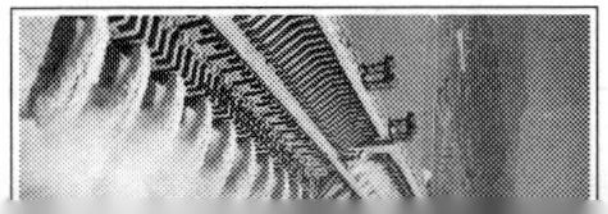

续表

序号	部位	缺陷	现象	可能原因	潜在影响	严重程度赋分		
						轻微	严重	非常严重
						4～6	6～8	8～10
14	坝基	不均匀沉降	坝顶路面和防浪墙裂缝；路面的隆起与下陷；防浪墙倾斜；观测量分析后发现	不均匀沉降；坝基轮廓线突变；地震	坝体开裂；渗漏量增加；大坝决口		*	如果裂缝深度延伸至库水位以下
15		渗流过大	观测发现；渗水混浊	发生内部冲蚀；可溶性物质析出；帷幕灌浆损坏等	坝体不均匀沉降、裂缝、管涌；溃坝			*
16	引水渠	渠道边坡不稳定	局部滑动或裂缝	不良地质条件，渗流，地震	视滑坡方量是否导致溢洪道堵塞	*		假如溢洪道有堵塞或破坏的危险
17	控制段护坦	通过接缝、裂缝渗流	溢洪道不运用时可见水流或湿点	高地下水位；水库渗流	护坦底板抬起或破坏		假如渗流量超过 10 加仑①/min，且有压力	
18	挑流鼻坎	下游底部冲刷或基础位移	底板和边墙接缝张开，边墙倾斜，鼻坎建筑物中廊道渗漏	跌水池水流和水位波动对底部冲刷；不均匀基础沉降	鼻坎破坏，溢洪道不能使用	*	接缝张开大于 5 mm	接缝张开大于 12 mm；止水损坏；边墙倾斜大于 10 度
19	混凝土输水管或浆砌石涵管	管道裂缝和接头张开漏水	表面漏水或从覆盖层漏水	不均匀沉降；侧向位移导致接头张开	坝体内部淘刷；管道破坏；坝体细料或周围填料管涌	*	当漏水至土石坝体	
20		沿管道周围渗漏	出口附近周围存在湿点	管道周围防渗不当；回填不密实	坝体内部淘刷；周围回填料管涌	*	土石坝漏水大于 19 L/min	土石坝漏水大于 38 L/min 和管涌现象

① “加仑”为容(体)积单位，1 加仑(美)≈3.785 升(L)。

续表

序号	部位	缺陷	现象	可能原因	潜在影响	严重程度赋分		
						轻微	严重	非常严重
						4～6	6～8	8～10
21	输水钢管	钢板锈蚀	生锈或锈斑；从周围填土或河泥土漏水	水中存在化学物质；钢板不良；电解	大坝或周围的填土料破坏	*	土石坝漏水大于19 L/min	土石坝漏水大于38 L/min和管涌现象
22		接头漏水	漏水渗入周围填土	焊缝开裂；接头损坏；老球阀衔头衬垫破坏	大坝或周围的填土料破坏	*	土石坝漏水大于19 L/min	土石坝漏水大于38 L/min和管涌现象
23	闸门	漏水	关闭状态闸门漏水	止水损坏、止水面侵蚀、门架变形、闸门未对准	止水面侵蚀、冻融破坏、钢材季度锈蚀	止水渗漏小于12.4 L/(min·m)	止水渗漏大于12.4 L/(min·m)	

注："*"表示没有定量赋分标准，专家可根据缺陷表现进行赋分。

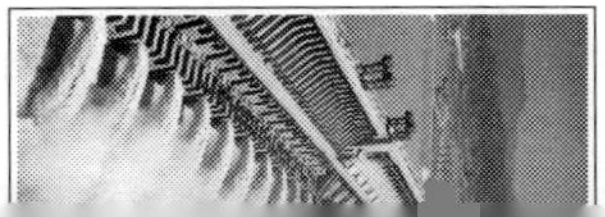

计、施工情况等）和运行表现等做全面论证。若渗流压力和渗流量在相同原因量作用下保持稳定或随时间变小时，可判定现状渗流状态安全。

1）防渗墙、坝体、坝基、绕坝及渗流出口平均渗透比降 J 的计算通式为：

$$J=(H/L)\leqslant[J] \tag{8.2-1}$$

式中：J 为被复核对象（如坝脚覆盖层、心墙、截水槽等）实际承受的渗流比降；H 为被复核对象所承担的渗流水头或其上、下游测点的水位差（缺少观测点者应补设，并为以后起监视作用）；L 为被复核部位的渗径长度或其上下游测点间的距离（如铺盖厚度、截水槽宽度等）；$[J]$为被复核对象的允许渗透比降。

"现状"渗流所对应的库水位，是指自运行以来出现机遇最多且持续时间又较长的库水位。

2）复核对象的允许渗透比降$[J]$是临界水力比降 J_{cr}与索取安全系数 K 的比值，一般应由原设计或地勘部门根据专项试验、计算提供。否则，对大型和重要工程需由补充勘探、试验确定；对一般中小工程可结合具体情况采用规范标准或经验数据。

《水工设计手册》（第 2 版第 1 卷，2011 年）给出了流土和管涌的水力坡降的计算方法。流土型土的允许渗透坡降按下式计算：

$$J_c=(G_s-1)(1-n)/K \tag{8.2-2}$$

式中：G_s 为土粒比重；n 为土的孔隙率；K 为安全系数，一般取 1.5～2.0。

管涌型土的水力比降计算公式为：

$$I_{cr}=\frac{42d_3}{\sqrt{\frac{k}{n^3}}} \tag{8.2-3}$$

式中，d_3为占总土质量 3%的土粒粒径；n 为土的孔隙率；k 为土的渗透系数。

本条以允许渗透比降$[J]$作渗流安全评价标准系在通常情况下而言。若实际上工程在 $J\leqslant[J]$的情况下已经出事或在 $J>[J]$的情况下仍安然无恙，则表明原允许渗透比降$[J]$的确定不符合实际情况，故提出还需结合工程具体特点和运行表现等做全面论证，重新修订土体的允许渗透比降。当工程存在以下现象：渗流量在相同条件下不不断增大；渗漏水出现浑浊或可疑物质；上游坝坡塌陷，下游坝坡散浸；坝趾区冒水翻砂；铺盖产生严重塌陷或裂缝；结合部漏水，坝面塌陷；渗流压力和渗流量同时增大等，就表明渗流场介质在工程当前运行条件下所承受的渗透力已超过或达到其极限平衡状态。这时需根据实测数据计算出它的实际破坏比降 $J_{破坏}$，再对此值考虑一定的安全系数后作为实际上的允许控制指标$[J]_{新允}$，取代原设计的允许值，重新对大坝的渗流现状进行复核，以及采取运行控制或补救措施。

3）未来高库水位情况下渗流场的推算，可视具体条件分别选用统计模型法、反演模型法、计算分析（或模型试验）法等。

此处"高库水位渗流"所对应的库水位是指实际运行中尚未达到的水库设计的特征水位，如正常蓄水位、设计洪水位、校核洪水位等。对土石坝而言，考虑到渗流有滞后性，在渗流安全复核时取何级水位为宜，应以能否形成稳定渗流场为原则。假如水库的校核洪水位停留的时间很短，则渗流安全复核可以正常蓄水位为基本组合，设计洪水位作校核条件。

对未来高水位情况下的渗流安全评价，首先需根据实测资料通过各种方法推算出未来相应运行条件下的稳定渗流场的渗流压力（水头 H）预测值，然后再按式（8.2-1）和上述方法逐一复核各部位的渗流稳定性。高库水位时渗流压力的预测方法可视具体条件选用：

① 统计性模型法。适用于有足够原体观测数据的情况。具体做法是通过统计模型公式或相关关系图表建立现状条件下稳定渗流场的渗流压力或渗流量与原因量（如库水位、降水等）之间的定量关系，再据此关系作延伸推算，即得未来高水位运行条件下的渗流压力预测值。但用作高差较大的延伸预报时应予慎重，因统计模型或相关关系图是根据历史显现值建立的，未考虑到未来因素的随机性。

② 反演模型法。有条件者可利用工程原因量与效应量之间的物理力学关系建立数学计算模型，并用实测资料进行反演校正，建立该工程专用的确定性模型，再对该模型施加未来的原因量便可计算出相应运行条件下的效应量预测值。目前最常用的反演模型法，是基于变分原理的渗流有限元数值计算法。出于同样原因，确定性预报模型也需随以后水位升高不断作反演校正才更为可靠。

4）下游坝坡渗出点稳定分析

渗出点渗透坡降按下式计算：

$$J = \sin\beta = 1/\sqrt{1+m_2^2} \tag{8.2-4}$$

式中：β 为下游坡角；m_2 为下游出逸所在坝坡坡比。

相应坝坡临界渗透坡降按下式计算：

$$J_c = [\gamma'_1(\tan\phi - \tan\beta)\cos\beta]/\gamma_w + 0.1c/\gamma_w \tag{8.2-5}$$

式中：γ_w 为水的容重，取 $\gamma_w = 10\ \mathrm{kN/m^3}$；$\beta$ 为下游坡角；γ'_1 为土的浮容重；c 为出口段坝体填土的黏聚力；ϕ 为土的内摩擦角。

（3）位势（或扬压力分布系数）分析。位势按下式计算

$$\varphi_i(\%) = \frac{h_i - H_2}{H_1 - H_2} \times 100\% \tag{8.2-6}$$

式中：h_i 为测点 i 的渗流压力或混凝土基础扬压力；H_1、H_2 分别为上、下游水位。

（4）渗流量的分析评价。众所周知，渗流量是渗流场的另一基本要素，也是反映工程渗流安全问题最为敏感的因素。但《导则》要求，渗流量分析应着重研究其当前观测值与历史实测值的相对变化、渗漏水的水质和携出物含量及其与库水相比的变化情况，再结合渗流压力分析，综合评价大坝的渗流安全。若在相同库水位下渗流量和渗流压力同时增大，携出物增多，则表示渗流状况向不利安全方向发展。

需要说明的是：渗流量的评价应着重分析流量的当前实测值与其历史实测值的相对变化情况，是因为设计参数和边界条件往往与实际情况存在较大差异，实际施工的防渗体的防渗能力也不相同，因而渗流量的绝对值也就各不相同，更无严格的评判标准，故在渗流安全评价中应着重其相对量的变化。分析方法一般是绘制化引流量（q_r）过程线或特定库水位的渗流量过程线。切忌把实测绝对值的大小作为安全评价的唯一判别标准。当然，从水资源考虑的效益评价则另当别论。这里的化引流量 q_r 为：

$$q_r = Q_T/(H_1 - H_2) \tag{8.2-7}$$

意即单位作用水头下的渗流量；其中：Q_T 为实测标准温度下的渗流量，H_1、H_2 分别为水库的上、下游水位。

同理，对渗流量的预测，也可以采用上述渗流压力预测所采取的统计模型法和反演模型法，这里不再赘述。

（5）渗流资料选择与处理原则。施工质量缺陷、不同建筑物接合面、坝肩结合部以及运行中出现异常现象等部位附近的监测资料应作为分析的重点；对因除险加固工程建设或监测系统更新改造造成监测资料不连续的，应分阶段进行分析，并注意前后系列资料之间的对比。

8.2.2.2　监测资料分析方法

水库大坝渗流安全监测资料分析方法具体见《导则》第 4 章“安全监测资料分析”、《土石坝安全监测技术规范》（SL 551）和《混凝土坝安全监测技术规范》（SL 601）（浆砌石坝可参照），还可参考本书参考文献中的有关专著。

大坝渗流安全监测资料分析是在监测系统完备性评价和监测资料可靠性分析基础上，采用作图法、特征值统计法、数学模型法，对大坝渗流安全监测资料进行正反分析，为大坝安全性态初步评估提供基础。

大坝渗流安全监测资料分析主要包括下列工作：

（1）渗流监测系统完备性评价

监测系统资料的影响因素，包括系统问题（观测仪器、干扰）、工程问题（局部、整体）。大坝系统作为一个动态系统，其行为特征受水位、降雨、温度等因变量影响较明显，结构物本身的物理力学变化、监测系统变化等都会直接影响监测量值。因而产生的观测异常值可能包含系统不同以往的变化规律，也可能是监测系统本身的问题所致。

渗流监测系统完备性评价应包括：①渗流监测项目是否满足规范要求，测点布置是否合理；②渗流监测仪器选型是否合适，埋设安装是否满足《大坝安全监测仪器安装标准》（SL 531）及《土石坝安全监测技术规范》（SL 551）或《混凝土坝安全监测技术规范》（SL 601）的相关规定；③是否建立监测数据信息管理系统，系统功能是否完备，自动监测系统运行是否稳定，平均无故障工作时间和采集数据缺失率是否符合《大坝安全自动监测系统设备基本技术条件》（SL 268）的规定；④渗流监测仪器性能是否稳定或完好，仪器观测精度是否满足设计或规范要求；⑤渗流观测频次是否满足规范要求，监测资料是否按规范要求及时整编分析。

（2）渗流监测资料可靠性分析与异常数据处理

观测数据异常往往由多种因素导致，包括系统误差、仪器老化、大坝行为异常、外界干扰等。对异常数据的正确认识是正确判断大坝运行性态的前提。由测量仪器性能降低引起的系统误差往往不明显，也不易为人所察觉，而这种影响在自动化观测仪器中表现得尤其明显。检验中不能简单采用单一的判别方法，应同时采用多种方法进行判别；由于监测值异常可能源于误差，也可能是工程安全的真实表现，因此，处理渗流监测资料中的异常值，必须格外谨慎。

渗流监测数据可靠性评价，就是对渗流观测数据检验识别，主要根据测点的测值范围、趋势及与环境变量的相关性对数据粗差、异常值进行检验判别，目前采用的方法主要为以下几种：

① 绘制监测量过程线或其与其他变量的相关线，由人工依据经验或常识进行判别，按照检查监测数据是否符合连续性、一致性、相关性等原则，比较测值与前一次正常测值、相同环境量（如水位、温度等）的前一次正常测值，以检查监测量分布规律的合理性。

② 值域检验法。监测仪器都有一定的量程范围及工作条件，因此可以利用经过检验的历史数值建立数据包络图进行检验。将观测量与环境量构建包络区域，如果本次测值在包络区域内，则认为测值正常，否则为可能异常测值，应进一步检验。

③ 构建统计量或统计模型进行分析。通过构建统计量，利用数学模型进行检验，将测值 y 与前期统计预测值 y' 进行比较，根据一定的置信水平进行统计检验。当样本容量 $n \geqslant 50$ 时，由中心极限定理可用样本标准差 s 来代替母体标准差，利用 $3s$ 检验法或 u 检验法；当样本容量 $n<50$ 时，可采用 t 检验法。

利用模型进行统计检验。设监测量模型为 $y=f(H,T,t)$，模型的中误差为 s，H 为库水位，T 为温度，t 为时效。若 $|y-y|>ks$，则认为测值可能异常，式中系数 k 与置信水平 α 及样本数 n 有关，一般可以取 $k=3$。

简单统计量检验。方法1：选择相同环境条件的测值子集进行判别，当 $|y-y_n|>3s$ 时，则该测值有趋势性变化或可能异常。y_n 为本次测值之前的正常测值，s 为观测中误差。由于这一判别是基于弹性力学理论假设的，对于时变结构，在判别存在可能异常数据之后，还应选用其他方法进一步识别。方法2：基于测值序列连续变化特点，构造简单统计量进行检验。设测值序列 $\{x_1,x_2,\cdots,x_n\}$ 为等距系列，则构建统计量 $d_i=2x_i-(x_{i-1}+x_{i+1})(i=2,3,\cdots,n-1)$，记统计量均值 $\bar{d}=\sum_{i=1}^{n-1}d_i/(n-2)$，标准差 $s_d=\sqrt{\sum_{i=2}^{n-1}(d_i-\bar{d})/(n-3)}$，如果 $|d_i-\bar{d}|>3s_d$，则认为 x_i 可能是异常值。当测值序列为不等间距系列时，可取统计量 $d_i=2v_i-(v_{i-1}+v_{i+1})$ 进行检验，式中 $v_i=(x_i-x_{i-1})/(t_i-t_{i-1})$。

相关统计检验法，利用建筑物测点间的相关性进行检验。假设测点 A、B 的观测值分别为 y_A、y_B，相关关系采用二次多项式，记

$$y_A=a_0+a_1y_B+a_2y_B^2+\varepsilon$$

式中：a_0,a_1,a_2 为拟合系数，ε 为随机误差，s 为回归中误差，$s=\sqrt{\sum\varepsilon_i^2/(n-3)}$。

模型回归效果用复相关系 R 来描述，由置信水平 α 及自由度 $n-3$ 确定可接受的复相关系数值 R_α，当 $R>R_\alpha$ 时，则在置信水平 α 下，方程回归效果显著；当 $y_A-y_A'>ks$ 时，认为测值含有可能异常。

异常数据的处理应谨慎。对实时在线检验出的异常值，应立即进行跟踪测量3～4次。若跟踪测量值恢复到正常范围，则可认为测值异常是由粗差引起，以后续跟踪测值的平均值代替异常测值。当跟踪测量的测值波动很大或测值持续超出允许范围，则应报警、提示人工检查。实时在线处理时，对异常数据应做到不漏报，尽可能做到及时分析并检查原因，对无法排除的异常数值应做进一步分析。具体数据处理时，一般遵循以下原则：①若无充分的技术上的、物理上的说明异常理由的任何异常值，不得进行剔除或修正。②统计上表现高度异常的，应做进一步的技术上的、物理上的分析。③对有充分技术上的、物理上的说明异常理由的异常值，可以进行剔除或修正。④被检出的异常值，被剔除或修正的观测值及其理由，应予记录以备查。

监测资料分析方法主要有以下几种：

（1）作图分析法

主要包括三类图形及相应分析方法，分别为过程线图、相关线图、分布图。作图法根据分析的要求，画出相应的过程线图、相关图、分布图以及综合过程线图（如将上游水位、降水量以及渗流压力和渗流量等画在同一张图上）等。由图可直观地了解和分析监测值的变化大小和其规律，影响监测值的荷载因素和其对监测值的影响程度以及监测值有无异常等。

过程线分析法是通过绘制渗流压力、渗流量、渗流位势等效应量随时间变化的过程线图，分析效应量随时间的变化规律，考察相同运行条件下的变化趋势和稳定性，以判断大坝运行性态有无异常和是否存在向不利安全方向发展的时效作用。

相关线分析法是通过绘制渗流压力、渗流量、渗流位势等效应量随库水位、降雨量、气温等环境量变化的相关线图，分析效应量随环境量等其他变量的变化规律，了解两者之间的变化规律性，判断效应量的影响因素，还可根据测点位置不同进一步判断该测点与库水位的水力联系程度，进而判断该测点处的渗流安全特征。

分布图分析法是分析效应量在空间分布上的情况和特点，判断大坝是否存在异常区或不安全部位。

（2）特征值分析法

分析各效应量的特征值和异常值，并与相同条件下的设计值、试验值、模型预报值以及历年变化范围相比较。当效应量超出警戒值时，应分析原因及对大坝安全的影响。

特征值包括各物理量历年的最大值和最小值（包括出现时间）、变幅、周期、年平均值及年变化趋势等。通过特征值的统计分析，可以看出监测物理量之间在数量变化方面是否具有一致性和合理性。

（3）模型分析法

模型分析对于了解建筑物重要观测部位的变化趋势、分析变化原因、分析运行条件下的安全与预测规律具有重要作用。数学模型分析法通过建立渗流压力、渗流量、扬压力等效应量与库水位、气温、时效等原因量之间的关系，对大坝渗流安全监测资料进行定量分析，分析效应量的主要影响因素及其定量关系和变化规律，以寻求效应量异常的主要原因，考察效应量与原因量相关关系的稳定性，预测效应量的发展趋势，并判断其是否影响大坝安全运行。

观测分析模型较多，传统模型主要包括统计模型、确定性模型、混合模型，当监测资料序列较长时，可采用统计模型，有条件时亦可采用确定性模型或混合模型。目前，大坝安全渗流监测模型仍主要侧重于测点的统计模型分析与相关分析。根据所考虑的因变量数目的不同，又可分为单因子或多因子模型，根据模型效应量与因变量的线性或非线性关系，又可分为线性和非线性模型。在大坝渗流安全监测资料模型分析中，渗流压力、渗流量和扬压力与库水位等相关性模型多采用单因子统计模型，渗流压力、渗流量、扬压力值采用多因子统计模型。鉴于因子间的共线性问题，可采用多因子逐步回归模型或主成分回归模型来避免。

根据监测量的物理成因，仅选择一个主要影响因素进行相关分析，包括线性与非线性拟合模型。下面对常用的单因子分析模型和多因子分析模型作简要介绍：

常采用的大坝渗流压力、渗流量、扬压力与其各影响因素的单因素线性函数形式为：

$$y = a + bx \tag{8.2-8}$$

式中：y 代表监测物理量，如渗流压力、渗流量、扬压力等；x 代表引起 y 变化的影响因素（环境量），如上游水位 H_1、下游水位 H_2 或上下游水位差（$H_1 - H_2$）、降雨量 J、气温 T、时间 t 等，也可以是相邻监测物理量；a、b 为拟合参数。

常采用的大坝渗流压力、渗流量、扬压力与其各影响因素的单因素非线性函数形式为：

$$h(Q) = a + \sum_{k=1}^{p_1} b_i(\Delta H_i)^k + \sum_{k=1}^{p_2} c_i(\Delta H_i/\Delta t)^k \tag{8.2-9}$$

式中：h 为渗流压力或扬压力；Q 为渗流量；H_i 为上游水位；ΔH_i 为上、下游水位差；p_1、p_2 为因变量指数，一般取 p_1、$p_2 \leqslant 3$；其他参数同上。渗流量分析时，应将不同温度下的渗流量换算成标准温度 10℃时的渗流量 $Q_{10} \approx Q_t/(0.67 + 0.033T)$，$T$ 为实测水温，Q_t 为实测渗漏量。

根据监测量的物理成因，选择多个影响因素进行相关分析。函数形式如下：

$$y = \beta_0 + \beta_1 x_{1t} + \beta_2 x_{2t} + \cdots + \beta_n x_{nt} \tag{8.2-10}$$

式中：y 代表某一监测量，如渗流压力、渗流量、扬压力等；x_{it}（$i=1,2,\cdots,n$）代表引起 y 变化的环境量因子，如上游水位、下游水位、降雨量、温度、时间及因子的函数组合等，选择因子时，还应考虑因子效应的滞后影响；β_t（$i=0,2,\cdots,n$）为模型的待定系数。常用的函数形式如下：

$$\begin{aligned} y &= \delta_H + \delta_T + \delta_t \\ &= \beta_0 + \sum_{i=1}^{3}\beta_{1i}H^i + \sum_{i=1}^{m_1}\beta_{2i}\overline{H}_i + \sum_{i=1}^{m_2}\beta_{3i}T_i + \sum_{i=1}^{m_3}\left(\beta_{4i}\cos\frac{2\pi it}{365} + \beta_{5i}\sin\frac{2\pi it}{365}\right) \\ &\quad + \beta_{6t}t + \beta_{7i}\ln(1+t) \end{aligned} \tag{8.2-11}$$

式中：H 为上游水位或上下游水位差；$\overline{H}$为前 m_1 天的上游水位或上、下游水位差；T_i 为气温，对气温的周期性影响采用周期项函数确定；t 为时效因子。对土石坝，可仅在高寒地区考虑温度效应的影响。

8.2.2.3 监测资料分析结论

根据《导则》规定，需根据大坝渗流安全监测资料分析，在以下方面提出结论：

(1) 大坝渗流场是否稳定，土石坝的浸润线（面）及混凝土坝的坝基扬压力是否正常。在此基础上，综合评价大坝渗流安全性态。

(2) 巡视检查或渗流监测资料应反映大坝安全性态异常的部位、性质、特征和出现的时间、运行条件，以及异常情况的处理情况与效果。

(3) 根据渗流监测工作中存在的问题，对渗流监测设备、方法、测次等提出改进意见。

(4) 根据渗流监测资料分析结果，指出可能影响大坝渗流安全的潜在隐患与原因，并针对性地提出改善大坝运行管理、维修养护或除险加固的建议。

以上渗流监测资料分析结果是大坝渗流安全评价的重要基础。通过大坝渗流安全监测

资料分析，可以从整体上对大坝渗流安全性态是否正常作出初步评估。大坝是否渗流安全，最终还要结合大坝结构变形、水质等观测资料分析结果，以及大坝渗流安全、结构安全、抗震安全计算复核等，综合确定。

8.2.3 计算分析法

当缺少监测资料时，《导则》要求，应根据工程的具体情况、地质结构和有关渗透参数用设计计算分析法或模型试验法以及经验类比法判断大坝渗流的安危程度。具体方法可参考本书参考文献中的有关规范及专著。但需指出的是：对已建坝，应首先计算（或试验）现状条件下的组次，并要求其计算（或试验）结果与实际运行情况相符或接近，或者有合理解释；否则推算结论也将失去实用价值。

计算分析法是常用的大坝渗流安全分析法，一般思路是：通过理论方法或数值模型计算大坝的渗流量、水头、渗流压力、渗透坡降等水力要素及其分布，绘制流网图，评判防渗体的防渗效果，以及关键部位渗透坡降是否小于允许渗透坡降，浸润线（面）是否低于设计值，渗流出逸点高程是否在贴坡反滤保护范围内。

渗流计算方法可分为水力学法、流体力学法、水力学-流体力学法、有限元法、流网法和电拟模型试验法等，其中，比较常用的是水力学法和渗流有限单元法。计算分析法中采用的渗流参数应依据地勘资料和一般工程经验综合选取。当有渗流监测资料时，应通过反演分析确定渗流参数。通过反演分析对渗流参数进行调整时，应同时依据渗流量和渗流压力两方面的监测资料。同样，确定性预报模型也需随以后水位升高不断作反演校正才更为可靠。

鉴于目前渗流计算分析方法在相关文献或资料中介绍得非常全面，以下仅作简要介绍。

大坝渗流水力学计算方法的理论基础是拉普拉斯方程（渗流基本微分方程），即：

$$k_x \frac{\partial^2 h}{\partial x^2} + k_y \frac{\partial^2 h}{\partial y^2} + k_z \frac{\partial^2 h}{\partial z^2} = 0 \tag{8.2-12}$$

渗流场为均质各向同性时，式（8.2-12）变为

$$\frac{\partial^2 h}{\partial x^2} + \frac{\partial^2 h}{\partial y^2} + \frac{\partial^2 h}{\partial z^2} = 0 \tag{8.2-13}$$

式中：k_x、k_y、k_z 分别为 x、y、z 方向上的渗透系数；h 为水头。

渗流计算分析就是求解拉普拉斯方程，可用等势线和流线表示。

渗流有限元计算也是以拉普拉斯方程为理论依据，首先对渗流场进行网格剖分，将渗流场划分为有限个小区域（单元），然后形成单元渗流矩阵和整体平衡方程，通过求解方程即可获得渗流有限元计算结果。目前，已有很多大坝渗流有限元计算的软件可供利用，比如ADINA、SEEPAGE、Geostudio 等。

另外，《碾压式土石坝设计规范》（SL 274）详细规定了大坝渗流计算应该包括的内容，这里不再赘述。

需要补充的是，大坝渗流安全现场检查法和监测资料分析法揭示和反映的是大坝现状渗流性态，一般不能准确预测未来高水位情况下的渗流安全性，但可以通过现状反演较为真

实的渗流参数和渗流边界条件，再通过计算分析法预测设计和校核运用工况下的大坝渗流安全性。因此，三种方法应配合使用，尤其是计算分析法不能脱离工程实际。

8.2.4 经验类比法

这是不具备前述所需资料时，《导则》推荐的一种补救办法，即：必要时应补做一定的勘探、试验和原体观测，进行专题研究论证，对大坝的渗流安全做出评价。对中小型水库，当缺少监测资料和渗透试验参数时，可根据工程具体情况、坝体结构与工程地质条件，依据工程经验或与类似工程对比，判断大坝渗流安全性。

8.3 土石坝渗流安全评价

8.3.1 土石坝渗流表现

8.3.1.1 土石坝渗流病害特征

土石坝是用松散的土、砂、石料及其混合料填筑而成，由于水库蓄水形成上下游水头差，必然在坝体和坝基中形成自上游向下游的渗透水流，并产生渗透变形控制问题。土石坝坝型多样，各类坝型渗流特点各异，按照防渗体的类型，碾压式土石坝可分为均质坝、土质防渗体分区坝及非土质防渗体分区坝 3 种基本形式。根据土石坝特点及我国土石坝的病害情况，将土石坝的渗流病害分成以下几类：

(1) 坝基渗漏。由于施工时大坝清基不彻底，坝基坐落在透水性较强的覆盖层上，或者坐落在裂隙发育、透水性较大、未进行防渗处理或处理不完善的基岩上，致使大坝下游坝脚或大坝下游渗漏，或者均质坝下游坝坡出现渗漏。

(2) 坝肩渗漏。由于施工时坝肩裂隙发育、透水性较大的基岩未进行防渗处理或处理不完善，致使两岸坝坡与岸坡接合处下游出现渗漏。

(3) 坝体及防渗体渗漏。由于施工时防渗体或坝体填筑质量差，压实度及渗透性不满足规范要求；或者大坝变形较大，引起防渗体开裂；或者铺盖等防渗体的设计长度、厚度不够；或者防渗体无反滤保护或保护不合要求等。致使大坝下游坝脚或坝坡出现渗漏，有些渗漏随时间增长渗漏量增大，或高水位时渗出浑水。

(4) 下游排水体及反滤料淤堵。由于下游排水体及反滤料淤堵，造成坝体浸润线抬高，局部位势集中，渗流比降增大，致使下游坝坡出现渗漏。

(5) 坝下涵管渗漏。由于涵管漏水，甚至渗浑水，致使涵管处上、下游坝坡局部出现塌陷。

(6) 防渗体与刚性建筑物接触渗漏。由于防渗体与刚性建筑物不均匀变形，其接触面产生接触渗漏，致使大坝上游或下游坝坡局部出现塌陷。

(7) 动物危害。由于白蚁、蛇、鼠等动物在大坝浸润线以上及水位变化区建巢打洞，形成渗流通道，危及大坝安全。

（8）岩溶渗漏。由于水库周边及库底岩溶未进行防渗处理或处理不完善，致使大坝出现岩溶渗漏，造成大坝上游或下游坝坡出现塌陷；或水库存水困难。

（9）侵蚀性危害。由于坝基存在可溶成分，地下水侵蚀作用使坝基透水性增大，并产生渗漏。

从渗流破坏模式角度看，无黏性土和黏性土的渗透变形特性显著不同。无黏性土是指粗粒土，包括细砂、粗砂和砂砾石混合料，黏性土是指小于 0.075 mm 的颗粒含量占 75%以上的细粒土，又可分为正常黏性土和分散性黏性土。

无黏性土的渗透变形型式有流土、管涌、接触流失和接触冲刷四种类型，流土和管涌主要出现在均质的土层中，接触流失和接触冲刷主要出现在多层地基或水工建筑物的反滤层中；黏性土的渗透变形主要是流土，对于分散性土，也会出现管涌破坏的问题。当渗流方向向下时，黏性土的渗透变形型式主要是接触流土，常表现为土体表面向下剥蚀的形式，又称剥蚀。对于土石坝的防渗体，往往产生上下游贯通的呈水平向的坝体裂隙，当水库蓄水后容易产生裂隙冲蚀问题。

（1）管涌。坝体或坝基中的无黏性土细颗粒被渗透水流带走并逐步形成渗流通道的现象称为管涌，多发生在坝的下游坡或闸坝下游地基面渗流逸出处。黏性土因颗粒之间存在黏聚力且渗透系数较小，所以一般不易发生管涌破坏，而在缺乏中间粒径的非黏性土中极易发生。管涌示意图见图 8.3-1。

（2）流土。在渗流作用下，产生的土体浮动或流失现象称为流土。发生流土时土体表面发生隆起、断裂或剥落，主要发生在黏性土及均匀非黏性土体的渗流出口处。流土示意图见图 8.3-2。

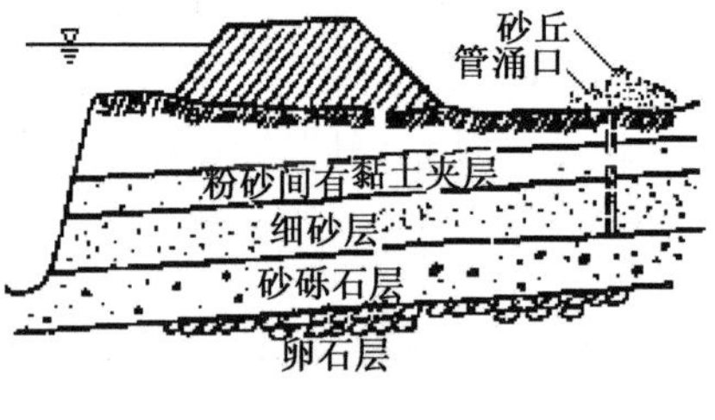

图 8.3-1 管涌示意图

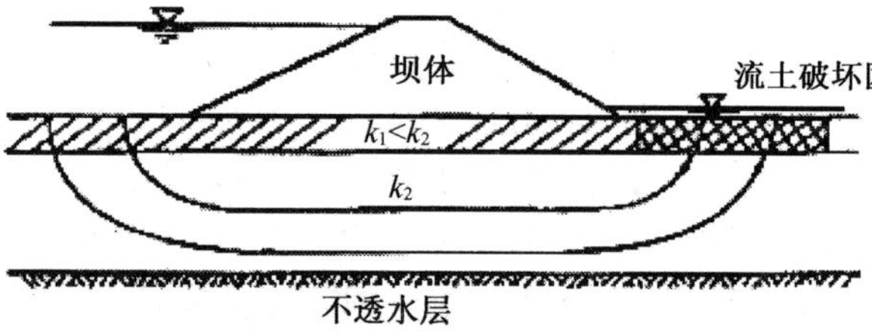

图 8.3-2 流土示意图

（3）接触冲刷。当渗流沿着两种不同土层的接触面流动时，沿层面带走细颗粒的现象称为接触冲刷。接触冲刷示意图见图 8.3-3。

图 8.3-3 接触冲刷示意图

（4）接触流失。当渗流垂直于渗透系数相差较大的两相邻土层的接触面流动时，把渗透系数较小土层中的细颗粒带入渗透系数较大的另一土层中的现象，称为接触流失。接触流失示意图见图 8.3-4。

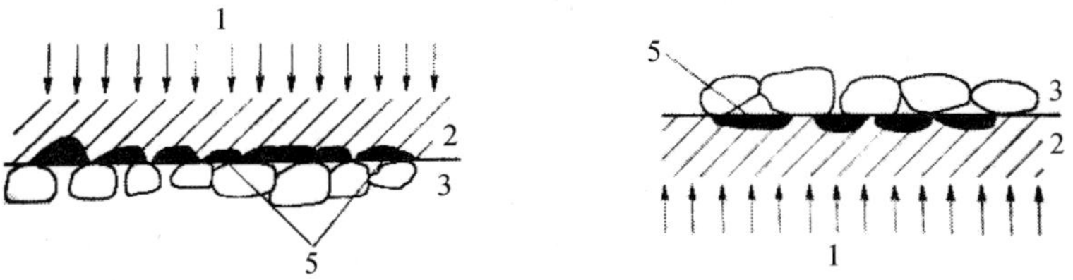

图 8.3-4　接触流失示意图

8.3.1.2　土石坝渗流溃决特征

渗流破坏是土石坝中最常见的病险症状之一，不管是什么原因引起的渗流破坏，导致大坝溃决，总是表现为集中渗流，发展成为管涌、流土，冲刷周边通道不断坍塌、扩大，管涌无法控制而最终溃坝。管涌的部位可以在坝体、坝基、坝体和岸坡结合部或者坝下埋管和坝体接合部。另外一种是异常渗流导致坝体浸润线抬高，坝后大面积散浸，使得下游坝体稳定性下降而导致滑坡，引起坝顶高程不足，库水漫溢而溃坝。不管是哪种渗流破坏形式引起的溃坝，在已溃坝的实例中都可以找到。

据国内统计，对 241 座大型水库发生的 1 000 多次事故分析，由于渗透破坏而造成事故的，占总事故数的 32%；对 2 391 座水库失事案例分析，由于上述原因而造成溃坝的占 29%。从以上两个方面统计分析说明，土石坝由于渗流破坏而造成事故或溃坝的占 30%左右。据世界各国统计，如美国对 206 座土石坝失事事故进行分析，由于渗流破坏而造成失事的占 39%；日本由于这一原因而造成失事的占 44%。这两个国家的统计分析说明，土石坝由于渗流破坏发生事故或溃坝的占总数的 30%～40%，有的还超过 40%。由此可见，渗流安全评价对土石坝安全的重要性。

渗流破坏引起的溃坝和漫顶不同，不但在洪水期可以发生，在非洪水期也可能发生，即所谓的“晴天垮坝”。由于洪水期水位高，渗流坡降大，发生集中渗流破坏的概率比晴天的概率大得多。四川江北龙井沟水库，小(1)型，库容 190×104 m^3，1974 年 3 月 18 日由于坝体质量差发生集中渗流而晴天溃坝。

四川凉山州会理县大路沟水库由于连续降雨，库水位上涨，2001 年 10 月 3 日 9 时 10 分，在大坝外坝坡中部距坝顶约三分之一坝高处，突然发现坡面杂草发生异动，紧接着听见水流声音，外坝坡局部隆起，大量泥沙涌出，大坝中部开始溃决，从发现异常至大坝全部溃决历时仅 10 余分钟。主要原因包括白蚁建巢，坝体内形成漏水通道；工程质量差；连续降雨，库水位上涨快；管理人员未能及时发现。

贵州威宁县长海小(2)型水库，总库容 41×104 m^3，大坝坝体选料不当，施工夯实差，反滤设施偏小偏低，导致坝体浸润线高，背水坡出现大面积渗流，并引起滑坡，于 1995 年 10 月 3 日溃决。

甘肃省小海子水库，总库容 1 048.1 万 m^3，大坝为均质土坝，最大坝高 8.67 m。2007 年 4 月 19 日，天气晴好，突然发生溃坝(见图 8.3-5、图 8.3-6)。小海子水库溃坝之前，未发生地震、暴雨等自然灾害，事故由非自然因素造成的坝基渗流破坏所致。其根源是坝后排水沟底部的黏土层缺失、坝前天然铺盖中存在的缺陷处理不当，致使坝基不能满足渗流稳定要求。渗流破坏先从坝后排水沟下粉细砂层渗透变形涌出开始，逐渐向上游发展，坝基被淘空，形成上下游贯穿的渗漏通道，导致坝体沉降、坍塌，最终酿成决口垮坝。

上述几例溃坝实例，都是由于渗流破坏而最终导致溃坝，但引起异常渗流的原因又是多种多样的，在一个案例中可能存在多个原因。图 8.3-7 为土石坝渗透破坏简化模型，表 8.3-1 是渗流破坏的主要原因。

图 8.3-5　甘肃小海子水库大坝溃决现场

图 8.3-6　甘肃小海子水库大坝溃决现场

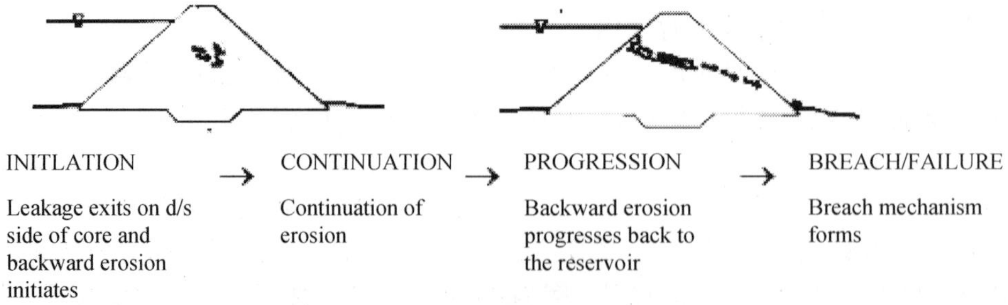

(a) Backward erosion piping in the embankment

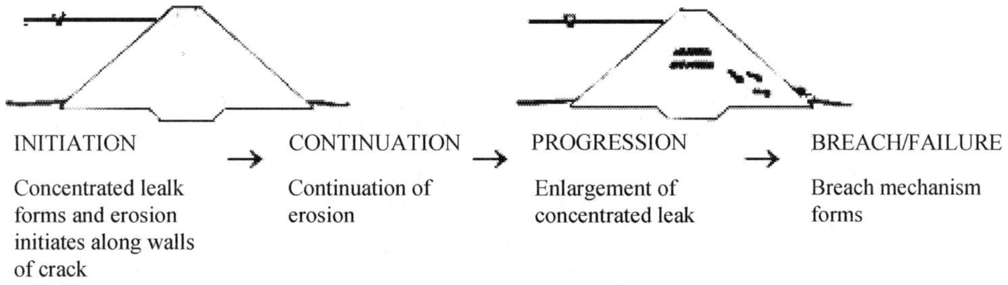

(b) Concentrated leak piping in the embankment

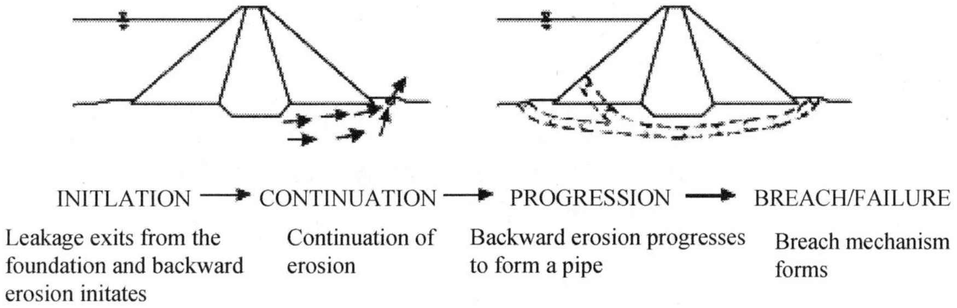

(c) PIPING IN THE FOUNDATION

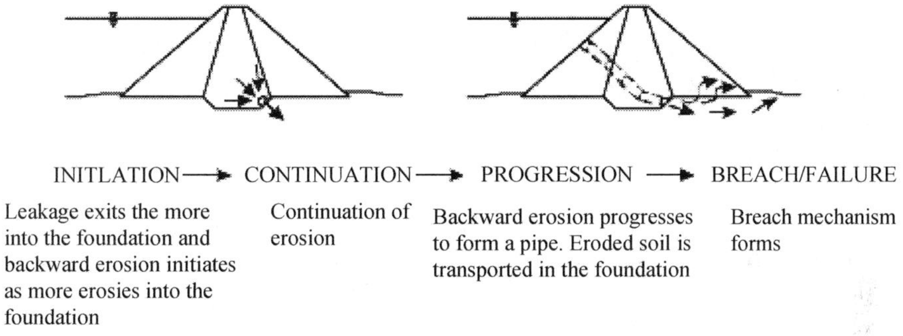

(d) PIPING FROM THE EMBANKMENT TO FOUNDATION

图 8.3-7　土石坝渗透破坏简化模型

表 8.3-1　导致渗流破坏的主要原因分析表

分类	机理	主要原因
坝体集中渗漏	坝体存在渗漏通道	1. 坝体不均匀沉降大，产生贯通上下游的横向裂缝；2. 水力劈裂产生水平向裂缝；3. 坝体填筑时存在水平向薄弱层；4. 动物破坏，如白蚁、鼠、蛇等上下游贯穿性洞穴；5. 坝体和刚性建筑物之间的结合部处理不当，如填筑密实度达不到设计要求、阻渗措施不当等
	实际渗透坡降大于坝体抗渗能力	1. 库水位超过正常高水位；2. 坝体填筑质量差，各向异性严重，存在水平向透水层；3. 心墙两侧设计无反滤层保护或反滤层级配不满足反滤保护要求；4. 设计坝体内部无排水系统或排水系统淤堵失效；5. 排水棱体失效

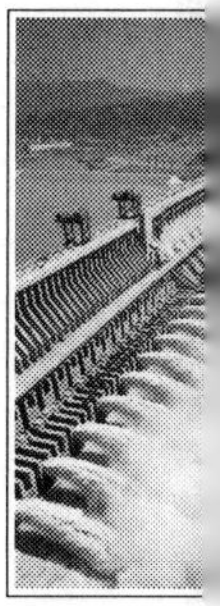

续表

分类	机理	主要原因
坝基集中渗流	上游水平铺盖防渗能力不足	1. 防渗铺盖长度和厚度不足;2. 铺盖裂缝
	坝基未处理或处理不当	1. 仅清除覆盖层表层浮土,直接填筑坝体;2. 坝基及和两岸结合面未做截渗处理;3. 地质情况勘探不清;4. 河槽和两岸台地砂卵石层未截断;5. 坝基固结灌浆和帷幕灌浆未达到设计要求;6. 坝下大断层和破碎带未处理或处理不当
	坝后覆盖层抗渗能力不足	1. 坝后覆盖层厚度不足;2. 天然覆盖层被破坏;3. 覆盖层材料级配不好,抗渗能力较差
下游坡大面积散浸	设计不当	1. 无水平排水和反滤保护;2. 无贴坡反滤;3. 防渗体未深入两岸山体
	大坝填筑质量差	1. 坝体渗透性过大;2. 各项异性严重,存在水平向强透水带;3. 水平排水和反滤层不满足设计要求
	防渗体系部分或全部失效	1. 防渗体裂缝;2. 绕坝渗流严重;3. 反滤保护层失效

8.3.1.3 土石坝渗流溃决路径

根据对国内外已溃坝溃决情况的分析,总结出土石坝主要溃决模式如下:

(1) 汛期洪水荷载引起的溃坝

- 漫顶
- 渗流破坏
- 滑动(含倾覆)
- 溢洪道冲溃

(2) 非汛期水荷载溃坝

- 渗流破坏

(3) 地震引起的溃坝

- 渗流破坏
- 液化
- 漫顶
- 结构破坏(裂缝、滑动等)

对土坝的可能溃坝模式进行初步分析后,得到以下与渗流有关的溃坝模式和溃决路径。但是对某一座水库来说,大坝特性不同,内部薄弱环节不同,溃决模式和破坏路径都会有所区别。

第一类:汛期坝体坝基或坝下埋管渗透破坏导致溃决

1) 洪水-坝体集中渗漏-管涌-人工抢险干预-干预无效-大坝溃决;

2) 洪水-坝基集中渗漏-管涌-人工抢险干预-干预无效-大坝溃决;

3) 洪水-坝下埋管发生接触冲刷破坏-人工抢险干预-干预无效-大坝溃决;

4) 洪水-下游坡大范围散浸-浸润线抬高-坝体失稳-坝顶高程降低-漫顶-人工抢险干预

-干预无效-大坝溃决；

5）洪水-坝体渗流管涌破坏-坝体失稳-坝顶高程降低-漫顶＋管涌-人工抢险干预-干预无效-大坝溃决；

6）洪水-坝体深层横向贯穿性裂缝-集中渗流破坏-人工抢险干预-干预无效-大坝溃决；

第二类：非汛期坝体坝基或坝下埋管发生渗透破坏

7）坝体、坝基集中渗漏-管涌-人工抢险干预-干预无效-大坝溃决；

8）坝下埋管发生接触冲刷破坏-人工抢险干预-干预无效-大坝溃决；

9）坝体渗流管涌破坏-坝体失稳-坝顶高程降低-漫顶＋管涌-人工抢险干预-干预无效-大坝溃决；

第三类：地震引起溃坝

10）地震-坝体横向裂缝-漏水通道-管涌-人工抢险干预-干预无效-大坝溃决；

11）地震-基础液化-大坝破坏（坝顶高程降低、滑动、裂缝）-漫顶或管涌-人工抢险干预-干预无效-大坝溃决；

12）地震-坝下埋管断裂或移位-接触渗漏或接触渗漏增大-人工抢险干预-干预无效-大坝溃决。

8.3.2 坝基渗流安全评价

坝基渗流安全评价是土石坝渗流安全评价的重点。因土石坝的坝基多为第四系松散沉积物，少数为岩基，或仅有部分防渗体（如心墙、截水槽等）直接与岩基接触，因此多以管涌、流土或接触冲刷等破坏形式直接影响到大坝的某部乃至整体性的安全，应特别注意。

另外，早期修建的土石坝绝大多数设有穿坝建筑物，一是坝下输水涵管（洞），二是坝上开敞式溢洪道，且多为圬工结构，与坝体的接触部位是施工质量的薄弱环节，容易产生接触渗透变形，对大坝安全的危害很大。近年来的溃坝事故大多数（包括除险加固工程）都是因穿坝建筑物的接触渗漏问题导致的。因此，对大坝渗流安全评价时，应特别关注穿坝建筑物的接触渗透稳定问题。

应分析地基中防渗体的防渗性能与渗透稳定性。坝基渗流安全复核应以防渗体和渗流出口为重点。渗流出口的稳定性与有无反滤保护、土体材料和施工质量等密切相关，如渗流出口有合格的反滤保护，土体的抗渗稳定性可大大提高。

综合而言，坝基渗流安全评价应包括下列要点：

（1）砂砾石层（包括各种砂层或砂砾石层、砾卵石层等）的渗透稳定性

首先应根据土的类型及其颗粒级配等情况判别其渗透变形形式；其次再针对不同的变形形式和水力条件核定其相应的允许抗渗比降；最后与工程实际渗流比降相比，判断渗流出口有无管涌或流土破坏的可能性，以及渗流场内部有无管涌、接触冲刷等。

判断砂砾石层的渗流稳定问题，尤需注意渗流出口的稳定性及其有无合格的反滤保护。因为渗流出口的稳定性及其反滤保护的可靠性在大坝的渗流安全中占有重要地位，且与实际地质情况及反滤料的取材和施工质量等密切相关，故其“允许抗渗比降”的确定，当首选由具体专项试验来提供，只有缺少试验标准时才参考表 8.3-2 和表 8.3-3 提供的数据。

表 8.3-2　各类无黏性土的抗渗比降变化范围及其允许值

破坏形式 / 渗流比降	流土型		过渡型	管涌型	
	$C_u \leqslant 5$	$C_u > 5$		级配连续	级配不连续
$J_{破坏}$	0.80～1.00	1.00～1.50	0.40～0.80	0.20～0.40	0.10～0.30
$J_{允许}$	0.40～0.50	0.50～0.80	0.25～0.40	0.15～0.25	0.10～0.20

注：① 不均匀系数 $C_u = d_{60}/d_{10}$；其中：d_{60} 为控制粒径，d_{10} 为有效粒径；
② 本表只适用于渗流出口无反滤保护的情况，其中小值用于Ⅰ、Ⅱ级建筑物，大值用于Ⅲ、Ⅳ级建筑物；
③ 有研究者建议可将表列数据提高 2.5 倍左右后用于有反滤层保护的情况；还有的根据某些有保护试验的抗渗比降可达 100～200 的情况，认为还可提高。

表 8.3-3　各种土基上水闸设计的允许抗渗比降

地基土质类别	允许抗渗比降 [J]		备注
	水平段 J_h	出口 J_v	
粉砂	0.05～0.07	0.25～0.30	1. 已考虑约 1.5 倍的安全系数；2. 如渗流出口有反滤盖重保护，表中数据可适当提高(视具体情况提高 1.5～2.5 倍)。
细砂	0.07～0.10	0.30～0.35	
中砂	0.10～0.13	0.35～0.40	
粗砂	0.13～0.17	0.40～0.45	
中细砾	0.17～0.22	0.45～0.50	
粗砾夹卵石	0.22～0.28	0.50～0.55	
砂壤土	0.15～0.25	0.40～0.50	
黏壤夹砾石土	0.25～0.30	0.50～0.60	
软黏土	0.30～0.40	0.60～0.70	
坚实黏土	0.40～0.60	0.70～0.90	

(2) 覆盖层的渗透稳定性

这是指除上款之外的相对弱透水的土层，主要应复核其抗浮动稳定性，其允许渗透比降宜由试验法或参考流土型指标确定。对已有反滤盖重者，还应核算盖重厚度和范围是否满足各运行水位的要求。厚度核算原理是按[渗透力＝覆盖层的有效重量＋反滤盖重的有效重量]的力平衡关系进行计算的，具体公式如下：

$$T = \frac{[KJ - (1 - n_1)(S_1 - 1)]t}{S_2(1 - n_2)} \tag{8.3-1}$$

或用超静水头(h)表示为：

$$T = \frac{[Kh - (1 - n_1)(S_1 - 1)t]\rho_w}{\rho_{d1}};\rho_{d2}/\rho_w = S_2(1 - n_2) \tag{8.3-2}$$

式中：t、T 分别为图 8.3-8 坝脚 A 点处天然覆盖层厚度及其所需反滤盖重的厚度；$J = h/t$ 为该处覆盖层受到的渗透坡降，h 是高出下游水位(或地面)的超静水头的水柱高度；S_1、n_1、ρ_{d1} 分别为覆盖层的土粒容重、孔隙率和干容重；S_2、n_2、ρ_{d2} 分别为反滤盖重的土粒容重、孔隙率和干容重；ρ_w 为水的容重，可取 $\rho_w = 1$；K 为安全系数，一般取 $K = 1.5$～3.0。

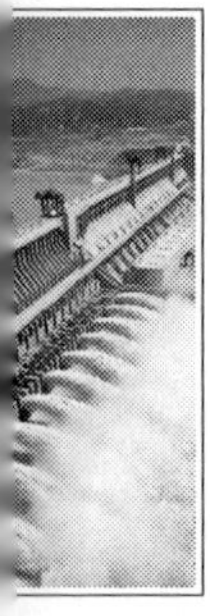

当反滤盖重被水淹没时，计算式为：

$$T=\frac{[KJ-(1-n_1)(S_1-1)]\,t}{(1-n_2)(S_2-1)} \tag{8.3-3}$$

不难看出，式(8.3-1)、式(8.3-2)、式(8.3-3)中的 $J_c=(1-n_1)(S_1-1)$ 正是太沙基的流土临界比降计算式。因此，当由 8.2.2 节可获得原体覆盖层的临界渗透比降 $J_{c实}$ 时，应以 $J_{c实}$ 取代上式中的 $(1-n_1)(S_1-1)$ 才更为符合实际情况。

至于反滤盖重的范围，由图 8.3-8 不难看出，只要从实测资料中获得了渗透压力分布线，仍按上述原理即可找到其下游仅靠天然覆盖层就能保持稳定的 B 点以及其上游靠覆盖层与坝体荷重之和就能保持稳定的 C 点，于是 L_1、L_2 的范围也就确定了。

(3) 接触面的渗透稳定性

近年来发生的溃坝事故中，相当比例的事故源于接触渗透破坏。《导则》明确规定，对渗漏水，应分析渗流量与库水位之间的相关关系，并注意是否存在接触渗漏问题，以及渗漏水是否出现浑浊或可疑物质。判断接触面的渗透稳定性包括如下两方面：

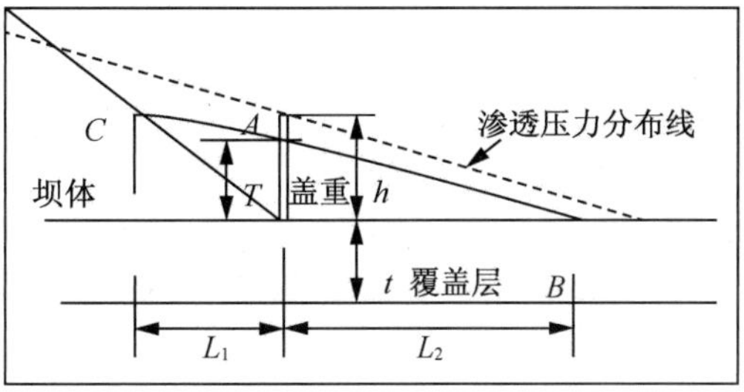

图 8.3-8　盖重计算图式

1) 复核粗、细散粒料土层之间有无接触冲刷(流向平行界面)和接触流土(流向从细到粗垂直界面)的可能性；粗粒料层能否对细粒料层起保护作用。

对接触冲刷，应关注的是当粗粒层中的流速足够大时，能否把细粒层的颗粒携入粗层的颗粒孔隙中被水流带走。对接触流土，应关注细颗粒能否随垂直界面的水流进入粗颗粒孔隙被带走。因该两类接触面上的渗流安全评价目前尚无严密、简便的方法，一般宜借助具体试验或经验类比法进行评价。当缺少试验判别标准时，前者可参考管涌型土的控制指标(见表 8.3-2)；后者可参考反滤层设计的控制指标(见表 8.3-4 及表 8.3-7)，即粗粒料层对细粒料层能否起保护作用。

表 8.3-4　铺盖土料的允许抗渗比降

铺盖类别及填料 / 下卧垫层情况	压实的人工铺盖			较好的天然铺盖			水下抛土已固结的铺盖
	砂壤土	壤土	黏土	砂壤土	壤土	黏土	
砂卵石层	3	4	5	2	2	3	1.5～2
较均匀的砂基	6	7	8	3	3	4	2
良好天然或人工垫层的砂基	7～8	8～9	9～10	4	4	5	3

2) 复核散粒料土体与刚性结构物(如混凝土墙、涵管和岩石)界面的接触渗透稳定性。应注意散粒料与刚性面接合的紧密程度、出口有无反滤保护，以及与断层破碎带、灰岩溶蚀带、较大张性裂隙等接触面有无妥善处理及其抗渗稳定性。

此类接触界面上的渗流安全性，主要取决于松散料的抗渗特性及其与刚性面接合的紧密程度。故还需密切结合施工基础处理等情况对接触面的渗流稳定性进行复核(一般不必再对深层岩体或岩体内部的渗流问题做深究)。复核时应关注松软材料是否会沿接触面发生渗流破坏，尤其当岩基有断层破碎带和较大张性裂隙又未做妥善处理者更需注意。同样，这类接触冲刷也因目前尚无严密、简便的确定方法，一般也多借助具体试验或经验类比法进行评价。当缺少试验的判别标准时，可参考表 8.3-5 中的有关指标进行评价。

表 8.3-5　截水槽槽底填土与混凝土接触面的允许抗渗比降

土料及施工方法	水下抛填	干填		
		回填砂壤土	回填壤土	回填黏土
允许抗渗比降	1.5	1.5～2.0	2.0～3.0	5.0～10.0

8.3.3　坝体渗流安全评价

坝体渗流安全评价应重点关注防渗体和下游坝坡渗流段的渗透稳定，以及防渗体与坝壳料之间过渡层、穿坝建筑物与坝体填土接触带、施工层面的接触渗透稳定问题。《导则》规定，坝体渗流安全评价应包括下列要点：

(1) 均质坝应复核坝体的防渗性能是否满足规范要求、坝体实际浸润线和下游坝坡渗出段高程是否高于设计值，还需注意坝内有无横向和水平裂缝、松软结合带或渗漏通道等。

按《碾压式土石坝设计规范》(SL 274)要求，均质坝坝体的渗透系数应小于10^{-4} cm/s。安全评价最关心的是坝体浸润线和下游坝坡渗出点的高低问题，通常要求实际值低于设计值。如高于设计值，则需根据实际浸润线位置重新复核坝坡的抗滑稳定性(因为实际高浸润线位置的坝坡抗滑稳定性在设计阶段一般都不可能分析过，故需重算)；如仍属稳定，则只需用导渗或贴坡反滤对渗出段加以保护，一般不致危及坝坡的抗滑稳定性。但需要注意坝内有无分散性土料和砂砾土夹层，或各种原因造成的横向裂缝和水平裂缝、松软结合带或渗漏通道等。然而这些问题都有很大的随机性和复杂性，还需结合施工质量复核以及变形和渗流观测、分析等做综合论证。

(2) 组合(分区)坝按筑坝材料的渗透性可分为三部分，即防渗体(如心墙、斜墙、铺盖、各种面板等)、透水区(上、下游坝壳及各类排水体等)以及介于它们之间的过渡区和出口保护区。对组合坝的渗流安全评价需逐区检验、复核。

1) 防渗体(如心墙、斜墙、铺盖、各种面板等)。应复核防渗体的防渗性能是否满足规范要求，心墙或斜墙的上下游侧有无合格的过渡保护层，以及水平防渗铺盖的底部垫层或天然砂砾石层能否起保护作用。

按《碾压式土石坝设计规范》(SL 274)要求，土质防渗体的渗透系数应小于10^{-5} cm/s。评价重点应是通过渗流观测资料分析，复核各防渗体(如铺盖、斜墙、心墙及各种垂直防渗构件)在现状运行条件下有无失效或隐患，以及预测防渗体在未来运行条件下所承担的水头是否超过设计允许值。如渗流观测资料反映防渗体某处上下游侧的渗压力相差甚小，且渗流量也有增大的迹象时，则表明该处的防渗体可能已失效或存在断裂、击穿、横缝及平缝等重大渗流隐患，大坝的渗流状态不安全，需进一步结合防渗体的力学特性、变形特征、前后过渡层的保护性能及补充探查等做全面论证。当缺少试验判别标准时，可参考表 8.3-6。

心墙和斜墙的上下游侧过渡层必须满足反滤层要求，当墙体出现上述隐患时，上游侧的滤料能起淤塞作用，下游侧的滤料能对防渗料起保护作用。对防渗铺盖的复核，也侧重于底部垫层能否对铺盖土料起保护作用(见表 8.3-7)。

表 8.3-6　主要垂直防渗构件的抗渗比降

防渗体名称		渗透系数(cm/s)	抗渗比降	
			破坏值	允许值
截水槽	黏土截水槽	$10^{-5}\sim10^{-7}$		5～10
	倒挂井	$10^{-7}\sim10^{-8}$		60～80
	泥浆截水槽	$10^{-5}\sim10^{-6}$	20～35	7～13
防渗墙	混凝土(S6-S8)	$10^{-7}\sim10^{-8}$	300～600	80～100
	沥青砂浆	$10^{-6}\sim10^{-8}$	300	80
	自凝灰浆	$10^{-6}\sim10^{-7}$	60～130	20～30
	固化灰浆	$10^{-6}\sim10^{-7}$	100～200	30～40
	黏土墙	$10^{-5}\sim10^{-8}$	20～63	5～10
灌浆帷幕	黏土浆			3～4
	砂砾层灌水泥浆			5～7
	岩基灌水泥浆			10～25
	水泥黏土浆	$10^{-4}\sim10^{-5}$		3～4

2）透水区(上、下游坝壳及各类排水体等)。应复核上游坝坡在库水骤降情况下的抗滑稳定性和下游坝坡出逸段(区)的渗透稳定性，下游坡渗出段的贴坡保护层应满足反滤层的设计要求。

按规范要求，组合坝的透水区应由强透水料筑成。然而实际上常遇有“该透(水)的不透”“该防(渗)的不防”的情况，即有些工程用料失控，不管是防渗体还是坝壳都采用了代用料——风化料(俗称“山皮土”)，使大坝接近于均质坝，遇库水降落时上游坡排水不畅；遇库水上升时下游坡出逸段升高。因此，通常还需复核上游坝坡在库水骤降情况下的抗滑稳定性、下游坝坡出逸段(区)的渗透稳定性，以及下游坡渗出段的贴坡保护是否满足反滤层的设计要求。

3）过渡区。界于坝体粗、细填料之间的过渡区以及棱体排水、褥垫排水和贴坡排水等，应复核反滤层设计的保土条件和排水条件是否合格，以及运行中有无明显集中渗流和大量固体颗粒被带出等异常现象。

此处所指的“过渡区”实际上也包含出口保护区，如棱体排水、褥垫排水和贴坡排水等。对这些部位，需从反滤层设计要求的保土条件和排水条件两方面进行复核，并注意有无漏做、是否合格，以及运行中有无明显集中渗流涌水和大量固体颗粒被带出等异常现象。过渡区的安全控制标准与实际取材和施工质量等密切相关，所以不论是用天然砂砾料物还是用人造土工织物，均应由专项试验提供。当缺少试验的判别标准时，可根据工程具体情况，如被保护土和保护土的颗粒级配、相对位置、渗流方向等，参考表 8.3-7 提供的数值进行评价。

表 8.3-7　几种反滤层设计的简明要求

<table>
<tr><th>方法名称</th><th>被保护土(d)</th><th>反滤料(D)</th><th colspan="2">建议的标准</th><th colspan="2">说明</th></tr>
<tr><td colspan="7">1. 天然料保护无黏性土：</td></tr>
<tr><td>中国土坝设计规范</td><td>天然砂和砂砾石料</td><td>天然砂砾料
(C_u≤5～8)</td><td colspan="2">D_{15}/d_{85}≤4～5
D_{15}/d_{15}≥5</td><td colspan="2">保土条件┐（原太沙
排水条件┘　基方法）</td></tr>
<tr><td>中国水电科学研究院</td><td>天然砂和砂砾石料 C_u<500</td><td>天然砂和 C_u<60 的砂砾石料</td><td colspan="2">D_{20}/d_k≤4～10　（滤土）
D_{20}/d_{20}≥2～4　（排水）
（d_k是决定土渗透破坏性质的控制粒径，D_0是反滤层孔隙平均直径=$0.63nD_{20}$，n是孔隙率）</td><td colspan="2">①级配连续土 D_0≤d_5且 C_u≤5 时，$d_k=d_{70}$；C_u>5 时，$d_k=d_{70}$～d_{25}；D_0>d_5时，$d_k=d_{15}$
②级配不连续土 P>25%时，$d_k=d_{70}$；其余，$d_k=d_{15}$</td></tr>
<tr><td>美水道试验站修订的太氏法(1971)</td><td>由细到粗的均匀砂</td><td>河床天然砾石</td><td colspan="2">D_{15}/d_{85}≤4～5
D_{15}/d_{15}≤4～5
D_{50}/d_{50}≤25</td><td colspan="2">① 两级配曲线相平行
② 反滤层要级配良好
③ 对太氏的补充说明</td></tr>
<tr><td rowspan="2">苏联水工设计院（双系数法）</td><td colspan="2">反滤料不均匀系数 D_{60}/D_{10}</td><td>1～2</td><td>3～4</td><td>5～6</td><td>7～8</td></tr>
<tr><td colspan="2">层间系数 D_{50}/d_{50}</td><td>3～10</td><td>4～11</td><td>5～13</td><td>6～14</td></tr>
<tr><td colspan="7">2. 天然料保护黏性土：</td></tr>
<tr><td>中国水电科学研究院</td><td>I_p>4</td><td>C_u<40 的天然砂砾石料</td><td colspan="2">D_{20}=0.5～2.0 mm</td><td colspan="2">① 小值用于分散性土
② 大值用于红黏土</td></tr>
<tr><td>苏联伊氏法</td><td>I_p≥7</td><td>C_u≤20</td><td colspan="2">$D_{50}=f(C_u)$</td><td colspan="2">$f(C_u)$=8～80 mm</td></tr>
<tr><td>美国水道试验站(1955)</td><td>中到高塑性低塑性</td><td>C_u≤20</td><td colspan="2">D_{15}=0.4 mm 按无黏性土方法</td><td colspan="2"></td></tr>
<tr><td colspan="7">3. 天然料与排水管接触：</td></tr>
<tr><td rowspan="2">美国陆军工程兵团</td><td>槽缝宽度 b</td><td>反滤料粒径 D</td><td colspan="2">D_{85}/b≥1.2</td><td colspan="2" rowspan="2">也适于塑料滤网</td></tr>
<tr><td>圆孔直径 d</td><td>反滤料粒径 D</td><td colspan="2">D_{85}/d≥1.0</td></tr>
<tr><td colspan="7">4. 人造土工织物保护天然土料：</td></tr>
<tr><td rowspan="2">中国文献</td><td>被保护土 d</td><td>布孔眼直径 O</td><td colspan="2">O_{95}/d_{85}<1</td><td colspan="2">保土条件</td></tr>
<tr><td>渗透系数 k_s</td><td>渗透系数 k_g</td><td colspan="2">K_g/k_s>5</td><td colspan="2">排水条件</td></tr>
<tr><td>中国文献</td><td colspan="2">土工布平均水力直径
$O_均=0.41(k_{10}/n)^{0.5}$，n 为土工布孔隙率</td><td colspan="2">$O_均$<$2.5d_{85}$
$O_均$≥$0.5d_{20}$</td><td colspan="2">保土条件
排水条件</td></tr>
</table>

8.3.4 绕坝渗流安全评价

对绕坝渗流，除需论证两坝端填筑体与山坡接合部的接触渗透稳定性外，还需论证在库水位升高之后，两岸单薄山脊中的地下水渗流是否影响天然岩土层的渗透稳定和岸坡的抗滑稳定，具体评价方法仍可参考8.3.2节和8.3.3节的有关内容。

坝肩设有灌浆帷幕的，应分析灌浆帷幕的防渗性能与渗透稳定性。

8.4 混凝土坝渗流安全评价

本节所称的混凝土坝包括混凝土材料和砌石材料建造的水工大坝。混凝土坝的渗流安全评价，同样需首选现场检查和观测资料分析相结合的方法。重点在坝基扬压力、两岸地下水与坝座稳定性、渗漏量及其水质评价等。至于坝体的某些漏水现象，一般多属建筑物结构或构造性态方面的问题，可以此为信息提请注意结构或构造性态的安全分析和评价。

8.4.1 混凝土坝渗流表现

混凝土坝与土石坝相比其强度和刚度大大提高，大坝断面尺寸大大减小。混凝土坝有重力坝、宽缝重力坝、拱坝及连拱坝等多种坝型。不管是哪种坝型，其安全主要由坝基、坝肩稳定性及坝体应力控制，其中其坝体及坝基的渗透压力的大小是其稳定和应力主要影响因素。因此，坝体和坝基的渗流安全至关重要。

据统计，从1900年起，混凝土坝的失事70%与坝基有关，只有30%与坝体有关。根据国际大坝委员会对82座混凝土坝的失事统计，其中与地基渗透、排水系统失灵和与扬压力有关的共51例，占62.2%；由于大坝产生裂缝，沿地基滑动和由水流冲刷引起塌方、滑坡的共31例，占37.8%。

原电力部统计的由其管理的96座大、中型水电站混凝土大坝的重大缺陷和隐患结果表明：有32座坝（占32%）的坝基扬压力或坝体浸润线偏高，坝基和坝体渗漏量偏大，有的坝体大量析出钙质；有70座坝（占72.9%）存在坝体裂缝，坝体裂缝破坏大坝的整体性和耐久性，有的裂缝贯穿上、下游，渗漏严重，有的裂缝规模大且所在部位重要，已影响到大坝的强度和稳定。

混凝土坝坝体一般不会发生渗流变形问题，但施工和运行过程中容易产生裂缝，并引起坝体渗漏问题。坝体渗漏可能使坝体的渗透压力增大，并引起坝体结构受力不满足要求。更重要的是渗漏水会使混凝土中的氢氧化钙溶出带走，在混凝土外部形成白色碳酸钙结晶。这样就破坏了水泥与其他水化产物稳定存在的平衡条件，从而引起水化产物的分解，导致混凝土性能的下降。另一方面，渗漏会引起并加速其他病害的发生与发展。当环境水对混凝土有侵蚀作用时，由于渗漏会促使环境水侵蚀向混凝土内部发展，从而增加破坏的深度与广度。在寒冷地区，渗漏会使混凝土的含水量增大，促进混凝土的冻融破坏；对水工钢筋混凝土结构，渗漏还会加速钢筋锈蚀等。

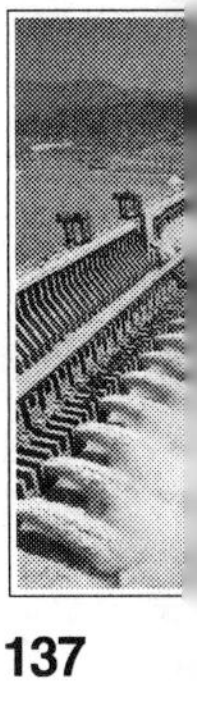

根据混凝土坝的特点及我国混凝土坝的情况，将混凝土坝的渗流病害分成以下几类：

(1) 坝基及坝肩渗漏。由于基岩裂隙发育或存在顺河向断层穿过坝基，裂隙和断层未进行防渗处理或防渗处理不完善，致使下游坝脚或下游两坝肩岸坡不同高程出现渗漏点，或导致坝基扬压力较高。

(2) 坝体渗漏。由于大坝施工质量差，混凝土出现蜂窝或冷缝，砌筑砂浆成为渗水通道，促使混凝土进水或层面缝渗水；或者坝体出现温度裂缝；或坝基及坝肩变形过大引起坝体开裂等，致使下游坝坡出现渗漏，如砌石的砌缝渗漏和裂缝渗漏、混凝土的裂缝渗漏、碾压混凝土的层面缝渗漏等。坝体渗漏会导致坝体扬压力升高。

(3) 岩溶渗漏。由于水库周边及库底岩溶未进行防渗处理或处理不完善，致使大坝出现岩溶渗漏，导致大坝坝基扬压力较高，或水库存水困难。

(4) 侵蚀性危害。坝基存在可溶成分，地下水侵蚀性使坝基透水性增大，并形成渗漏，或者侵蚀性地下水对混凝土造成侵蚀性破坏。

8.4.2 渗流监测资料分析

监测资料分析法是混凝土坝渗流安全评价的首选方法，因工程自身就是个 1∶1 的实验模型，监测资料是反映工程现实表现的重要依据。评价方法是将监测资料分析结果与各种设计或试验给定的允许值(如各种允许比降、扬压力、安全系数等)相比较，判断大坝渗流的安全性。该法对已建坝尤为重要和必不可少，必要时还应做补充观测。

(1) 渗流压力分析评价。根据观测资料复核混凝土坝有关部位实际(包含推算至未来高水位情况)的渗透比降或扬压力，与其允许值或设计值相比较，并结合工程的具体特点和运行工况等作全面论证。若渗流压力在相同原因量作用下保持稳定或随时间变小时，可判定渗流状态安全。

常用的渗流压力评价指标——扬压力折减系数的计算公式如下：

$$\alpha = \frac{H - H_b}{H_u - H_b} \tag{8.4-1}$$

式中：α 为测压孔的折减系数；H_u 为上游水位，m；H_b 为下游水位，m，当测孔对应的坝基高程高于下游水位时，用坝基高程代替；H 为测压孔的实测水位，m。

根据监测资料计算出的扬压力折减系数 α 与规范值(具体见 8.4.4 节渗流安全评价标准)对比，可判断渗流安全性。

(2) 渗流量的分析评价。渗流量分析应着重研究其当前观测值与历史显现值的相对变化，渗漏水的水质和携出物含量及其与库水相比的变化情况，结合渗流压力分析，综合评价大坝的渗流安全。若在相同库水位下渗流量和渗流压力同时增大，携出物增多，则表示渗流状况向不利安全的方向发展。

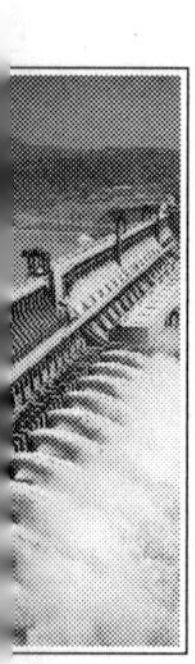

8.4.3 渗流计算分析

一般混凝土坝的渗透比降比土石坝大得多，渗流特征与土石坝存在较大的差别，渗流场较为复杂，一般需要采用数值分析方法。特别是坝体及坝基设有排水孔幕的混凝土坝，渗流具有较强三维持征，其渗流计算分析需要采用三维渗流数值分析方法，计算分析具有较大难度。

计算分析方法就是采用模拟各种材料介质的渗透特性和各种入渗、排水边界条件，计算坝体、坝基及两岸坝肩各种水位条件的渗流场，并且可根据现状水位实测渗流场，预测未来高水位的大坝渗流场，通过计算的渗流场中渗透比降或渗流压力与允许渗透比降及渗流压力的比较来评价大坝渗流安全。计算分析法也可采用现状水位实测渗流压力反演分析坝体防渗性能及渗漏原因，从而评价大坝渗流安全性。

下面以碾压混凝土坝为例对渗流有限元计算分析进行简要说明。

(1) 渗流计算原理

碾压混凝土重力坝由于其成层施工，有别于一般的混凝土重力坝，相应的渗流计算也不同。在碾压混凝土坝的成层施工过程中，混凝土本体层厚通常为 0.3 m，应混凝土散热降温及施工要求，一般每连续铺筑碾压多层形成一个升程后，铺筑面有一个相对较长的施工间歇时间，升程与升程之间形成冷缝面，层与层之间形成层面(热缝面)。一个升程通常含有 7～10 个碾压层，层厚 2～3 m。

由于碾压混凝土本体层厚和升程的厚度都相对较小，从大坝的宏观渗流特性和工程要求而言，可将碾压混凝土本体、层面和缝面的渗流特性以总的透水能力等效的原则，平均到整个坝体中去，形成 Darcy 等效连续体模型。在该模型中，由于混凝土本体及缝面垫层的弱微透水性和层面与缝面的相对强透水性，坝体层面和缝面的切向与法向的主渗透系数之间的渗透各向异性比通常会达到 2 个数量级以上，甚至达 6～7 个数量级。这使得碾压混凝土坝的渗流特性较常态混凝土坝的渗流特性要复杂得多。就碾压混凝土坝的这种固有的复杂渗流特性，坝体的渗流控制主要应采取“前堵后排”的渗控设计原则。

在理论上，由薄层碾压混凝土本体及层面和缝面组成的碾压混凝土坝是一渗透各向异性挡水建筑物，其渗流特性可由平行于层面和垂直于层面的两个主渗透系数来描述，当层面为水平时，两个渗透主向与坐标轴方向重合；当层面倾斜时，渗透主向不与坐标轴方向重合，坝体的渗透特性需用渗透系数张量来表示(相应的碾压混凝土坝体的二阶对称渗透系数张量见相关文献)。

基于碾压混凝土坝成层材料结构的特点，若将混凝土本体、层面和缝面的透水性平均到整个坝体中去，就得到了渗透各向异性连续体模型，且该模型理论成熟，现有程序较多，简单实用，工程应用经验丰富，是目前在碾压混凝土坝渗流分析中运用最多的模型。

(2) 渗流计算参数反演及渗流计算

若缺乏坝体碾压混凝土、防渗面板、基岩以及防渗帷幕等材料的渗流参数，分析可首先根据坝基扬压力测压管水位观测资料和局部渗流量实测资料，对各种材料的渗流参数进行反演、估计，然后利用反演得到的渗流参数，计算坝体和坝基渗流场，以评价坝体和坝基的渗流情况。

某水库的碾压混凝土重力坝坝体采用了“金包银”方式，即坝体内部大体积部位为碾压混凝土，其外部及坝内孔洞部位周围包一层常态混凝土或常态混凝土预制块。不便碾压的部位(如闸墩、导墙、防浪墙等)也采用常态混凝土。根据材料特性，并采用 Darcy 等效连续体模型，将非溢流坝段以及溢流坝段与坝基共划分为碾压混凝土坝体、上游防渗面板、基岩以及防渗帷幕等四个区域。排水帷幕作为等效介质考虑；排水孔采用以点代井的方法，将排水孔布置在单元的节点上,作为给定水头的第一类边界点处理。离散后的有限元网格如图8.4-1所示。

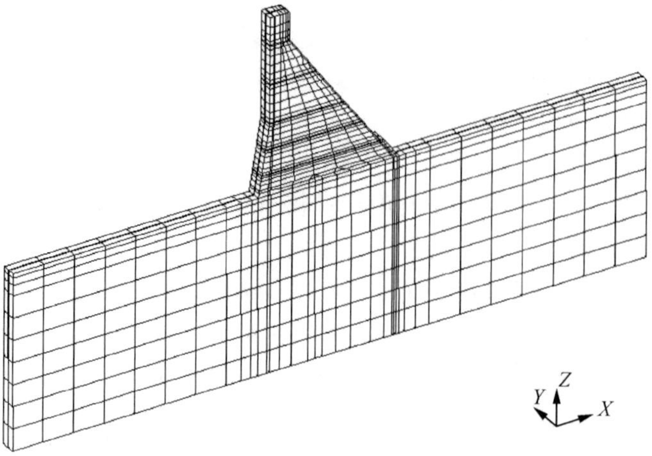

图 8.4-1 混凝土坝典型非溢流坝段有限元网格图

进一步,根据坝基扬压力及渗漏量监测数据反演得到非溢流坝段的坝体碾压混凝土、防渗面板、基岩以及防渗帷幕等材料的等效渗透系数,如表8.4-1所示。相应的坝体和坝基位势分布如图8.4-2所示,此时的坝基的扬压力分布如图8.4-3所示。

表 8.4-1 反演得到的各分区材料的等效渗透系数 单位:cm/s

材料分区 \ 渗透系数	层缝面切向	层缝面法向	渗透各向异性比	各向同性渗透系数	备注
碾压混凝土	1.24×10^{-7}	1.24×10^{-9}	100		
常态混凝土				5.010×10^{-8}	位于坝体上游面
坝基	1.00×10^{-5}				
防渗帷幕				1.39×10^{-6}	

表 8.4-2 反演和实测的测压管水位 单位:m

部位	U601	U602	U603	U604
实测值	135.22	126.61	129.75	129.51
计算值	135.24	127.01	130.03	129.56
相对误差	0.01%	0.32%	0.23%	0.04%

根据反演得到的坝体与坝基渗流场,可计算坝基扬压力测孔的水头,计算值与对应工况下的测压管水位如表8.4-2所示。计算得到的坝基测压管水头与实测值较接近,故反演的渗流场基本上可表征坝体与坝基渗流的实际情况。

根据反演的渗透系数,可进一步计算在设计洪水位和校核洪水位工况下的坝体与坝基的位势分布及相应的坝基扬压力分布等。

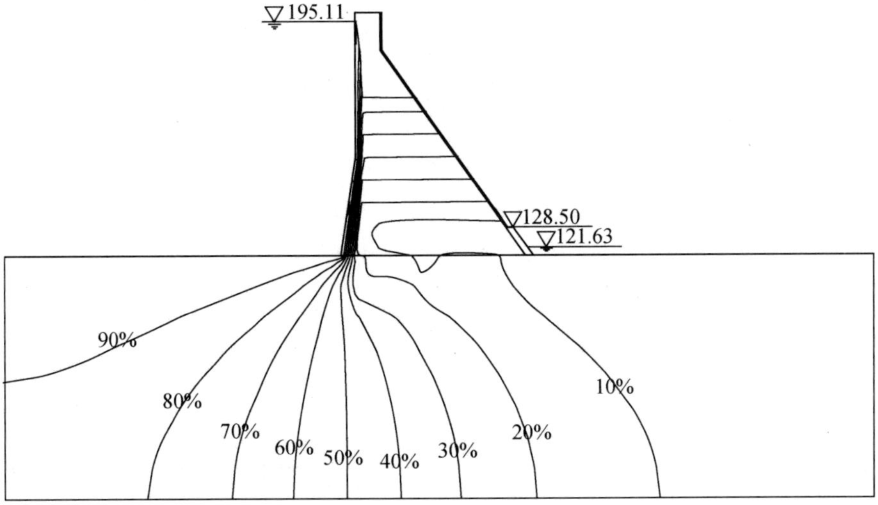

图 8.4-2　反演的非溢流坝段断面的位势分布图(单位:m)

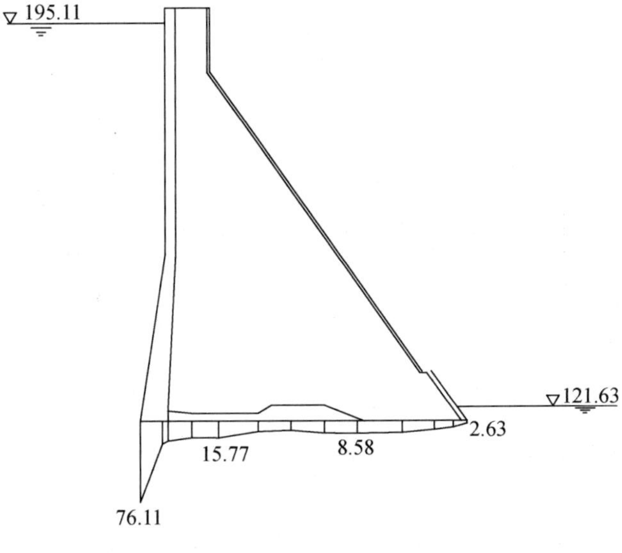

图 8.4-3　反演得到的非溢流坝段断面坝基的扬压力分布图(单位:m)

8.4.4　渗流安全评价标准

8.4.4.1　坝体防渗标准

常规混凝土重力坝和拱坝为连续浇筑的大体积混凝土,防渗能力一般不存在问题,其防渗未做特别要求。砌石坝和碾压混凝土坝因坝体材料的防渗存在不足,一般要求在上游设计防渗板、防渗心墙或防渗层等。

(1) 砌石坝坝体

《砌石坝设计规范》(SL 25)对砌石坝坝体防渗提出如下控制标准:

1）砌石坝坝体防渗面板与心墙的混凝土标号应满足抗渗、抗裂、抗冻、强度等要求。其抗渗标号应满足表 8.4-3 的要求，抗冻标号应满足表 8.4-4 的要求。

表 8.4-3　混凝土抗渗标号要求

面板或心墙承受水头(m)	<30	30～70	>70
抗渗标号	<S4	<S6	<S8

表 8.4-4　面板混凝土的抗冻等级

<table>
<tr><th colspan="2" rowspan="2">工作条件、结构类别、气候条件</th><th colspan="2">水位涨落区的外部混凝土冻融循环总次数</th><th rowspan="2">水位涨落区以上的外部混凝土</th></tr>
<tr><th>≤50</th><th>>50</th></tr>
<tr><td rowspan="2">严寒气候条件(最冷月平均气温低于－10℃)</td><td>钢筋混凝土</td><td>D200</td><td>D250</td><td rowspan="2">D100</td></tr>
<tr><td>混凝土</td><td>D150</td><td>D200</td></tr>
<tr><td>寒冷气候条件(最冷月平均气温在－3～－10℃之间)</td><td>钢筋混凝土</td><td>D150</td><td>D200</td><td>D50</td></tr>
</table>

2）混凝土防渗面板与心墙的底部厚度宜为最大水头的 1/30～1/60，顶部厚度不应小于 0.3 m；混凝土防渗心墙距上游坝面宜为 0.5～2 m；防渗面板或心墙必须嵌入建基面 1～2 m，并与坝基防渗设施连成整体。

（2）碾压混凝土坝坝体

《碾压混凝土坝设计规范》(SL 314)对碾压混凝土坝坝体防渗面板提出如下控制标准：

采用常态混凝土作为上游坝面防渗层时，其抗渗标号的最小允许值为：

1）水头 $H<30$ m 时，W4。

2）水头 $H=30\sim70$ m 时，W6。

3）水头 $H=70\sim150$ m 时，W8。

4）水头 $H>150$ m 时，应进行专门试验论证。

防渗层最小有效厚度一般为坝面水头的 1/30～1/15，但不宜小于 1.5 m。

8.4.4.2　坝基防渗标准

《混凝土重力坝设计规范》(SL 319)对坝基防渗提出如下控制标准：

（1）防渗帷幕的标准和相对隔水层的透水率应满足下列要求：

1）坝高在 100 m 以上时，透水率 q 为 1～3 Lu。

2）坝高在 50～100 m 之间时，透水率 q 为 3～5 Lu。

3）坝高在 50 m 以下时，透水率 q 为 5 Lu。

（2）防渗帷幕的设计深度，应遵守下列规定：

1）封闭式帷幕：当坝基下存在可靠的相对隔水层，并且埋深较浅时，防渗帷幕应深入到该岩层内 3～5 m。

2）悬挂式帷幕：通常在 0.3～0.7 倍水头范围内选择。

（3）两岸坝头部位，防渗帷幕伸入山体内的长度宜延伸到相对隔水层处或正常蓄水位与地下水位相交处，并应与河床部位的帷幕保持连续性。

8.4.4.3 坝基排水

《混凝土重力坝设计规范》(SL 319)对坝基排水提出如下要求：

(1) 主排水孔深为帷幕深的 0.4～0.6 倍；高坝、中坝的坝基主排水孔深应不小于 10 m；当坝基内存在裂隙承压水层、深层透水区时，除加强防渗措施外，主排水孔宜深入此部位。

(2) 辅助排水孔深可取 6～12 m。

8.4.4.4 扬压力

混凝土的坝体和坝基均存在扬压力，重力坝和拱坝的扬压力存在一定差异。

(1) 重力坝

《混凝土重力坝设计规范》(SL 319)对坝基及坝体扬压力计算提出如下标准。

1) 岩基上各类重力坝，坝底面上游(坝踵)处的扬压力作用水头为 H_1，下游(坝趾)处为 H_2，其底面扬压力分布图形按下列三种情况分别确定：

① 当坝基设有防渗帷幕和排水孔时，排水孔中心线处为 $H_2+\alpha(H_1-H_2)$，其间各段依次以直线连接，见图 8.4-4。

② 当坝基设有防渗帷幕和上游主排水孔，并设有下游副排水孔及抽排系统时，主、副排水孔中心线处分别为 $\alpha_1 H_1$、$\alpha_2 H_2$，其间各段依次以直线连接，见图 8.4-4(d)。

③ 当坝基未设防渗帷幕和上游排水孔时，上游至下游以直线连接，见图 8.4-4(e)。

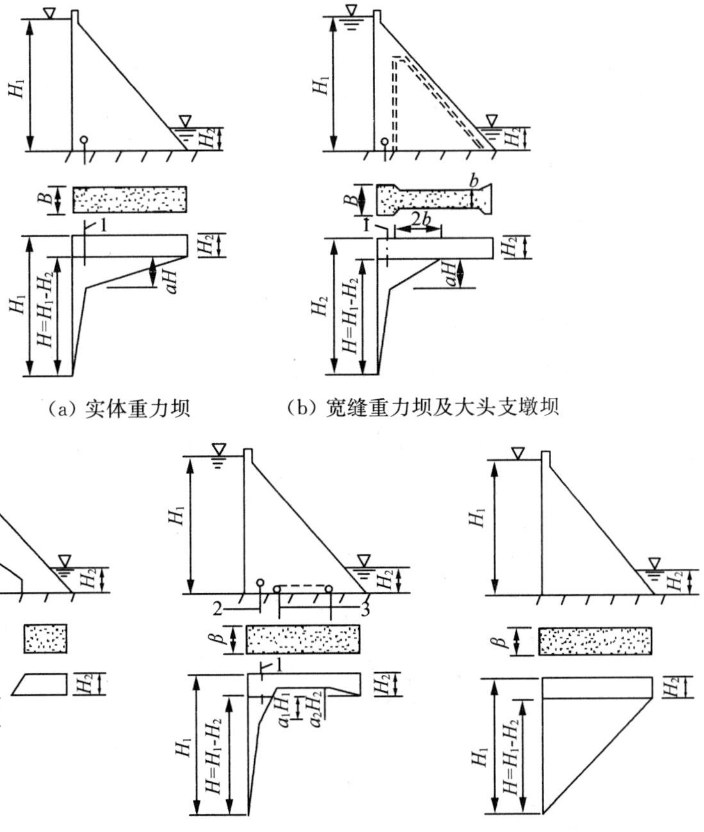

(a) 实体重力坝　(b) 宽缝重力坝及大头支墩坝

(c) 空腹重力坝　(d) 坝基设有抽排系统　(e) 未设帷幕及排水孔

1—排水孔中心线；2—主排水孔；3—副排水孔

图 8.4-4　坝底面扬压力分布

④ 渗透压力折减系数 α、扬压力折减系数 α_1 及残余扬压力折减系数 α_2 按表 8.4-5 采用。

表 8.4-5　坝底面的渗透压力、扬压力折减系数

坝型及部位		坝基处理情况		
		(A) 设置防渗帷幕及排水孔	(B) 设置防渗帷幕及主、副排水孔并抽排	
部位	坝型	渗透压力折减系数 α	主排水孔前的扬压力折减系数 α_1	残余扬压力折减系数 α_2
河床坝段	实体重力坝	0.25	0.20	0.50
	宽缝重力坝	0.20	0.15	0.50
	大头支墩坝	0.20	0.15	0.50
	空腹重力坝	0.25	—	—
岸坡坝段	实体重力坝	0.35	—	—
	宽缝重力坝	0.30		
	大头支墩坝	0.30		
	空腹重力坝	0.35		

注：当坝基仅设排水孔而未设防渗帷幕时，渗透压力折减系数 α 可按表中(A)项适当提高。

2) 坝体内部计算截面，坝底面上游(坝踵)处的扬压力作用水头为 H'_1，下游(坝趾)处为 H'_2，其扬压力分布图形按下列情况确定：

① 当设有坝体排水管时，可按图 8.4-5 确定。其中排水管中心线处的坝体内部渗透压力折减系数 α_3 可按下列情况采用：实体重力坝及空腹重力坝的实体部位采用 0.2；宽缝重力坝、大头支墩坝的无宽缝部位采用 0.2，有宽缝部位采用 0.15。

② 当未设坝体排水管时，上游至下游以直线连接。

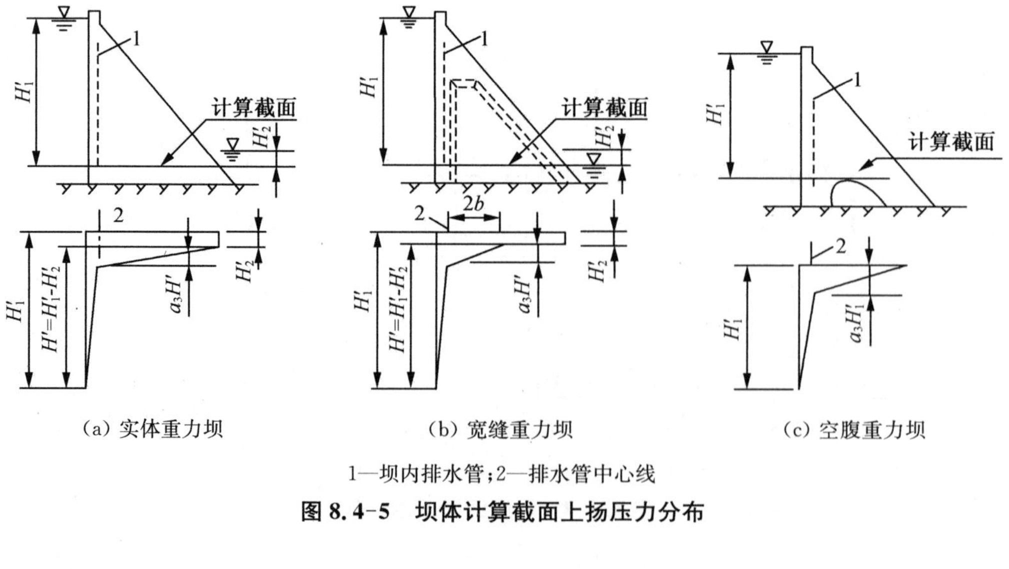

(a) 实体重力坝　(b) 宽缝重力坝　(c) 空腹重力坝

1—坝内排水管；2—排水管中心线

图 8.4-5　坝体计算截面上扬压力分布

(2) 拱坝

《混凝土拱坝设计规范》(SL 282)对坝基及坝体扬压力计算提出如下标准。

1) 在坝踵处的扬压力作用水头为 H_1(上游水深),坝趾处为 H_2(下游水深),作用于坝基面的扬压力的计算应符合下列规定:

① 坝基设有防渗帷幕和排水孔时,在排水扎中心线处为 $H_2+\alpha(H_1-H_2)$,其间依次以直线连接,折减系数可采用 0.25,见图 8.4-6(a)。

② 坝基未设防渗帷幕仅设排水孔时,在排水扎中心线处为 $H_2+\alpha(H_1-H_2)$,其间依次以直线连接,折减系数可采用 0.30～0.45,见图 8.4-6(b)。

③ 坝基仅设防渗帷幕未设排水孔时,在帷幕中心线处为 $H_2+\alpha(H_1-H_2)$,其间依次以直线连接,折减系数可采用 0.50～0.70,见图 8.4-6(c)。

④ 坝基未设防渗帷幕和排水孔时,上游至下游以直线连接,见图 8.4-6(d)。

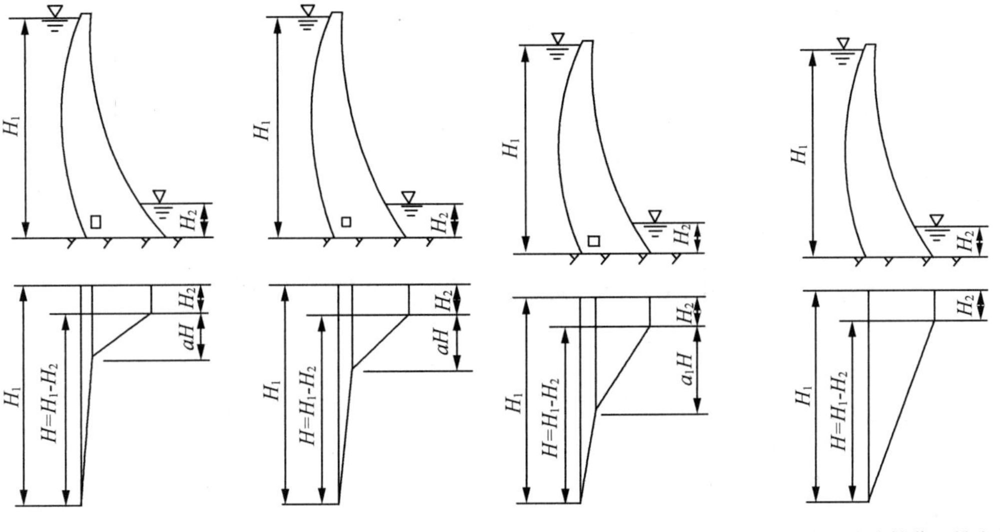

(a) 设防渗帷幕和排水孔　(b) 仅设排水孔　(c) 仅设防渗帷幕　(d) 未设防渗帷幕和排水孔

图 8.4-6　拱坝坝基扬压力分布

2) 拱座稳定分析中岸坡拱座侧面的渗透压力计算应符合下列规定:

① 拱座侧面设置防渗帷幕和排水孔时,在拱端上游点处为 H_1-H_2,排水孔中心线处折减系数 α_2 可采用 0.35,拱端下游点处为 0,其间以直线连接。对于复杂地质条件的重要工程,应由三向渗流计算或试验确定。

② 拱座侧面未设防渗帷幕和排水孔,或虽设排水孔但易于失效时,拱座侧面上、下游端自 H_1-H_2 至 0 以直线连接计算。

③ 拱座侧面未设防渗帷幕仅设排水孔或仅设防渗帷幕未设排水孔时,因受岸坡地下水和三向渗流的影响,折减系数宜适当提高。

3) 厚拱坝和中厚拱坝坝体内部,计算截面以上的上游水深 H'_1,计算截面以上的下游水深 H'_2(当计算截面在下游水位以上时,取 $H'_2=0$),其扬压力计算应符合下列规定:

① 坝内设有排水管时,在排水管中心线上为 $H'_2+\alpha_3(H'_1-H'_2)$,其间以直线连接,折减系数 α_3 可采用 0.2,见图 8.4-7(a)。

② 坝内未设排水孔时，上游至下游以直线连接，见图 8.4-7(b)。

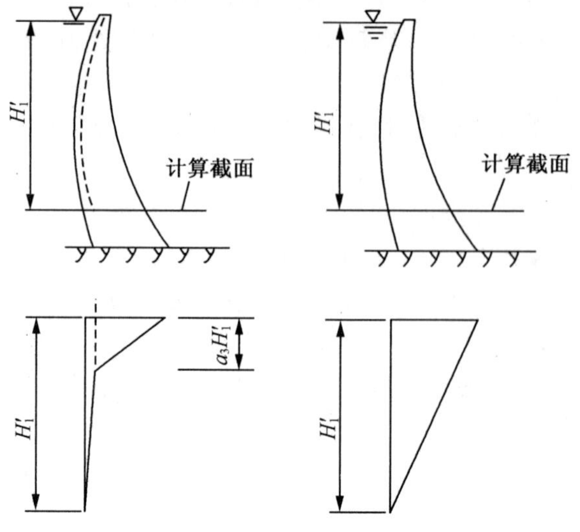

(a) 设排水孔　　　(b) 未设排水孔

图 8.4-7　拱坝坝内扬压力分布

8.5　泄、输水建筑物渗流安全评价

8.5.1　溢洪道的渗流安全评价

(1) 岩基上溢洪道

对于建在基岩上的溢洪道渗流评价的方法、内容和标准，与混凝土坝的渗流安全评价方法基本相同，具体见 8.4 节。

(2) 土基上溢洪道

对于建在土基上的溢洪道，其渗流安全评价的重点是基础及刚性结构与土体接触面。可参照《水闸设计规范》(SL 265)，主要应复核溢洪道基础水平段及出口段的渗流安全。其渗流安全评价方法见 8.3 节。

8.5.2　涵管的渗流安全评价

坝下涵管的渗流安全评价，应分析其外围接合带有无接触冲刷等渗透稳定问题，如管身有无漏水、管内有无土粒沉积，土体与扬管接合带是否有水流渗出、渗流出口有无反滤保护等。应注意的重点是其内、外水压力和库水的渗流压力对外围接合带有无接触冲刷的渗透稳定问题，评价时还需结合现场检查和观测资料作全面分析。

8.6 渗流安全综合评价

8.6.1 渗流安全综合评价标准

根据定性、定量分析评价结果，并结合实际渗流情况作全面、具体分析，对大坝渗流安全进行综合评价。综合评价的分级原则如下：

(1) 当各种岩土材料的实际渗流比降小于规范允许下限，坝基扬压力小于设计值，且运行中无渗流异常征兆时，可认为该工程的渗流性态是安全的，定为 A 级。

(2) 当各种岩土材料的实际渗流比降大于规范允许下限，但未超过其上限或同类工程的经验安全值，坝基扬压力不超过设计值，或有一定渗流异常但不影响大坝安全时，可认为该工程的渗流性态基本安全，定为 B 级。

(3) 当各种岩土材料的实际渗流比降大于规范或经验类比的上限或破坏值，坝基扬压力大于设计值，或工程已出现严重渗流异常现象时，可认为该工程的渗流性态不安全，定为 C 级。

8.6.2 渗流安全评价应注意的问题

(1) 根据近年来大量水库大坝安全评价的实践，我国大多数水库大坝兴建于 20 世纪 50—70 年代，一方面多数水库大坝既无渗流、渗压观测资料，又无系统的地质及岩土试验资料，甚至无准确的竣工图纸；另一方面，经过几十年的运行，大坝岩土的渗透性能发生变化。对于这类工程，安全鉴定工作必须补充必要的地质勘探和岩土试验等检测工作，查清大坝岩土的渗透性能、反滤及排水系统的有效性等，才能准确评价大坝渗流的安全性。

(2) 由于当时条件的限制，我国的一些土石坝施工时碾压密实度未达到现行规范的要求，坝体渗透系数偏大；水库在运行中未到达过正常水位以上的高水位，也未观察到大坝渗流异常的情况；渗流计算分析的正常蓄水位下大坝渗流是安全的，但在设计洪水位和校核洪水位下，其浸润线提高；出现渗流从坝坡出逸，且出逸比降大于允许比降，即显示高水位渗流出现不安全的状态。因此，渗流评价应分析设计及校核洪水位等未来高水位的渗流安全状态。

(3) 对均质土坝应特别注意坝基的渗透性，若坝基渗透性较大，未做防渗处理，即使坝体填筑质量满足要求，当库水位较高时，其坝下游也容易出现浸润线较高，渗流于下游坝坡出逸，且出逸比降大，渗流稳定出现不安全的状态。

(4) 过去修建的土石坝坝下涵管，多数施工质量较差，结构设计不完善的情况也较多，加上坝体不均匀沉降等原因，涵管产生裂缝或结构缝漏水的现象比较普遍，从而产生接触冲刷渗透破坏问题，危及大坝安全。渗流评价中，应注意涵管渗流安全检测与评价。

(5) 评价报告编写应注意的问题。对于已建工程的渗流安全评价报告编写一般宜按以下几个方面进行：

1）对工程运行中的渗流表现进行评价。通过现场检查、观察迹象，陈述自工程运用以来有无发生过渗流异常现象，发生渗流异常的时、空条件（含历年库水位的特征值及其持续时间），产生了哪些危害，采取过何种处理措施，效果如何，还有无影响工程安全的隐患或疑虑以及是否需做进一步勘探、试验及论证分析的工作等。

2）对原设计、施工的渗流控制措施进行评价。主要对原设计的坝址区与渗流安全问题有关的工程地质、水文地质条件、设计条件进行评价；对施工的渗流控制措施，包括实际的基础处理、防渗与反滤排水设施是否完善等情况进行评价。总之，要尽可能地明确原设计、施工的渗流控制措施有无问题，是否满足现行规范要求，能否保证大坝按设计条件安全运行。

3）对工程渗流安全性态进行分析和评价。该部分内容是渗流安全评价报告的主体部分。分析思路是“先评价现状、后评价未来”，即先根据各种实测的资料，对工程状况和常用运行条件（库水位一般都不高）下所得到的渗压力分布与安全状态进行比较（包括坝体和坝基各区材料抗渗强度、坝基扬压力及参考渗流量等），评价现状条件下工程的渗流安全性。在此基础上，还应根据现状资料做延伸预报，推算今后高水位（一般指水库尚未到达的特征水位，如设计洪水位、校核洪水位等）时的渗压分布和渗流安全性态，以评价未来高水位条件下工程的渗流安全程度。

第9章

结构安全评价

9.1 结构安全评价依据与方法

9.1.1 结构安全评价依据

结构安全评价是依据国家现行规范复核计算大坝(含近坝库岸)在静力条件下的变形、强度与稳定性,以及相关建筑物顶高程(或平台高程)是否满足现行规范要求。依据的规范或手册主要有:《碾压式土石坝设计规范》(SL 274)、《混凝土面板堆石坝设计规范》(SL 228)、《混凝土重力坝设计规范》(SL 319)、混凝土拱坝设计规范(SL 282)、《砌石坝设计规范》(SL 25)、《橡胶坝工程技术规范》(GB/T 50979)、《溢洪道设计规范》(SL 253)、《水工隧洞设计规范》(SL 279)、《水工混凝土结构设计规范》(SL 191)、《土石坝安全监测技术规范》(SL 551)、《混凝土坝安全监测技术规范》(SL 601)、《水工设计手册》等。

结构安全评价内容包括大坝等建筑物的强度、变形与稳定安全复核,以及建筑物顶高程复核。土石坝的重点是变形及稳定分析;混凝土坝、砌石坝及输、泄水建筑物的重点是强度及稳定分析。

结构安全评价可采用现场检查法、监测资料分析法和计算分析法。应在现场安全检查基础上,根据工程地质勘察、监测、安全检测等资料,综合监测资料分析与结构计算对大坝结构安全进行评价。对有变形、应力、应变及温度监测资料的大坝,首先应进行监测资料分析;对运行中暴(揭)露的影响结构安全的裂缝、孔洞、空鼓、腐蚀、塌陷、滑坡等问题或异常情况应作重点分析。

9.1.2 结构安全评价方法

判断结构安全性,应首先现场检查大坝是否存在直观上的险情,然后根据监测资料分析和计算分析综合判断其是否在规范或设计的允许范围内。当有监测资料时,应优先采用监测资料分析法并结合现场检查与计算分析,综合评价大坝的结构安全性;当缺乏监测资料时,采用计算分析结合现场检查评价大坝结构安全性。

(1) 现场检查法

通过现场检查和观察大坝的变形、沉降、位移、渗漏等情况，判断其结构安全性。该方法是最为直观的方法，特别是对于缺乏资料的中小型水库。现场检查发现问题后，还需进行必要的计算分析论证，查明产生险情的根源。

(2) 监测资料分析法

通过对大坝监测资料整编分析，了解大坝的变形、应力应变等测值的变化以及随时间、荷载等影响因素而变化的规律，并建立统计或数学模型，通过实测值或推算值与规范或设计允许值进行比较，判断大坝的结构安全性。

监测资料分析是对大坝安全状况进行客观、科学、正确评价的最可靠手段，但由于监测资料受仪器本身可靠性等因素影响，可能存在监测资料不可靠的问题，因此应从仪器埋设、目前的工作状态等进行查证，必要时需要进行现场测试校验，对原始监测资料进行考证、甄别，确保观测资料可靠。

由于不同监测量(如混凝土坝裂缝与温度、渗流量等)之间存在内在联系或互为因果关系，在各监测量观测资料分析基础上，还应对监测成果进行综合分析，并互相验证，评价大坝的结构安全性。

具体方法可参见《土石坝安全监测技术规范》(SL 551)、《混凝土坝安全监测技术规范》(SL 601)。

(3) 计算分析法

现场检查和监测资料为实际情况的反映，实际运行中一般极少遇上设计与校核工况，计算分析一般是必不可少的。计算分析可对现场检查和监测资料分析中发现的异常情况进行验证和原因分析，还可推算和评价大坝在设计和校核工况下的安全性。

9.2 土石坝结构安全评价

9.2.1 土石坝结构及体形复核

(1) 坝顶超高

坝顶超高包括波浪爬高、风壅增高和安全加高三部分。《水利水电工程等级划分及洪水标准》(SL 252)规定水利水电工程永久性挡水建筑物顶部高程，应按设计情况和校核情况时的静水位加相应的波浪爬高、风壅增高和安全加高，土石坝安全加高应不小于表 9.2-1 的规定。当防浪墙稳定、坚固、不透水且与坝体防渗体紧密结合时，坝顶超高可以算至防浪墙顶，但在正常运用条件下，坝顶高程应高于静水位 0.5 m，在非常运用条件下，应不低于静水位。

(2) 防渗体

防渗体断面应满足渗透比降、下游浸润线和渗透流量要求。应自上而下逐渐加厚，顶部水平宽度不宜小于 3 m；底部厚度，斜墙不宜小于水头的 1/5，心墙不宜小于水头的 1/4。

表 9.2-1 土石坝安全加高 单位:m

运用情况		永久性挡水建筑物级别			
		1	2	3	4、5
设计		1.5	1.0	0.7	0.5
校核	山区、丘陵区	0.7	0.5	0.4	0.3
	平原、滨海区	1.0	0.7	0.5	0.3

防渗体顶部在正常运用(正常蓄水位或设计洪水位)条件下的超高,心墙为 0.3～0.6 m,斜墙为 0.6～0.8 m;在非常运用条件下,防渗体顶部高程应不低于静水位。如防渗体顶部设有稳定、坚固、不透水且与坝体防渗体紧密结合的防浪墙,防渗体顶高程可不受上述限制,但不得低于正常运用的静水位。

土质防渗体顶部和土质斜墙上游应设保护层,可采用砂、砂砾或碎石,其厚度不小于该地区冻胀深度或干燥深度。

(3) 反滤层和过渡层

在有渗流通过的两种级配明显不同的材料之间应设置反滤层,以防止土粒流失。而设置过渡层是为了防止两种刚度相差较大的材料之间(如心墙和强透水坝壳)产生变形和应力急剧变化,以便起缓冲作用。一般反滤层可起过渡层作用,而过渡层不一定严格满足反滤层要求,通常前者薄后者厚。

反滤层设计包括选定颗粒级配、层数、厚度以及透水性,应满足以下要求:①被保护土不会流失;②有足够的透水性使渗流顺畅排泄;③不被细粒土淤堵;④控制含泥量(<0.1 mm)不超过 5%;⑤当土质防渗体产生裂缝导致集中渗流时,能阻挡土粒流失,使缝隙在渗水浸泡下坍塌自愈。具体可参照规范 SL274 附录 B。

(4) 坝顶结构

1) 坝顶宽度:70 m 以上高坝取 10～15 m;70 m 以下中低坝取 5～10 m。

2) 防浪墙:墙顶高程应高于坝顶 1.0～1.2 m,必须与防渗体紧密结合。防浪墙应坚固不透水,结构尺寸根据稳定、强度计算确定,并应设置伸缩缝,做好止水。

3) 坝顶盖面:宜采用密实的砂砾石、碎石、单层砌石或沥青混凝土等柔性材料。坝面可向上、下游侧或下游侧放坡,方便排水;有防浪墙时应向下游放坡;坡度在 2%～3%。

(5) 坝坡

均质坝坝坡最缓;心墙坝上下游多为透水坝壳,坝坡都较陡;沥青混凝土面板上游坡不宜陡于 1∶1.7;斜墙坝坝坡上游坡较下游坡缓,下游坡与心墙坝相近。马道宽度不宜小于 1.5 m。

(6) 坝体排水

坝体排水型式一般有棱体排水、贴坡排水、坝内排水及综合型排水。坝体排水应满足以下要求:①能自由地向坝外排出全部渗透水;②按反滤原则设计,保证渗透稳定。

9.2.2 变形监测资料分析

变形分析包括沉降(竖向位移)分析、水平位移分析、裂缝分析等,必要时应进行应力应变分析。

(1) 变形分析的内容

变形分析内容有沉降(竖向位移)分析、水平位移分析、裂缝分析及应力应变分析。

(2) 变形分析的方法

变形分析方法或途径有变形监测资料分析和变形计算分析，两者应相互验证和补充。对有变形监测资料的大坝，首先应作监测资料分析；当缺乏变形监测资料且大坝已发生异常变形和开裂的，或沿坝轴线地形、地质变化较大，有开裂疑虑的，可进行变形计算分析。

1) 变形监测资料分析

变形监测资料分析按《土石坝安全监测技术规范》(SL 551)进行，但对专项报告而言，有条件的应建立数学模型，以便用于安全监控和预测未来高水位下的大坝变形。

2) 变形计算分析

变形计算分析主要是裂缝分析和应力应变分析。

① 裂缝分析

这里的裂缝分析是指坝体由于不均匀沉降引起的裂缝的分析。因温度或冻融引起的表面裂缝不在此范畴内。裂缝分为竖向(含斜向)裂缝和水平裂缝。在高程上则分为表面(层)和深层的裂缝。竖向裂缝又分垂直坝轴线的和平行坝轴线的裂缝，前者危险性更大。

a) 竖向裂缝分析

竖向裂缝分析可采用基于沉降观测资料的倾度法。a、b 两点间的倾度 γ 定义为：

$$\gamma=\frac{S_a-S_b}{|l_a-l_b|}=\frac{\Delta S}{\Delta l} \qquad (9.2\text{-}1)$$

式中符号的意义见图 9.2-1。

a、b、c 三点之间的倾度斜率$\frac{\Delta\gamma}{\Delta l}$定义为：

$$\frac{\Delta\gamma}{\Delta l}=\frac{\gamma_{ab}-\gamma_{bc}}{\Delta l}=\frac{1}{\Delta l^2}[S_a-2S_b+S_c] \qquad (9.2\text{-}2)$$

式中符号的意义见图 9.2-1。

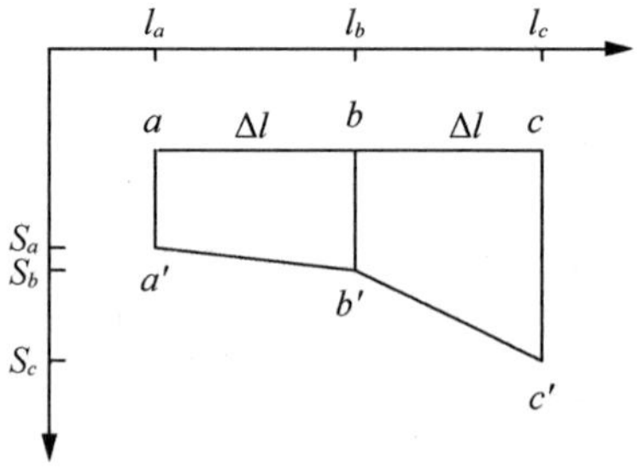

图 9.2-1　倾度法简图

以上是个平均的概念，当沉降变化剧烈(极不均匀)时，引入变形集中系数 Q，

$$\gamma=\frac{1}{Q}\frac{\partial S}{\partial l}$$
$$\frac{\Delta\gamma}{\Delta l}=\frac{1}{Q^2}\frac{\partial^2 S}{\partial l^2} \qquad (9.2\text{-}3)$$

式中：$Q=n\frac{\lambda_1}{\lambda_2}\geqslant 1$，其中 n、λ_1、λ_2 为裂缝分布及沉降变化有关的系数，在非开裂情况下，$Q=1$，在开裂处，$Q=5\sim6$。当把坝体作为梁考虑时，有

$$\varepsilon_c=\frac{1}{2}Q^2cH\frac{\Delta\gamma}{\Delta l} \qquad (9.2\text{-}4)$$

式中：ε_c 为水平应变；c 为河谷地形系数，一般在 0.25～0.50 之间变化，窄河谷、高坝取低值；

H 为坝高,单位与 S 一致。

土体开裂判别如下:

$$\text{纯剪切区:}\quad \begin{cases} \gamma<\gamma_c & \text{不开裂} \\ \gamma=\gamma_c & \text{临界状} \\ \gamma>\gamma_c & \text{开裂} \end{cases} \tag{9.2-5}$$

$$\text{纯张拉区:}\quad \begin{cases} \varepsilon_{tc}<\frac{1}{2}cH_{\max}Q^2\frac{\Delta\gamma}{\Delta l} & \text{开裂} \\ \varepsilon_{tc}=\frac{1}{2}cH_{\max}Q^2\frac{\Delta\gamma}{\Delta l} & \text{临界状态} \\ \varepsilon_{tc}>\frac{1}{2}cH_{\max}Q^2\frac{\Delta\gamma}{\Delta l} & \text{不开裂} \end{cases} \tag{9.2-6}$$

式中:γ_c 为临界破坏倾度值,$\gamma_c=\frac{\gamma_f}{Q}$,对于一般常见土质,$\gamma_c$ 值在 0.5%~1.8%之间,北方黄土 γ_c 在 0.2%~0.5%之间;γ_f 为剪切破坏应变,由拉伸试验或土梁挠曲试验确定;ε_{tc} 为土体极限拉应变,由拉伸试验或土梁挠曲试验确定,一般在 0.8‰~4.0‰之间变化,甚至更大。

对于既非纯剪又非纯拉的两者联合作用地段,上述判别值应降低。

倾度(斜率)计算中所需的坝体沉降数据应通过坝面及深层沉降观测获得。当缺乏沉降观测资料时,可借用前述沉降计算结果。

沉降观测往往存在漏测问题。若漏测时间不长久,可通过时间坐标变换,找到一条既通过观测起点 $O'_a(T_s,0)$,又通过填筑起点 $O(0,0)$ 的直线(见图 9.2-2),然后将其延长,求得漏测沉降量。

通常采用的直线化沉降过程线(数学模型)有:

- $S_a=K s\lg(1+at)$ (对数)
- $S_a=K s\lg[1+b\lg(1+at)]$ (重对数)
- $S_a=\frac{1}{b+a/t}$ (双曲线)
- $S_a=at^b$ (幂函数)
- $S_a=ae^{b/\sqrt{t}}$ (指数函数)

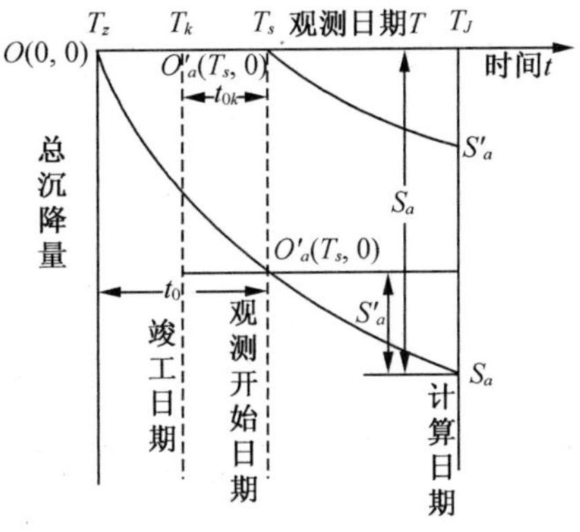

图 9.2-2 漏测沉降估算图

使用较多的是前两种,且在沉降发展较缓慢,稳定时间较长的情况下,宜采用第一种,反之采用第二种。

随着计算机的普遍应用,一般都是针对某一工程的沉降观测资料,用上述各种数学模型进行拟合,选出一个最佳模型。还有的,对不同沉降阶段选取不同的数学模型拟合,即分段拟合法。

b) 水平裂缝分析

水平裂缝分析通常是针对黏土心墙坝,尤其是薄黏土心墙坝而进行的。

水平裂缝分析途径,一是通过对拱效应显著部位的沉降、应变及应(压)力观测资料分析判断是否产生水平裂缝;二是通过应力应变分析找出拉应力区或主应力明显减小部位,判别是否产生水平裂缝或水力劈裂;如有条件,宜两者联合进行。

通过对埋设可能产生竖向及水平裂缝部位的渗压计或温度计的观测资料分析，也可间接判断是否开裂以及裂缝的变化。

② 应力应变分析

对Ⅰ、Ⅱ级高坝及建于复杂和软弱地基上的坝应采用有限元计算坝体及坝基或其他相衔接的建筑物在土体自重及其他外荷作用下的各种不同工作条件下的应力应变。分析坝体是否发生塑流及其范围、拉应力区及其范围、变形及裂缝、防渗土体的水力劈裂、混凝土面板周边缝及垂直缝的可能变形等，并据以研究相应的工程措施。

当有变形(应变)观测资料时，可用有限元法反演有关计算参数，从而获得变形监测的确定性模型或混合模型。

土石坝应力应变(变形)计算可采用 BISS、TOSS 及 TOSSD3、EFESD3 计算程序。这些计算程序是基于水利部水利规划设计总院推荐的“南水”模型编制的，也可采用其他成熟的计算程序。

BISS 为有效应力法土石坝二维应力应变计算程序适用于土质防渗体的土石坝和黏性土均质坝的计算。

TOSS 为总应力法土石坝二维应力应变计算程序，适用于混凝土或沥青混凝土等非黏性土防渗体堆石坝及填筑含水率较低的土质坝的计算。

TOSSD3 为总应力法土石坝三维、动力分析通用程序，适用于土石坝，尤其是面板堆石坝的分析计算。

EFESD3 为有效应力法土石坝三维静、动力分析通用程序，适用于土石坝，尤其是面板堆石坝的计算。

(3) 变形分析评价

变形分析评价应包括以下几方面内容：

1) 大坝总体变形性状及坝体沉降是否稳定；

2) 大坝防渗体是否产生危及大坝安全的裂缝；

3) 大坝变形监测的评价。

9.2.3 抗滑稳定有限元计算

(1) 稳定计算的工作条件

稳定计算的工作条件应符合《碾压式土石坝设计规范》(SL 274)及《混凝土面板堆石坝设计规范》(SL 228)规定。应采用大坝现状的实际环境条件和水位参数。

针对已建坝的安全评价，其稳定计算应为水库运用期可能遇到的运行条件，即：

1) 水库水位为正常蓄水位和设计洪水位的稳定渗流期的上、下游坡——正常运用条件。

水库水位为正常蓄水位时，下游取相应的最低水位；水库水位为设计洪水位时，下游取相应的水位。

在高水位下，由于水压力作用，上游坡一般不会滑动而在某一水位时，上部为湿容重，下部为浮容重，存在比正常蓄水位或空库时稳定安全系数低的情况，该水位一般称为不利水位。对于均质坝，该水位约为坝高的 1/3。

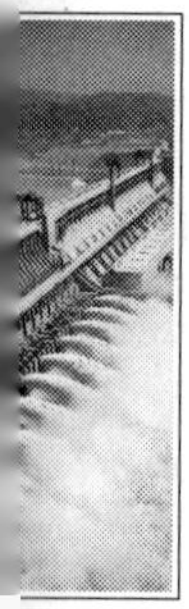

2）水库水位为正常蓄水位（或设计洪水位）与死水位之间的经常性的正常降落的上游坡——正常运用条件。

3）校核洪水下有可能形成稳定渗流的下游坡——非常运用条件。

水库水位为校核洪水位时，下游取相应的水位。

4）水库水位为非常降落的上游坡——非常运用条件。

非常降落的水位可以是自校核洪水位落至某可能的水位；自正常蓄水位（或设计洪水位）降落至死水位；或自正常蓄水位快速泄空（或可能出现的最低库水位）。

5）长期降雨期有可能被雨水饱和的坝坡——非常运用条件。

通常仅对多雨地区，坝面未设排水设施，填土渗透系数为 $10^{-5} \sim 10^{-4}$ cm/s 的坝才进行此项复核。

6）当大坝坝顶兼作公路时，其稳定分析中应计及车辆荷载。车辆荷载等级依车辆、公路标准，按《公路工程技术标准》（JTG B01）确定。

在以往的复核计算中，不按规范规定的运用条件执行的时有发生。如有的试图论证在校核洪水位下形成稳定渗流的可能性极少，而不进行此种运用条件的复核；有的则相反，只算校核洪水位下的稳定复核，认为在此极端情况下能满足的，其他情况也都能满足，不需再算其他工作条件的。

这里强调的大坝现状的实际环境条件，主要是指水库运用多年后，有的坝顶高程或坝的断面已改变，有的坝前大量淤积，有的设计、施工和运行控制网系不一致，换算有误，引起坝顶高程、水位参数及库容曲线的改变等。因此应从控制网系着手，仔细核实大坝现状的坝顶高程及形体尺寸，坝前淤积及库容曲线等。

（2）稳定的计算方法

稳定的计算方法按《碾压式土石坝设计规范》和《混凝土面板堆石坝设计规范》执行。

1）坝坡抗滑稳定计算应采用刚体极限平衡法。

2）对于均质坝、厚斜墙坝和厚心墙坝，宜采用计及条间作用力的简化毕肖普法。

3）对于有软弱夹层、薄斜墙和薄心墙的坝坡稳定分析及任何坝型，可采用满足力和力矩平衡的摩根斯顿-普赖斯等方法。

4）非均质坝体和坝基稳定安全系数的计算应考虑安全系数的多极值特性。滑动破坏面应在不同的土层进行分析比较，直到求得最小稳定安全系数。

5）计算方法

① 简化毕肖普法的要点

稳定渗流期和水库水位降落期的安全系数，按下式计算：

$$K=\frac{\sum\left\{\left[c'b\sec\beta+\left((W_1+W_2)\sec\beta-(u-\gamma_w z)b\sec\beta\right)\tan\phi'\right]\dfrac{1}{1+\dfrac{\tan\phi'\tan\beta}{K}}\right\}}{\sum(W_1+W_2)\sin\beta}$$

（有效应力法）　(9.2-7)

水库水位降落期的安全系数，按下式计算：

$$K=\frac{\sum\left\{\left[C_{cu}b\sec\beta+(W\sec\beta-u,\sec\beta)\tan\phi_{cu}\right]\dfrac{1}{1+\dfrac{\tan\phi_{cu}\tan\beta}{K}}\right\}}{\sum W\sin\beta}\quad（总应力法）$$

（9.2-8）

② 瑞典圆弧法的要点

圆弧滑动条分见图 9.2-3。

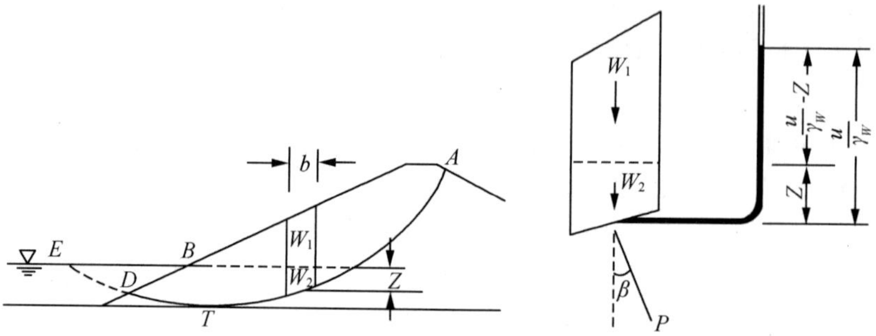

(a)　　(b)

图 9.2-3　圆弧滑动条分计算示意图

稳定渗流期或水库水位降落期的安全系数，由下式确定：

$$K=\sum\{c'b\sec\beta+[(W_1+W_2)\cos\beta-(u-\gamma_w z)b\sec\beta]\times \mathrm{tg}\phi'\}\frac{1}{\sum(W_1+W_2)\sin\beta}$$

（有效应力法）（9.2-9）

在水库水位降落期，也可用下式计算安全系数：

$$K=\frac{\sum\{C_{cu}b\sec\beta+[W\cos\beta-u_i b\sec\beta]\tan\phi_{cu}\}}{\sum W\sin\beta}\quad（总应力法）\quad（9.2\text{-}10）$$

式中：b 为条块宽度；W 为条块实重，$W=W_1+W_2+\gamma_w zb$；W_1为在坝坡外水位以上的条块实重；W_2为在坝坡外水位以下的条块浮重；z 为坝坡外水位高出条块底面中点的距离；u 为稳定渗流期或水库水位降落期坝体或地基中的孔隙压力；u_i 为水库水位降落前坝体中的孔隙压力；β 为条块的重力线与通过此条块底面中点的半径之间的夹角；C'，ϕ' 为有效应力强度指标；C_{cu}，ϕ_{cu} 为总应力强度指标。

③ 滑楔法

依滑楔之间作用力方向将滑楔法分为两种。一种假定滑楔之间作用力是水平的，另一种假定滑楔之间作用力是平行于坡面，或平行于坡面和楔底斜面的平均坡度。该两种滑楔法分别相当于瑞典圆弧法和简化毕肖普法，其安全系数也相应地满足各自的不同要求。

该滑楔法中，假定在滑动面上抗剪强度的发挥程度是一样的，表示为 $\varphi_i=\tan^{-1}\frac{\tan\phi'_i}{K}$（见图 9.2-4）。其中 ϕ'_1、ϕ'_2 为黏土与砂砾料接触面上的有效内摩擦角，保守考虑可取黏土的有效内摩擦角；ϕ'_3 为黏土的有效内摩擦角；ϕ'_4 为砂砾料的有效内摩擦角。

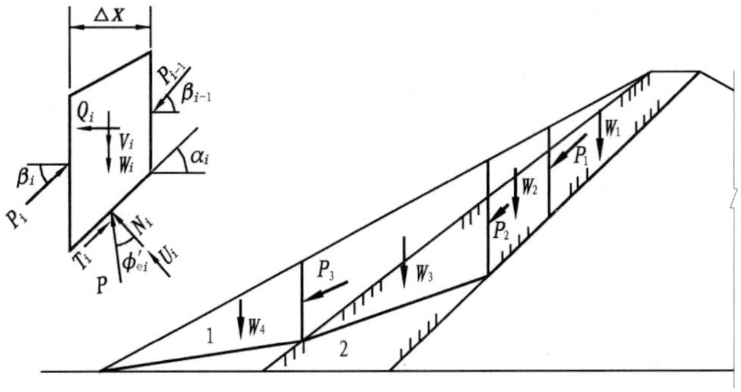

1—砂壳；2—黏土

图 9.2-4 滑楔法稳定计算示意图

④ 摩根斯顿-普赖斯方法

参见《碾压土石坝设计规范》(SL 274)附录 D.2.2。

⑤ 坡外水作用的处理方法

当坡外有水时，通常采用如下两种处理方法。

a) 当采用总应力法确定强度时，可把坡外的水看作是滑动土体的一部分，即把图 9.2-3(a)中滑动面 AD 延伸到坡外与坡外水位相交于 E，分析滑动土体和 $ATDEBA$ 的稳定性。

b) 当采用有效应力法分析时，可将水位以上的土块以实重计算，而水位以下的土块以浮重计算，这样可不计坡外的水，但需从滑动面上的孔隙压力 u 中减去 $z\gamma_w$。

(3) 抗剪强度和孔隙水压力的确定

抗剪强度和孔隙水压力是稳定分析所需的主要计算参数。

1) 抗剪强度的确定

当无代表现状的抗剪强度参数时，对于大型及重要中型水库大坝宜钻探取样，依《碾压式土石坝设计规范》(SL 274)的规定，按《土工试验方法标准》(GB/T 50123)及《土工试验规程》(SL 237)测定其抗剪强度。一般中型及特别重要小型水库可参照以往的抗剪强度或依土的性状参照其他工程经验选取。

土的抗剪强度指标应采用三轴仪测定，对Ⅲ级以下中坝，可用直接慢剪试验测定有效强度指标；对渗透系数小于 10^{-7} cm/s 或压缩系数小于 0.2 MPa^{-1} 的土，也可用直接快剪或固结快剪试验测定其总强度指标。

不同控制稳定时期的强度计算方法、土类、使用仪器、试验方法及抗剪强度指标等见表 9.2-2。

黏性土料抗剪强度指标大于 11 组，宜采用小值平均值确定，其方法是，对于直接剪切试验，从不少于 11 组的抗剪试验成果中，选取相当于垂直压力 100、200、300、400 kPa 的抗剪强度共四组，取各组的小值平均值，依其与相应的垂直压力给出强度包线，定出抗剪强度指标；对于三轴剪切试验，从不少于 11 组剪切试验成果中选取相当于受压时压力 100、200、300 和 400 kPa 的应力图的直径和圆心位置共四组，各取其小值平均值，绘出四个相应的应力圆及强度包线，定出抗剪强度指标，对于中、高坝，应相应提高法向压力和受压室压力。对坝壳堆石料、砾石料等粗粒料以及黏性土，在试验组数较少的情况下，可根据试验成果和参考类似工程确定。

表 9.2-2　抗剪强度指标的测定和应用

控制稳定的时期	强度计算方法	土类		使用仪器	试验方法与代号	强度指标	试样起始状态
稳定渗流期和水库水位降落期	有效应力法	无黏性土		直剪仪	慢剪(S)	C',ϕ'	坝体及坝基均用原状土，要预先饱和，但浸润线以上的土不需饱和
				三轴仪	固结排水剪(CD)		
		黏性土		直剪仪	慢剪		
				三轴仪	固结不排水剪测孔隙压力(Cu)或固结排水剪(CD)		
水库水位降落期	总应力法	黏性土	渗透系数小于 10^{-7} cm/s	直剪仪	固结快剪(R)	C_{cu},φ_{cu}	
			任何渗透系数	三轴仪	固结不排水剪(Cu)		

2) 孔隙水压力的确定

稳定渗流期坝体及坝基中的孔隙水压力，应根据流网确定。对于 1、2 级坝及高坝和重要中型水库大坝，其流网应根据孔隙水压力观测资料绘制。高水位(校核洪水位、设计洪水位及长期限制低水位运行下的正常蓄水位)下绘制流网所需的孔隙水压力，应由相应观测资料整理的数学模型推算。必要时，可由有限的孔隙水压力观测资料用有限元法反演坝体及坝基的有关计算参数，然后通过有限元法计算相应高水位下的渗流场，绘出流网。

水位降落期上游坝壳内的孔隙水压力，宜优先采用原型观测值。当缺少原型观测资料时，对于无黏性土，可用一般计算方法确定水库水位降落期坝内浸润线位置，绘出瞬时流网，定出孔隙水压力；对于黏性土，可用下面的近似方法估算孔隙水压力。

坝体内某点 A(见图 9.2-5)在水位降落到 B 点以下后的孔隙水压力为：

$$u=\gamma_w[h_1+h_2(1-n_e)-h'] \tag{9.2-11}$$

式中：h_1 为 A 点上部黏性填土的土柱高度；h_2 为 A 点上部强透水性填土的土柱高度；n_e 为强透水性填土的有效孔隙率；h' 为在稳定渗流期库水流到达 A 点的水头损失值；γ_w 为水的容重。

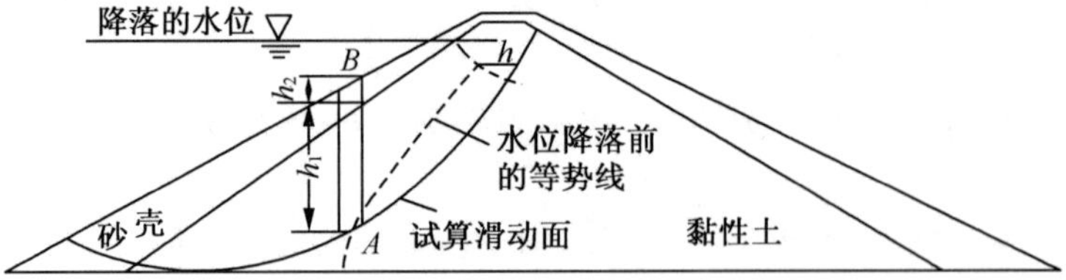

图 9.2-5　水位降落期黏性填土内的孔隙压力

对于特别高的坝或特别重要的工程，宜用有限元法，采用坝体及坝基的反演计算参数，做库水位降落期非稳定渗流计算，确定相应的渗流场及孔隙水压力。

(4) 稳定分析评价(标准)

稳定计算所得到的坝坡抗滑稳定安全系数，应不小于表 9.2-3 规定的数值。

表 9.2-3　坝坡抗滑稳定最小安全系数

运用条件	工程等级			
	Ⅰ	Ⅱ	Ⅲ	Ⅳ、Ⅴ
正常运用条件	1.30	1.25	1.20	1.15
非常运用条件	1.20	1.15	1.10	1.05

对于Ⅰ、Ⅱ级坝及高坝，以及一些比较复杂的情况，采用简化毕肖普法或其他方法计算坝坡抗滑稳定最小安全系数，应比表 9.2-3 中的规定提高 5%～10%，但Ⅰ级坝正常运用条件下的安全系数应不小于 1.5。

对特别高的坝或特别重要的工程，最小安全系数的容许值可另行规定。

9.2.4　土石坝与岸坡的连接

土石坝与岸坡的连接应从以下几个方面进行评价：①坝体与岸坡之间是否存在不均匀沉降并导致坝体产生横向裂缝；②绕坝渗流及土石坝防渗体与岸坡接触面渗流是否产生渗流破坏；③岸坡自身是否稳定。

(1) 坝体与岸坡之间的不均匀沉降问题

应通过现场检查，并根据岸坡的地质条件及地形资料，从岸坡基础处理措施、坝体填筑要求及施工情况等方面进行评价。

(2) 岸坡接头的渗流稳定问题

岸坡接头易发生渗流破坏，通常表现为：①沿坝体与岸坡接触面产生集中渗漏；②通过坝体横缝产生渗漏；③绕坝渗漏。

应从岸坡防渗处理、防渗体及上下游反滤等方面进行评价。

(3) 岸坡抗滑稳定问题

查明岸坡是否存在滑坡体或软弱夹层等不良地质体，如采取了挡墙、锚杆或抗滑桩等工程措施，应评价其措施是否合理，岸坡是否满足稳定要求。

9.2.5　土石坝与混凝土建筑物的连接

土石坝与混凝土坝的连接，可采用侧墙式(重力墩式或翼墙式等)、插入式或经论证的其他形式。土石坝与船闸、溢洪道等建筑物的连接应采用侧墙式。连接面应满足防渗要求。

采用侧墙式连接时，土质防渗体与混凝土面结合的坡度不宜陡于 1∶0.25，下游侧接触面与土石坝轴线的水平夹角宜在 85°～90°之间。连接段的防渗体断面宜加大或选用高塑性黏土填筑并压实，且加强下游反滤层。

对于穿坝涵管，应评价其渗径长度是否满足要求；涵管本身伸缩缝和沉降缝及止水是否符合规范要求；涵管下游出口应做好反滤层。

9.3　混凝土坝结构安全评价

混凝土坝包括重力坝、拱坝、支墩坝。重力坝安全评价依据的规范为《混凝土重力坝设计规范》(SL 319)；拱坝为《混凝土拱坝设计规范》(SL 282)；支墩坝没有相应的设计规范，主要参照《水工设计手册》(华东水利学院主编，1983 年 10 月)及有关规范。

混凝土坝结构安全评价主要复核其强度与稳定是否满足规范要求。抗滑稳定复核包括沿建基面的抗滑稳定和沿坝基软弱夹层抗滑稳定性。强度复核主要包括应力复核与局部配筋计算。除强度与稳定复核外，必要时可能还需要进行坝体及结构的变形计算。大坝施工过程中出现过质量事故的部位；运行中位移、变形、应力、渗流等观测值异常以及出现过险情或结构上薄弱的部位等，应该作为结构安全评价的重点。此外，还需对近坝库岸的稳定性进行复核与评价。

混凝土坝结构安全的评价方法主要有现场检查法、监测资料分析法及计算分析法。当有监测资料时，应优先采用监测资料分析法并结合现场检查与计算分析综合评价大坝的结构安全性；当缺乏监测资料时，可采用计算分析结合现场检查评价大坝的结构安全性。

由于安全评价是对大坝现状安全的评价，因此必须重视和紧密结合大坝的工程现状与运行表现，避免评价工作变成纯设计复核或单纯的计算，应重视对观测资料的分析，计算分析还应结合大坝的运行表现进行。

9.3.1　混凝土坝结构表现及体形复核

通过现场检查和观察大坝的变形、沉降、位移、渗漏等情况，判断其结构安全性。

9.3.1.1　重力坝

重力坝一般为混凝土或砌石结构，运行一定时间后容易出现以下一些结构病害现象：

(1) 地基未作认真处理，或者地基恶化，导致大坝沿建基面抗滑稳定不能满足要求；

(2) 坝基防渗帷幕不满足要求，渗漏严重，排水不畅，坝基扬压力超过设计采用值，降低坝体抗滑稳定安全性；

(3) 坝体表面、廊道、泄水管道以及闸墩等部位出现危害裂缝；

(4) 坝体混凝土出现严重碳化现象；

(5) 坝体混凝土强度严重降低；

(6) 砌石坝砌筑砂浆或细石混凝土不密实，石料风化严重，坝体整体性能降低；

(7) 坝体混凝土出现贯穿性裂缝，导致混凝土钙化物析出，坝体渗漏。

9.3.1.2　拱坝

拱坝容易出现以下一些病害问题：

(1) 拱座及坝肩岩石块体稳定存在问题，这是影响拱坝安全的重要因素，必须予以高度重视；

(2) 由于坝体结构单薄，部分拱坝体形不合理；

(3) 坝体局部应力较大，超过材料允许强度；

（4）坝体容易出现裂缝，严重者坝上、下游面出现贯穿性劈头缝；

（5）砌石拱坝防渗结构不满足要求。

9.3.1.3 支墩坝

对于平板坝、连拱坝和大头坝等支墩坝，容易出现以下一些病害问题：

（1）挡水面板渗漏溶蚀不断加剧，面板迎水面风化侵蚀损害严重，面板强度大幅度降低；

（2）坝基帷幕防渗能力衰减；

（3）坝体裂缝增生或扩展。

现场检查法是最直观有效的方法，许多水库大坝都是通过现场检查发现事故隐患的。对缺乏资料的中小型工程，该方法可能是最有效的方法。但仅有现场安全检查是不够的，往往不能揭示问题产生的真正原因。有些水库大坝仅凭现场检查发现了问题，就进行加固处理，但常常不能彻底根治病害，甚至多次除险加固后仍为病险库，浪费了大量的财力、物力。因此，现场检查发现问题后，一般仍需进行必要的计算分析论证，查明产生险情的根源，以便采取针对性的除险加固措施。

9.3.2 变形监测资料分析

重力坝、拱坝的主要监测项目、部位和方法见表9.3-1。监测资料分析是通过对监测资料的整理分析，了解大坝的位移、变形、应力等观测值的变化、有无异常以及随作用荷载、时间、空间等影响因素而变化的规律，并建立监测量与作用荷载、时间、空间等因素之间的统计或混合数学模型，通过监测量的实测值或数学模型推算值与有关规范或设计、试验规定的容许值（如容许应力、安全系数、容许挠度、容许裂缝宽度、容许位移等）的比较，从点出发，由点到面，综合判断大坝的结构安全性。监测资料分析是对大坝安全状况进行客观、科学、正确评价的最可靠手段。

表9.3-1 混凝土坝主要监测项目、部位和方法

坝型	监测项目	监测部位	监测方法	备注
重力坝	坝顶水平位移	典型坝段、结构或基础地质条件复杂坝段、运行中出现问题的坝段	正、倒垂线、真空激光准直、引张线	坝高70 m以上的大坝适当增加基础、坝身变形监测
	坝顶垂直位移		静力水准、真空激光准直	
	坝体接缝		测缝计	
拱坝	坝顶水平位移	拱冠、1/4拱、两岸坝肩	正、倒垂线	
	坝体温度	拱冠梁断面	内部埋设温度计	
	横缝开合度	有选择	表面埋设测缝计	
	坝肩变位	有选择	埋设钻孔多点变位计、固定式测斜仪	

监测资料分析的项目、内容和方法应根据实际情况而定。监测资料的分析方法，一般包

括比较法、作图法、特征值统计法及数学模型法，具体可参见《混凝土坝安全监测技术规范》(SL 601)第 10 章监测资料的整编与分析和附录 I 监测资料整编与分析的方法和内容。

(1) 采用作图法，结合地质条件，利用综合过程线(如将上下游水位、气温、监控指标以及同坝段的扬压力和渗流量等画在同一张图上)判断变形(含裂缝或接缝)是否符合一般规律，或有何异常。如，坝体位移对水位和温度的变化反应非常灵敏：每当库水位升降或温度骤变，坝体位移均有迅速反应；具有以年为周期的变化规律。每年夏季，坝体水平位移向上游；冬季坝体水平位移向下游；其中拱坝的变化要较重力坝更为明显；气温对位移变化有滞后影响，随着坝型、坝厚的不同，以及库水位等外界因素的影响，位移滞后的时间长短不同。由图可直观地了解和分析监测值的变化大小和规律，影响监测值的荷载因素和其对监测值的影响程度，监测值有无异常等。

(2) 采用特征值统计法，分析当前观测值与其历史显现值的相对比较(但需注意坝基渗漏与坝体结构缝漏水的区别)，侧重强调"当前观测值与其历史显现值的相对比较"；分析位移、裂缝开合度等实测值是否超过规范、设计、试验规定的容许值。

(3) 采用数学模型方法，分离变形监测量中的时效分量；分析变形观测值与环境量、时间等的关系和变化趋势；分离时效分量，判断监测量与效应量的既有关系是否突然改变并呈趋势性增长等恶化趋势。

(4) 若坝体存在影响结构整体性态的裂缝，应综合分析裂缝、位移的时空发展趋势；若坝基存在渗流异常，应结合渗流监测资料，综合分析变形监测量的变化。

由于不同监测量之间存在内在联系或互为因果关系，因此在各监测量观测资料分析工作基础上，还应对监测成果进行综合分析，并相互验证，评价大坝的结构安全性。

9.3.3 结构应力计算

计算分析法是通过理论计算分析评价大坝结构安全性的方法。现场检查与观测结果为现实情况的反映，往往与设计和校核工况运用条件下的大坝性态还有一定差别，因此在大坝结构安全评价中，计算分析一般都是必不可少的，它不仅能对现场检查和资料分析中发现的异常情况(如变形、裂缝)进行验证和原因分析，还可以推算和评价大坝在设计和校核工况下的安全性。

重力坝和拱坝应分别按照《混凝土重力坝设计规范》(SL 319)和《混凝土拱坝设计规范》(SL 282)规定的方法进行。支墩坝没有相应的设计规范，可参照有关设计手册(如《水工设计手册》，华东水利学院主编，1983 年 10 月)及规范 SL 319 和 SL 282 规定的方法进行。

9.3.3.1 重力坝

重力坝坝体应力复核计算以材料力学法为主，有限元法为辅。计算坝体选定截面上(应根据坝高选定计算截面，包括坝基面，折坡处的截面及其他需要计算的截面)。

因水库外部环境及运行条件变化，作用于大坝上的各种荷载一般不再与设计条件相符，如实测扬压力分布往往与设计时假定的扬压力分布有较大差别。因此通过计算分析法对混凝土坝的结构安全进行分析评价时，应根据水库运行现状以及观测资料和补充试验资料重新核算作用在大坝上的荷载。

作用在坝上的荷载分为基本荷载和特殊荷载，基本荷载包括：坝体及其上永久设备自重;正常蓄水位或设计洪水位时大坝上、下游面的静水压力(选取一种控制情况);扬压力;淤沙压力;正常蓄水位或设计洪水位时的浪压力;冰压力;土压力;设计洪水位时的动水压力;其他出现机会较多的荷载。特殊荷载包括:校核洪水位时大坝上、下游面的静水压力;校核洪水位时的扬压力;校核洪水位时的浪压力;校核洪水位时的动水压力;地震荷载;其他出现机会很少的荷载。

荷载组合分为基本组合和特殊组合。

(1) 基本组合

1) 水库正常蓄水位与相应的不利尾水位的静水压力、坝体自重、扬压力、泥沙压力、浪压力或冰压力(二者取其中大者)。

2) 对以防洪为主的水库,其正常蓄水位很低者,可考虑设计洪水位及相应尾水位的静水压力、动水压力、坝体自重、扬压力、泥沙压力、浪压力。

3) 水库死水位(或运行最低水位)及相应尾水位的静水压力、坝体自重、扬压力、泥沙压力、冰压力。

4) 其他出现机会较多的不利荷载组合。

(2) 特殊组合

1) 校核洪水位及相应尾水位的静水压力、动水压力、坝体自重、扬压力、泥沙压力、浪压力。

2) 基本组合加地震荷载。

3) 基本组合加其他出现机会较少的荷载。

(1) 坝基面垂直应力

重力坝坝基截面的垂直应力应按下式计算:

$$\sigma_y = \frac{\sum W}{A} \pm \frac{\sum M \cdot x}{J} \tag{9.3-1}$$

式中:σ_y 为坝踵、坝趾垂直应力,kPa;$\sum W$ 为作用于坝段上或单位长度坝长上的全部荷载(包括扬压力)在坝基面上的法向分力的总和,kN;A 为坝段或单位长度坝长的坝基面或坝体截面积,m^2;$\sum M$ 为作用于坝段上或单位长度坝长上的全部荷载(包括扬压力)对坝基面或坝体截面形心轴的力矩总和,kN·m;x 为坝基面或坝体截面上计算点到形心轴的距离,m;J 为坝段或单位长度坝长的坝基面或坝体截面积对形心轴的惯性矩,m^4。

(2) 坝体应力

重力坝坝体应力计算示意图如图 9.3-1 所示,上游面垂直正应力应按下式计算:

$$\sigma_y^u = \frac{\sum W}{T} + \frac{6\sum M}{T^2} \tag{9.3-2}$$

式中:σ_y^u 为坝体上游面垂直正应力,kPa;T 为坝体计算截面上、下游方向的宽度,m;$\sum W$ 为作用于坝段上或单位长度坝长上的全部荷载(包括扬压力)在坝体截面上的法向分力的总和,kN;$\sum M$ 为作用于坝段上或单位长度坝长上的全部荷载(包括扬压力)对坝体截面形心轴的力矩总和,以使上游面产生压应力者为正,kN·m。

下游面垂直应力：

$$\sigma_y^d = \frac{\Sigma W}{T} - \frac{6\Sigma M}{T^2} \tag{9.3-3}$$

式中：σ_y^d 为坝体上游面垂直正应力，kPa；其余符号含义同式(9.3-2)。

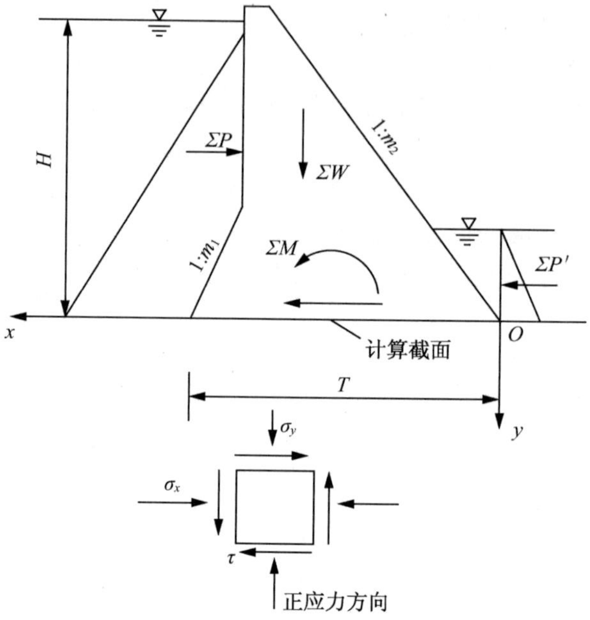

图 9.3-1　重力坝坝面应力计算示意图

上游面剪应力：

$$\tau^u = (P - P_u^u - \sigma_y^u)m_1 \tag{9.3-4}$$

式中：τ^u 为坝体上游面剪应力，kPa；m_1 为上游坝坡；P 为计算截面在上游坝面所承受的水压力强度(如有泥沙压力时，应计入在内)，kPa；P_u^u 为计算截面在上游坝面处的扬压力强度，kPa。

下游面剪应力：

$$\tau^d = (\sigma_y^d - P' - P_u^d)m_2 \tag{9.3-5}$$

式中：τ^d 为坝体下游面剪应力，kPa；m_2 为下游坝坡；P' 为计算截面在下游坝面所承受的水压力强度(如有泥沙压力时，应计入在内)，kPa；P_u^d 为计算截面在下游坝面处的扬压力强度，kPa。

上游面水平正应力：

$$\sigma_x^u = (P - P_u^u) - (P - P_u^u - \sigma_y^u)m_1^2 \tag{9.3-6}$$

式中：σ_x^u 为坝体上游面水平正应力，kPa；其余符号含义同式(9.3-2)、式(9.3-4)。

下游面水平正应力：

$$\sigma_x^d = (P' - P_u^d) - (\sigma_y^d - P' + P_u^d)m_2^2 \tag{9.3-7}$$

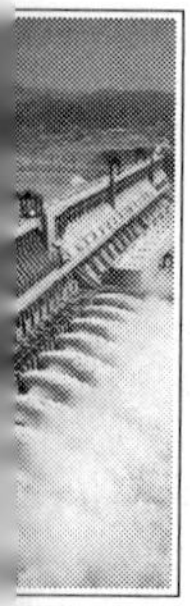

式中：σ_x^d 为坝体下游面水平正应力，kPa；其余符号含义同式(9.3-3)、式(9.3-5)。

上游面主应力：

$$\sigma_1^u = (1 + m_1^2)\sigma_y^u - (P - P_u^u)m_1^2 \tag{9.3-8}$$

$$\sigma_2^u = P - P_u^u \tag{9.3-9}$$

下游面主应力：

$$\sigma_1^d = (1 + m_2^2)\sigma_y^d - (P' - P_u^d)m_2^2 \tag{9.3-10}$$

$$\sigma_2^u = P' - P_u^d \tag{9.3-11}$$

对于中、低坝，当地质条件较简单时，可只按材料力学方法复核坝的应力，对于修建在复杂地基上的中、低坝，亦可根据需要进行有限元分析；对于高坝，尤其当地质条件复杂时，除用材料力学方法计算外，宜同时采用有限元法进行计算分析。不能作为平面问题处理的坝体或坝段，以及其他不能用材料力学方法计算的情况，应采用有限元法或其他合适的方法进行计算。

局部配筋验算按《水工混凝土结构设计规范》(SL 191)中规定的方法进行。

9.3.3.2 拱坝

拱坝应力计算的荷载为坝体自重、水压力、温度荷载、扬压力、泥沙压力等。

拱坝应力计算的荷载组合为：

(1) 正常蓄水位水压力＋自重＋扬压力＋泥沙压力＋温降的温度荷载(正常水位温降)＋浪压力；

(2) 正常蓄水位水压力＋自重＋扬压力＋泥沙压力＋温升的温度荷载(正常水位温升)＋浪压力；

(3) 设计洪水位水压力＋自重＋扬压力＋泥沙压力＋温升的温度荷载(设计洪水位温升)＋浪压力；

(4) 死水位水压力＋自重＋扬压力＋泥沙压力＋温升的温度荷载(死水位温升)＋浪压力；

(5) 校核洪水位水压力＋白重＋扬压力＋泥沙压力＋温升的温度荷载(校核水位温升)＋浪压力＋动力压力。

以上组合(1)～(4)为基本组合，组合(5)为特殊组合。

主要计算参数有各工况时上、下游水位，坝前泥沙淤积高程，坝体及坝基主要物理力学参数，热力学参数(坝体线膨胀系数、气温参数)，封拱温度，淤沙物理力学参数，拱坝体形参数。

应力复核一般采用拱梁分载法。对于1级、2级拱坝和高拱坝，或情况比较复杂的拱坝(如坝体内设有大的孔洞、基础条件复杂等情况)，当用拱梁分载法计算不能取得可靠的应力成果时，应同时采用有限元法计算加以验证。溢流段的闸墩强度复核可按重力坝规范的有关规定进行。

9.3.3.3 支墩坝

平板坝采用材料力学方法进行强度复核；大头坝的支墩应力一般采用材料力学方法进行复核，大头应力则采用有限元法复核，对于高坝，或基础条件复杂等情况，支墩应力应同时采用有限元法计算加以验证；连拱坝的拱筒应力按弹性拱理论复核，支墩应力采用材料力学

方法复核，对于高坝，或基础条件复杂等情况，应同时采用有限元法计算加以验证。

9.3.4 抗滑稳定计算

9.3.4.1 重力坝

(1) 坝基面抗滑稳定计算

坝体沿建基面抗滑稳定应按抗剪断强度公式(9.3-12)或抗剪强度公式(9.3-13)计算坝基面的抗滑稳定安全系数。

抗剪断强度的计算公式：

$$K' = \frac{f'\Sigma W + C'A}{\Sigma P} \tag{9.3-12}$$

式中：K' 为按抗剪断强度计算的抗滑稳定安全系数；f' 为坝体混凝土与坝基接触面的抗剪断摩擦系数；C' 为坝体混凝土与坝基接触面的抗剪断黏聚力，kPa；A 为坝基面截面积，m^2；ΣW 为作用于坝体上全部荷载(包括扬压力，下同)对滑动平面的法向分值，kN；ΣP 为作用于坝体上全部荷载对滑动平面的切向分值，kN。

抗剪强度计算公式：

$$K = \frac{f\Sigma W}{\Sigma P} \tag{9.3-13}$$

式中：K 为按抗剪强度计算的抗滑稳定安全系数；f 为坝体混凝土与坝基接触面的抗剪摩擦系数。

1 级、2 级坝结构安全评价时，应对原设计采用的坝体混凝土与坝基接触面之间的抗剪断摩擦系数 f'、黏聚力 C' 和抗剪摩擦系数 f 进行综合分析，必要时进行试验验证确定；3 级以下的中、低坝，若无条件进行试验，可根据坝基地质条件，参照表 9.3-2 选用。

表 9.3-2 坝基岩体力学参数

岩体分类	混凝土与坝基接触面			岩体		变形模量 E_0 (GPa)
	f'	C' (MPa)	f	f'	C' (MPa)	
Ⅰ	1.50～1.30	1.50～1.30	0.85～0.75	1.60～1.40	2.50～2.00	40.0～20.0
Ⅱ	1.30～1.10	1.30～1.10	0.75～0.65	1.40～1.10	2.00～1.50	20.0～10.0
Ⅲ	1.10～0.90	1.10～0.70	0.65～0.55	1.20～0.80	1.50～0.70	10.0～5.0
Ⅳ	0.90～0.70	0.70～0.30	0.55～0.40	0.80～0.55	0.70～0.30	5.0～2.0
Ⅴ	0.70～0.40	0.30～0.05	—	0.55～0.40	0.30～0.05	2.0～0.2

注：表中参数限于硬质岩，软质岩应根据软化系数进行必要的折减。

(2) 坝基深层抗滑稳定计算

坝基深层存在缓倾角结构面时，根据地质资料可概化为单滑动面、双滑动面和多滑动面，进行抗滑稳定分析。

双滑动面为最常见情况，计算示意图见图 9.3-2。

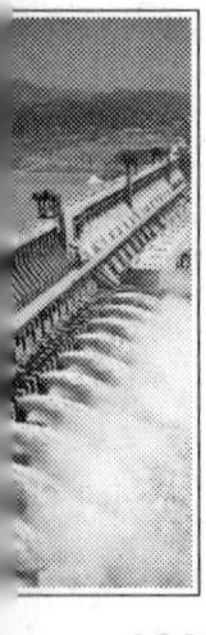

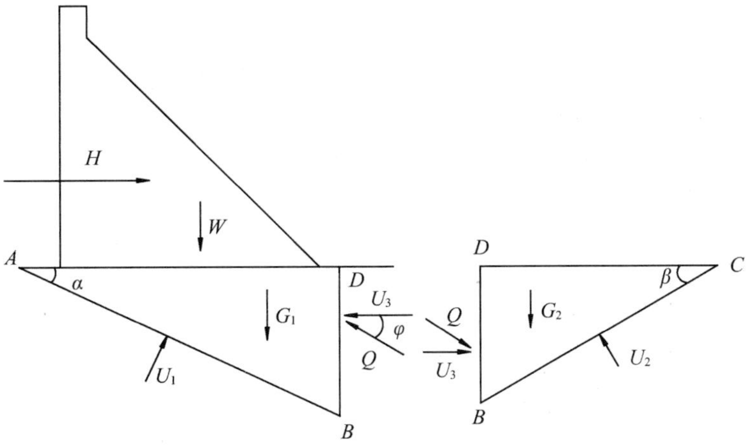

图 9.3-2 重力坝深层双滑面抗滑稳定计算示意图

深层抗滑稳定计算采用等安全系数法，应按抗剪断强度公式或按抗剪强度公式进行计算。

对于抗剪断强度公式，考虑 ABD 块、BCD 块的稳定，则分别有：

$$K'_1 = \frac{f'_1[(W+G_1)\cos\alpha - H\sin\alpha - Q\sin(\varphi-\alpha) - U_1 + U_3\sin\alpha] + c'_1 A_1}{(W+G_1)\sin\alpha + H\cos\alpha - U_3\cos\alpha - Q\cos(\varphi-\alpha)} \tag{9.3-14}$$

$$K'_2 = \frac{f'_2[G_2\cos\beta + Q\sin(\varphi+\beta) - U_2 + U_3\sin\beta] + c'_2 A_2}{Q\cos(\varphi+\beta) - G_2\sin\beta + U_3\cos\beta} \tag{9.3-15}$$

式中：K'_1、K'_2 为按抗剪断强度计算的抗滑稳定安全系数；W 为作用于坝体上全部荷载(不包括扬压力，下同)的垂直分值，kN；H 为作用于坝体上全部荷载的水平分值，kN；G_1、G_2 分别为岩体 ABD、BCD 重量的垂直作用力，kN；f'_1、f'_2 分别为 AB、BC 滑动面的抗剪断摩擦系数；c'_1、c'_2 分别为 AB、BC 滑动向的抗剪断黏聚力，kPa；A_1、A_2 分别为 AB、BC 面的面积，m^2；α、β 分别为 AB、BC 面与水平面的夹角，(°)；U_1、U_2、U_3 分别为 AB、BC、BD 面上的扬压力，kN；Q 为 BD 面上的作用力，kN；φ 为 BD 面上的作用力 Q 与水平面的夹角，(°)，夹角 φ 需经论证后选用，出于安全考虑 φ 可取 0°。

利用式(9.3-14)、式(9.3-15)，通过 $K'_1 = K'_2 = K'$，求解 Q、K' 的值。

对于采用抗剪断强度公式计算仍无法满足要求的坝段，可采用抗剪强度公式计算抗滑稳定安全系数，其安全系数指标经论证确定。

分别考虑 ABD 块、BCD 块的稳定，则有：

$$K_1 = \frac{f_1[(W+G_1)\cos\alpha - H\sin\alpha - Q\sin(\varphi-\alpha) - U_1 + U_3\sin\alpha]}{(W+G_1)\sin\alpha + H\cos\alpha - U_3\cos\alpha - Q\cos(\varphi-\alpha)} \tag{9.3-16}$$

$$K_2 = \frac{f_2[G_2\cos\beta + Q\sin(\varphi+\beta) - U_2 + U_3\sin\beta]}{Q\cos(\varphi+\beta) - G_2\sin\beta + U_3\cos\beta} \tag{9.3-17}$$

式中：K_1、K_2 为按抗剪强度计算的抗滑稳定安全系数；f_1、f_2 分别为 AB、BC 滑动面的抗剪摩擦系数。

利用式(9.3-16)、式(9.3-17)，通过 $K_1 = K_2 = K$ ，求解 Q、K 的值。

单滑面的情况比较简单，这里不再列出计算式。多滑面的情况又比较复杂，可参照双滑面的计算式，列出各个滑动体的算式，求解 K 值。

结构面、软弱层和断层等软弱结构面抗剪断摩擦系数 f' 、黏聚力 C' 和抗剪摩擦系数 f 可根据其类型和性状参照表 9.3-3 选用。

表 9.3-3　结构面、软弱面和断层力学参数

类型	f'	C' (MPa)	f
胶结的结构面	0.80～0.60	0.250～0.100	0.70～0.55
无填充的结构面	0.70～0.45	0.150～0.050	0.65～0.40
岩块岩屑型	0.55～0.45	0.250～0.100	0.50～0.40
岩屑夹泥型	0.45～0.35	0.100～0.050	0.40～0.30
泥夹岩屑型	0.35～0.25	0.050～0.050	0.30～0.23
泥	0.25～0.18	0.005～0.002	0.23～0.18

注：1. 表中参数限于硬质岩中的结构面；
2. 软质岩中的结构面应进行折减；
3. 胶结或无填充的结构面抗剪断强度，应根据结构面的粗糙程度选取大值或小值。

9.3.4.2　拱坝

评价拱座稳定时，应综合分析研究坝的布置(包括坝轴线、平面布置、拱端构造、体形、泄洪方式等)、坝体应力情况、基础处理和施工方法等影响因素。

拱坝稳定分析应查明影响岩体滑动或可能引起拱座较大变形的主要软弱结构面的产状(包括成组不连续裂隙的方向性)、不平整度、密集程度、连通串、填充物和错动情况，以及结构面的可能组合和拱座岩体内地下渗流的性质及其分布特性等。

拱座稳定分析主要研究岩石块体的可能滑动问题，在拱座下游附近如存在较大断层或软弱带而有可能引起较大变形时，也应对拱座变形问题进行专门研究。

拱座抗滑稳定分析时，1 级、2 级拱坝及高拱坝，应按抗剪断公式计算，3 级以下拱坝可按抗剪公式或抗剪断公式进行计算。

$$K_1 = \frac{\Sigma(Nf_1 + c_1 A)}{\Sigma T} \qquad (9.3\text{-}18)$$

$$K_2 = \frac{Nf_2}{\Sigma T} \qquad (9.3\text{-}19)$$

式中：K_1 为按抗剪断强度计算的抗滑稳定安全系数；K_2 为按抗剪强度计算的抗滑稳定安全系数；N 为垂直于滑动方向的法向力，kN；f_1 为滑裂面上的抗剪断摩擦系数；f_2 为滑裂面上的抗剪摩擦系数；c_1 为滑裂面上的抗剪断黏聚力，kPa；A 为计算滑裂面的面积，m^2；T 为沿滑动方向的滑动力，kN。

f_1 和 c_1 值应按相应于材料的峰值强度(小值平均值)采用。

f_2 应按材料的不同性质分别取用相应特性值：对脆性破坏的材料，采用比例极限；对塑性或脆塑性破坏的材料，采用屈服强度；对已经剪切错断过的材料，采用残余强度。

9.3.4.3 支墩坝

支墩坝的抗滑稳定复核方法同重力坝；支墩的侧向稳定性可采用欧拉长柱公式计算。

9.3.5 结构安全评价

判断一座大坝结构上是否安全，应该首先观测大坝是否存在直观上的险情，然后再结合观测值和计算值是否超过或小于规范、设计、试验等规定的控制指标来综合评判大坝的结构安全性。三方面并不是孤立的，相互之间存在内在联系，例如现场检查若发现问题部位的附近有观测设施，则观测资料一般会有所反映，也可能体现在计算分析中应力、变形、稳定等不利的部位。

9.3.5.1 现场检查

在现场检查或观察中，如发现下列情况之一，可认为大坝结构不安全或存在隐患，并应进一步监测分析。

（1）坝体表面或孔洞、泄水管道等部位以及闸墩等个别部位出现对结构安全有危害的裂缝；

（2）坝体混凝土出现严重腐蚀现象；

（3）在坝体表面或坝体内出现混凝土受压破碎现象；

（4）坝体沿坝基面发生明显的位移或坝身明显倾斜；

（5）坝基下游出现隆起现象或两岸支撑山体发生明显位移；

（6）坝基或拱坝拱座、支墩坝的支墩发生明显的变形或位移；

（7）坝基或拱坝拱座中的断层两侧出现明显相对位移；

（8）坝基或两岸支撑山体突然出现大量渗水或涌水现象；

（9）当溢流坝泄流时，坝体发生共振；

（10）廊道内明显漏水或射水。

仅根据上述直观表象可能还难以对大坝结构安全作出全面准确的判断，但这些现象多为大坝结构安全事故的先兆，应据此开展针对性的计算分析论证工作，查明原因，采取对策。

9.3.5.2 监测资料分析

当利用观测资料对大坝的结构安全进行评价时，如出现下列情况之一，可认为大坝结构不安全或存在隐患。

（1）位移、变形、应力、裂缝开合度等的实测值超过有关规范或设计、试验规定的容许值。

如果观测值仍在继续向不利的方向发展，超过容许值的范围不断扩大，据此可以认为大坝结构不安全。

（2）位移、变形、应力、裂缝开合度等在设计或校核条件下的数学模型推算值超过有关规范或设计、试验规定的容许值。

如果实际运行中曾经达到的最高库水库与设计洪水位或校核洪水位相差较大，需要对模型推算值（特别是利用统计模型）的合理性进行分析评价。如果推算结果是合理可信的，可以认为大坝结构不安全。

(3) 位移、变形、应力、裂缝开合度等观测值与作用荷载、时间、空间等因素的关系突然变化，与以往同样情况对比有较大幅度增长。

如果监测量与效应量之间的既有关系突然改变并呈趋势性增长的变化，应加强监测并分析原因，如果不是观测仪器本身或人为因素的原因，可以认为大坝结构不安全。

9.3.5.3 计算分析

当采用理论计算进行大坝的结构安全评价时，重力坝和拱坝的强度与稳定复核控制标准应分别满足现行设计规范的要求。支墩坝的强度与稳定复核控制标准同重力坝或拱坝。无论那一项内容不符合规范规定的要求，均可认为大坝结构不安全或存在安全隐患。

(1) 重力坝

1) 坝基面在各种荷载组合情况下所承受的最大垂直正应力应小于坝基容许正应力(计算时分别计入扬压力和不计入扬压力)；最小正应力应大于0(计算时应计入扬压力)。

2) 坝体应力应满足以下要求：

① 上游面的最小主应力(不计入扬压力)应满足 $\sigma \geqslant 0.025\gamma H$ ，γ 为库水容重(kN/m^3)，H 为坝面计算点的静水头(m)。

② 坝体最大主压应力应不大于混凝土的容许压应力值。

③ 坝体内一般不容许出现主拉应力。宽缝重力坝离上游面较远的局部区域，可容许出现不超过混凝土容许拉应力的拉应力；在配置了钢筋的溢流堰顶部、廊道及其他孔洞周边可容许出现拉应力，但需进行配筋验算。

3) 用有限元法计算坝体应力时，单元剖分应达到设计所要求的精度，单元的型式应结合坝体体形合理选用，计算模型及计算条件等应接近于实际情况。按有限元计算所得的结果，应没有特殊不利的应力分布状态，局部应力数值可不受前述应力控制指标的限制；上游面拉应力区宽度，宜小于坝底宽度的0.07倍，或小于坝踵至帷幕中心线的距离。

4) 对于闸墩强度复核，在核算纵向强度时，应尽量使墩内不产生拉应力，如出现拉应力，应按小偏心受压混凝土构件进行配筋验算；在核算横向强度时，应将闸墩视为固端的整体构件，根据拉应力的大小，按照小偏心受压的混凝土构件或按偏心受拉的钢筋混凝土构件进行配筋验算。

5) 配筋验算应符合《水工混凝土结构设计规范》(SL 191)要求。

6) 对于稳定复核，当采用抗剪强度公式时，抗滑稳定安全系数应不小于表9.3-4规定的数值。当采用抗剪断强度公式时，不分工程级别，抗滑稳定安全系数在基本荷载组合时应不小于3.0；特殊组合①时应不小于2.5，特殊组合②时应不小于2.3。

表9.3-4 抗滑稳定安全系数

荷载组合		坝的级别		
		1	2	3
基本组合		1.10	1.05	1.05
特殊组合	①	1.05	1.00	1.00
	②	1.00	1.00	1.00

坝基岩体内存在软弱结构面、缓倾角裂隙时，应复核沿这些软弱结构面和缓倾角裂隙

的抗滑稳定安全性，即进行坝基深层抗滑稳定复核。坝基深层抗滑稳定评价应按抗剪断强度公式计算其抗滑稳定安全系数 K'，在基本荷载组合时 K' 不小于 3.0；特殊组合时 K' 不小于 2.5。当 值不能达到上述要求时，可按抗剪强度公式计算坝基深层抗滑稳定安全系数 K，其安全系数指标不得小于表 9.3-3 的规定，并应有一定的安全富余，对于单滑面情况，尤须慎重。

(2) 拱坝

拱坝结构安全评价内容主要为拱座稳定和坝体结构强度评价。拱座稳定评价主要针对拱座中分布的软弱结构面及可能滑动面组合成的块体进行，结构强度包括应力和变位。

1) 拱坝应力标准。采用拱梁分载法进行应力复核时，坝体的主压应力和主拉应力应符合下列应力控制指标的规定：

① 容许压应力：混凝土的容许压应力等于混凝土的极限抗压强度除以安全系数，安全系数如表 9.3-5 所列。

② 容许拉应力：对于基本荷载组合，拉应力不得大于 1.2 MPa；对于非地震情况下的特殊荷载组合，拉应力不得大于 1.5 MPa。

用有限元法计算时，应补充计算"有限元等效应力"。按"有限元等效应力"求得的坝体主拉应力和主压应力应符合下列应力控制指标的规定，容许压应力同上述拱梁分载法；容许拉应力，对于基本荷载组合，拉应力不得大于 1.5 MPa；对于非地震情况下的特殊荷载组合，拉应力不得大于 2.0 MPa。

2) 当设有重力墩时，重力墩的应力应符合重力坝的有关规定。

3) 闸墩强度控制标准同重力坝。

4) 拱座抗滑稳定标准。采用刚体极限平衡法复核拱座稳定时，拱座抗滑稳定安全系数应不小于表 9.3-6 规定的数值。

表 9.3-5 拱坝坝体应力安全标准

荷载组合	建筑物级别		
	1	2	3
基本组合	4.0	4.0	3.5
特殊组合	3.5	3.5	3.0

表 9.3-6 拱坝拱座抗滑稳定安全标准

荷载组合		建筑物级别		
		1	2	3
抗剪断公式	基本组合	3.50	3.25	3.00
	特殊组合(非地震)	3.00	2.75	2.50
抗剪公式	基本组合	—	—	1.30
	特殊组合(非地震)	—	—	1.10

(3) 支墩坝

1) 大头坝及平板坝、连拱坝支墩的强度复核控制标准同重力坝。

2）局部强度及连拱坝拱筒、平板坝上游面板的强度复核应满足《水工混凝土结构设计规范》(SL 191)的要求。

3）稳定复核控制标准同重力坝。

由于计算分析中的参数、方法、假定等与实际情况之间总是存在一定的差异，因此计算结果可能与现场检查结果及观测资料分析结果并不完全一致。此时需根据观测资料对计算参数与假定进行修正，建立反映工程实际情况的数学模型后再计算分析设计与校核工况下的大坝结构安全性。

9.4 泄、输水建筑物结构安全评价

泄、输水建筑物包括溢洪道、隧洞、进水口和其他附属设施，以及挡土建筑物，如翼墙、挡土墙等。

9.4.1 建筑物结构表现及体形复核

9.4.1.1 溢洪道

溢洪道结构形式较多，溢洪道常见的病害问题主要有：

(1) 溢洪道没有完建，地方工程中，有的只开挖了一段进水渠，泄槽及出口消能段就没有施工，出口泄流没有通道。

(2) 溢洪道控制段结构单薄，稳定、应力不满足要求。

(3) 泄槽没有衬砌，或衬砌不满足要求，冲刷严重，有的已形成巨大冲坑。

(4) 泄槽边墙高度不够，断面偏小，不满足抗滑、抗倾要求。

(5) 混凝土、砌石结构质量差，老化脱落，结构断裂强度低，不满足结构及抗冲耐磨要求。

(6) 溢洪道与土坝连接向垂直，不满足变形及防渗要求。

(7) 没有消能防冲设施。

9.4.1.2 水工隧洞

工程中实际遇到的常见隧洞病害现象如下：

(1) 隧洞衬砌不能满足围岩稳定要求。

(2) 隧洞衬砌能满足围岩稳定要求，但混凝土衬砌不满足抗裂要求，衬砌出现纵向裂缝并产生渗漏。

(3) 隧洞衬砌能满足围岩稳定要求，但混凝土衬砌质量较差，出现环向裂缝或温度裂缝并产生渗漏。

(4) 隧洞衬砌能满足围岩稳定要求，但施工质量差，结构缝存在渗漏。

(5) 隧洞衬砌混凝土不满足空蚀和抗冲耐磨要求，混凝土冲蚀破坏。

(6) 喷锚支护混凝土脱落。

(7) 无衬砌隧洞局部围岩不稳定。

(8) 无衬砌隧洞围岩稳定满足要求，但存在局部渗漏，隧洞内水外渗对洞外边坡、近建

筑物或环境造成不利影响。

现场检查主要对隧洞支护结构混凝土强度、碳化、裂缝、渗漏和冲蚀破坏情况等进行检查。必要时对混凝土强度和裂缝分布情况由专业单位进行检测。

9.4.2 变形监测资料分析

9.4.2.1 溢洪道

溢洪道的变形监测项目包括溢洪道建筑物位移、纵横缝裂缝、高边坡的表面和内部位移等。

(1) 采用作图法,结合地质条件,利用综合过程线判断变形(含裂缝或接缝)是否符合一般规律,或有何异常;分析库水位、温度、泄洪等外界因素的影响,从而对变形的变化规律及各水位、温度和荷载等外界因素的影响大小作出判断。

(2) 采用特征值统计法,分析当前观测值与其历史显现值的相对比较(但需注意坝基渗漏与坝体结构缝漏水的区别),分析位移、裂缝开合度等实测值是否超过规范、设计、试验规定的容许值。

9.4.2.2 水工隧洞

水工隧洞变形监测分洞内监测和洞外监测。洞内变形观测项目包括围岩变形、衬砌结构的变形、裂缝接缝等;洞外变形观测项目包括沉陷、位移等。

(1) 隧洞衬砌结构、洞外坡体的变形不仅反映衬砌结构本身的状态,更反映围岩的稳定状态。通过断面收敛量测、单点位移观测和资料分析,判断隧洞的基本稳定、过渡、破坏等不同的安全状况。

(2) 采用作图法,绘制洞内收敛监测断面拱顶下沉、边墙脚沉降和边墙水平位移间的收敛过程线,判断围岩变形的发展规律;绘制地表沉陷过程线,分析地表沉降的变化规律。对比分析各监测断面收敛变形及地表沉陷规律,整体分析隧洞的变形规律。

(3) 特征值统计法,统计断面收敛的特征值,与设计警戒值或规范允许值对比分析,判断隧洞围岩的稳定性。允许位移量是指隧洞不产生有害松弛和保证地表不产生有害沉陷的条件下,隧洞变形的最大允许值。

(4) 计算位移速率,判断隧洞围岩和洞口坡体的变形发展趋势,并与设计允许位移速率或规范允许值比较,确定安全状况。允许位移速率是指保证围岩不产生有害松动情况下的最大允许位移速率。

9.4.3 结构复核计算

9.4.3.1 溢洪道

溢洪道结构安全评价内容主要为控制段和有关边墙、挡土墙、导墙等结构沿基底面的抗滑稳定和结构强度评价以及泄流能力、泄洪消能安全评价。

溢洪道闸室基底应力及实用堰堰体应力分析可采用材料力学法,重要工程或受力条件复杂时可用有限元法。闸墩的应力分析可用材料力学法,大型闸墩宜用有限元法。宽顶堰及驼峰堰闸底板应力分析可采用材料力学法、有限元法或弹性地基梁法。

对溢洪道出口应按其消能方式进行消能工复核和评价。

挑流消能应对各级流量进行挑流水舌抛距、最大冲坑深度等水力计算。水舌抛距、水舌入水宽度和最大冲坑深度应以不影响鼻坎基础、两岸岸坡的稳定及保证相邻建筑物的安全为原则。冲刷坑上游坡度根据地质条件确定，不应过陡，宜在 1∶3～1∶6 之间。同时，还应评价小流量时的贴壁流和跌流的冲刷及其防护措施。

底流消能消力池一般采用等宽的矩形断面，应保证消力池内形成低淹没度的稳定水跃，并应避免产生两侧回流。底流消能应对各级流量进行水力计算，确定池底高程、池长及尾坎布置等。消力池两侧边墙高度可根据跃后水深加适当超高确定。

9.4.3.2　水工隧洞

水工隧洞结构安全评价内容主要包括隧洞围岩稳定性和支护结构的安全评价，评价方法主要有现场检查和计算分析。围岩稳定评价应收集原设计和开挖后揭露的地质资料，必要时进行地质勘察，分析评价隧洞围岩现状稳定性。

水工隧洞衬砌结构复核计算可根据衬砌结构特点、荷载作用形式、围岩条件等，选取合适的计算方法和计算模型。

将围岩作为承载结构的隧洞可采用有限元法进行围岩和衬砌的分析计算。计算时应根据围岩特性选取适宜的力学模型，并模拟围岩中的主要构造。以内水压力为主要荷载，Ⅰ、Ⅱ、Ⅲ类围岩的圆形有压隧洞，可采用弹性力学解析方法计算。Ⅳ、Ⅴ类围岩中的洞段可采用结构力学方法计算。无压洞可采用结构力学方法计算。

对于混凝土或钢筋混凝土衬砌圆形有压隧洞，都可以只按均匀内水压力计算衬砌的厚度与应力。

以混凝土的允许轴心抗拉强度代替内边缘应力，计算混凝土衬砌厚度：

$$h = r_i\left[\sqrt{A\frac{[\sigma_{hl}]+p}{[\sigma_{hl}]-p}}-1\right] \tag{9.4-1}$$

$$[\sigma_{hl}]=\frac{R_l}{K_l} \tag{9.4-2}$$

式中：h 为混凝土衬砌厚度，m；r_i 为衬砌内半径，m；A 为弹性特征影响因素；$[\sigma_{hl}]$ 为混凝土的允许轴心抗拉强度，kPa；p 为内水压力，kPa；R_l 为混凝土的设计抗拉强度，kPa；K_l 为混凝土的抗拉安全系数，按表 9.4-1 确定。

表 9.4-1　隧洞衬砌混凝土抗拉安全系数

隧洞级别	1		2、3		4、5	
荷载组合	基本	特殊	基本	特殊	基本	特殊
混凝土达到设计抗拉强度时的安全系数	2.1	1.8	1.8	1.6	1.7	1.5

由式(9.4-1)可以看出，$[\sigma_{hl}]$ 应大于内水压力 p，弹性特征影响系数 A 应为正值，否则 h 无解或不合理。若 A 为正值，而 p 大于 $[\sigma_{hl}]$ 时，应提高混凝土的标号，或改用钢筋混凝土衬砌。

给定衬砌厚度时，可用下式计算能承受的最大内水压力 p：

$$p=\frac{t^2-A}{t^2+A}[\sigma_{hl}] \tag{9.4-3}$$

式中：t 为衬砌外半径 r_e 与内半径 r_i 之比，$t=r_e/r_i$ 。

根据隧洞围岩稳定情况和不同支护形式要求，考虑隧洞的压力状态（有压洞、无压洞）、围岩最小覆盖厚度、围岩分类、围岩承担内水压力的能力等因素，通过工程类比进行水工隧洞衬砌型式评价。

水工隧洞衬砌结构应有保持围岩稳定、防止渗漏和冲刷破坏等功能。在隧洞衬砌结构满足围岩稳定的条件下，当围岩抗渗能力差，内水外渗可能造成围岩、洞外边坡及相邻建筑物的渗透失稳或环境破坏时，应按防渗要求进行衬砌结构评价。

9.4.4 抗滑（抗倾）稳定计算

溢洪道控制段沿建基底面的抗滑稳定一般采用抗剪断强度公式计算，溢洪道边墙沿建基面的抗滑稳定一般采用抗剪断强度公式进行复核，也可按抗剪强度公式复核。抗剪断强度公式和抗剪强度公式及荷载组合与重力坝沿建基面抗滑稳定类似。当库水位或下游水位骤降时，可根据具体情况考虑是否需要核算进水渠导墙或消力池边墙的稳定。

对于合力偏心距大于等于 1/4 基底宽的边墙，应核算其抗倾覆稳定，计算公式如下：

$$K_0=\frac{\Sigma M_y}{\Sigma M_o} \tag{9.4-4}$$

式中：ΣM_y 为作用于墙体的荷载对墙前趾产生的稳定力矩，kN·m；ΣM_o 为作用于墙体的荷载对墙前趾产生的倾覆力矩，kN·m；K_0 为抗倾稳定安全系数，对于计入地震的特殊荷载组合 $K_0\geqslant 1.30$，其余各种荷载组合 $K_0\geqslant 1.50$。

对消力池护坦应进行抗浮稳定复核，抗浮稳定安全系数应大于 1.0～1.2。

9.4.5 结构安全评价

9.4.5.1 溢洪道

控制段基底面上的垂直正应力应满足下列要求：

（1）在各种荷载组合情况下（地震情况除外），堰（闸）基底面上的最大垂直正应力应小于基岩的允许压应力（计算时分别计入扬压力和不计入扬压力）；最小垂直正应力应大于 0（计入扬压力）。

（2）计算双向受力情况时，基底面上可容许出现不大于 0.1 MPa 的垂直拉应力。

溢流堰体上游面的铅垂方向最小正应力（计入扬压力）应大于零，不满足要求时，应配置钢筋。

边墙基底面上的垂直正应力应满足下列要求：

（1）边墙基底最大垂直正应力不应大于地基容许压应力（计算时分别计入扬压力和不计入扬压力）。对于重要部位的边墙，计及扬压力时，在基本组合情况下，基底不应出现拉应力；在特殊组合情况下，可允许出现不大于 0.2 MPa 的拉应力。

（2）对次要部位的边墙，计及扬压力时，在基本组合情况下，基底面上合力的偏心距不

应大于基底宽的 1/4；在特殊组合情况下，偏心距不应大于基底宽的 1/3。计算墙基应力时，开裂部位的扬压力按受拉面一侧承受全静水压强计算。

抗剪断强度抗滑稳定安全系数标准见表 9.4-2，抗剪强度抗滑稳定安全系数标准见表 9.4-3。

表 9.4-2 抗剪断强度公式计算溢洪道控制段和边墙抗滑稳定系数 *K* 标准

<table>
<tr><th colspan="2">荷载组合</th><th>安全系数</th></tr>
<tr><td colspan="2">基本组合</td><td>3.00</td></tr>
<tr><td rowspan="2">特殊组合</td><td>非地震情况</td><td>2.50</td></tr>
<tr><td>地震情况</td><td>2.30</td></tr>
</table>

表 9.4-3 抗剪强度公式计算溢洪道边墙抗滑稳定安全系数 K_c 标准

<table>
<tr><th colspan="2" rowspan="2">荷载组合</th><th colspan="3">建筑物级别</th></tr>
<tr><th>1</th><th>2</th><th>3</th></tr>
<tr><td colspan="2">基本组合</td><td>1.10</td><td>1.05</td><td>1.05</td></tr>
<tr><td rowspan="2">特殊组合</td><td>非地震情况</td><td>1.05</td><td>1.00</td><td>1.00</td></tr>
<tr><td>地震情况</td><td>1.00</td><td>1.00</td><td>1.00</td></tr>
</table>

9.4.5.2 水工隧洞

对水工隧洞衬砌型式的工程类比法评价按表 9.4-4 进行。

表 9.4-4 水工隧洞支护结构型式

<table>
<tr><th rowspan="2">压力状态</th><th rowspan="2">设计原则</th><th rowspan="2">最小覆盖厚度要求</th><th rowspan="2">承担内水压能力</th><th colspan="2">围岩分类</th><th rowspan="2">备注</th></tr>
<tr><th>Ⅰ、Ⅱ、Ⅲ</th><th>Ⅳ、Ⅴ</th></tr>
<tr><td rowspan="3">无压洞</td><td>抗裂</td><td>—</td><td>—</td><td colspan="2">钢筋混凝土并加防渗措施</td><td>必要时采用预应力混凝土</td></tr>
<tr><td>限裂</td><td>—</td><td>—</td><td>锚喷、钢筋混凝土</td><td>钢筋混凝土</td><td>—</td></tr>
<tr><td>非限裂</td><td>—</td><td>—</td><td>不衬砌、混凝土、锚喷</td><td>锚喷、钢筋混凝土</td><td>—</td></tr>
<tr><td rowspan="9">有压洞</td><td rowspan="3">抗裂</td><td rowspan="2">满足</td><td>具备</td><td>预应力混凝土、钢筋混凝土并加防渗措施</td><td>预应力混凝土、钢板</td><td rowspan="3">钢筋混凝土并加防渗措施宜在低压洞使用</td></tr>
<tr><td>不具备</td><td colspan="2">预应力混凝土、钢板</td></tr>
<tr><td>局部不满足</td><td>—</td><td colspan="2">预应力混凝土、钢板</td></tr>
<tr><td rowspan="3">限裂</td><td rowspan="2">满足</td><td>具备</td><td>锚喷、钢筋混凝土</td><td>钢筋混凝土</td><td rowspan="3">锚喷宜在低压洞使用</td></tr>
<tr><td>不具备</td><td colspan="2">钢筋混凝土</td></tr>
<tr><td>局部不满足</td><td>—</td><td colspan="2">钢筋混凝土、预应力混凝土</td></tr>
<tr><td rowspan="3">非限裂</td><td rowspan="2">满足</td><td>具备</td><td>不衬砌、混凝土、锚喷、钢筋混凝土</td><td>锚喷、钢筋混凝土</td><td rowspan="3">不衬砌隧洞宜在Ⅰ、Ⅱ类围岩使用</td></tr>
<tr><td>不具备</td><td>钢筋混凝土</td><td></td></tr>
<tr><td>局部不满足</td><td>—</td><td>钢筋混凝土</td><td></td></tr>
</table>

在隧洞衬砌结构满足围岩稳定的条件下，当围岩抗渗能力差，内水外渗可能造成围岩、

洞外边坡及相邻建筑物的渗透失稳或环境破坏时，应按防渗要求进行衬砌结构评价，具体如表 9.4-5。

表 9.4-5　按防渗要求衬砌结构的设计原则

衬砌的防渗要求	计算控制条件	衬砌设计原则	备注
严格	衬砌结构中拉应力不超过混凝土允许拉应力	抗裂设计	1. 围岩具有抗渗能力，内水外渗可能造成不良地质段的局部失稳，经处理不会造成危害的，宜提出一般防渗要求。 2. 围岩具有较好的抗渗性，内水外渗不存在渗透失稳和环境破坏问题，可不提出防渗要求。
一般	衬砌结构裂缝宽度不应超过允许值	限制裂缝宽度设计	
无	不计算裂缝宽度和间距，钢筋应力不应超过钢筋允许拉应力	不限制裂缝宽度设计	

9.5　其他建筑物结构安全评价

其他建筑物(包括影响大坝安全的土石坝坝内埋管，引水建筑物进水口，有关建筑物的挡土墙、导墙、边坡、交通或工作桥等)的结构安全性对保证大坝安全也是非常重要的。这些建筑物多为混凝土结构或砌石结构，其结构安全评价内容可参照重力坝结构安全评价执行，但一些中、小型工程甚至一些大型工程缺乏安全监测资料，安全评价时一般应由具备资质的检测单位进行混凝土或砌石结构现场检测。现场检测内容一般包括混凝土强度评定、裂缝检查和混凝土碳化、钢筋锈蚀情况检测等。

上述其他建筑物结构安全评价除进行现场检测外，还必须进行稳定、地基应力和结构强度等计算分析，计算条件和计算参数根据检测资料和实际结构情况综合确定。

其中，边坡的评价在 7.6 节中已详述。

水工建筑物的岸墙、翼墙及边墙等挡土墙也是永久建筑物的重要组成部分，其稳定安全性直接影响相关建筑物的安全。挡土墙地基分为土基和岩基两大类，岩基上的挡土墙的抗滑稳定评价标准和方法可按 7.4.4 节要求进行，这里介绍一下土基上的挡土墙的抗滑稳定评价标准和方法。

土基又可分为砂性土和黏性土两种。砂性土地基上挡土墙沿基底面的抗滑稳定安全系数可按表 9.5-1、式(9.5-1)计算；黏性土地基上挡土墙沿基底面的抗滑稳定安全系数可按式(9.5-2)计算。

$$K_c = \frac{f\Sigma G}{\Sigma H} \tag{9.5-1}$$

$$K_c = \frac{\tan\varphi_o \Sigma G + C_o A}{\Sigma H} \tag{9.5-2}$$

式中：K_c 为沿基底面的抗滑稳定安全系数；f 为基底面与地基之间的摩擦系数，可按表 9.5-1 选用；ΣG 为作用在挡土墙上的全部竖向荷载(包括基础底面上的扬压力)，kN；ΣH

为作用在挡土墙上的全部水平向荷载，kN；A 为基底面的面积，m^2；φ_o 为基底面与土质地基之间的摩擦角，(°)，可按表 9.5-2 选用；C_o 为基底面与土质地基之间的黏聚力，kPa，可按表 9.5-2 选用。

按表 9.5-2 选用 φ_o 和 C_o 值时，应按式(9.5-3)折算土基与基底面之间的综合摩擦系数 f_o。对于黏性土地基，所折算的综合摩擦系数应小于 0.45；对于砂性土地基，所折算的综合摩擦系数应小于 0.50。

$$f_0 = \frac{\tan \Sigma G + C_o A}{\Sigma H} \qquad (9.5\text{-}3)$$

挡土墙基底应力按下式计算：

$$P_{\min}^{\max} = \frac{\Sigma G}{A} \pm \frac{\Sigma M}{W} \qquad (9.5\text{-}4)$$

式中：$P_{\min}^{\max}$ 为基底应力的最大值或最小值，kPa；ΣG 为作用在挡土墙上的全部竖向荷载（包括基底面上的扬压力在内），kN；ΣM 为作用在挡土墙上的全部竖向荷载和水平向荷载对于基础底面垂直水流方向的形心的力矩，kN·m；W 为基底面对于该底面垂直水流方向的形心轴的截面积，m^2。

土基上的挡土墙稳定评价标准如下：

(1) 在各种工况下，挡土墙基底不出现拉应力，基底平均压应力不大于地基允许承载力，最大基底压应力不大于地基允许承载力的 1.2 倍。

(2) 挡土墙基底压应力的最大值与最小值之比不大于表 9.5-3 的规定。

(3) 沿挡土墙基底面的抗滑稳定安全系数不小于表 9.5-4 的规定。

表 9.5-1　土基上的挡土墙的摩擦系数值

地基类别		f	地基类别		f
黏土	软弱	0.20～0.25	碎石，卵石		0.50～0.55
	中等坚硬	0.25～0.35	碎石土		0.40～0.50
	坚硬	0.35～0.45	软质岩石	极软	0.40～0.45
壤土，粉质壤土		0.25～0.40		软	0.45～0.55
砂壤土，粉砂土		0.35～0.45		较软	0.55～0.60
细砂，极细砂		0.40～0.45	硬质岩石	较坚硬	0.60～0.65
中砂，粗砂		0.45～0.50		坚硬	0.65～0.70
砂砾石		0.40～0.50			

表 9.5-2　土基与基底面之间的摩擦角 φ_o 和黏聚力 C_o

土质地基类别	摩擦角 φ_o	黏聚力 C_o
黏性土	0.9φ	$(0.20 \sim 0.30)C$
砂性土	$(0.85 \sim 0.90)\varphi$	0

注：φ 为室内饱和固结快剪（黏性土）或饱和快剪（砂性土）试验测得的内摩擦角，(°)；C 为室内饱和固结快剪试验测得黏聚力，kPa。

表 9.5-3 土基上挡土墙基底压应力最大值与最小值之比的允许值

地基土质	荷载组合	
	基本组合	特殊组合
松软	1.50	2.00
中等坚实	2.00	2.50
坚实	2.50	3.00

注:1. 对于特别重要的挡土墙,其基底应力最大值与最小值之比的允许值可按表列数值适当减少。
2. 对于地震区的挡土墙,其基底应力最大值与最小值之比的允许值可按表列数值适当增大。
3. 对于地基特别坚实或可压缩涂层甚薄的挡土墙,可不受上述限制,但要求基底不出现拉应力。

表 9.5-4 土基上挡土墙基底面抗滑稳定安全系数的允许值

荷载组合		挡土墙级别			
		1	2	3	4,5
基本组合		1.35	1.30	1.25	1.20
特殊组合	Ⅰ	1.20	1.15	1.10	1.05
	Ⅱ	1.10	1.05	1.05	1.00

注:特殊组合Ⅱ为地震工况,特殊组合Ⅰ为特殊组合Ⅱ以外的其他非常运用工况。

计算挡土建筑物(挡土墙)的土压力时,对于向外侧移动或转动的挡土结构,可按主动土压力计算;对于保持静止不动的挡土结构,可按静止土压力计算。

作用于单位长度挡土墙背上的主动土压力可按下式计算:

$$F_a = \frac{1}{2}\gamma H^2 K_a \tag{9.5-5}$$

$$K_a = \frac{\cos(\varepsilon-\beta)}{\cos^2\varepsilon\cos(\varepsilon-\beta+\varphi+\delta)} \times \{\cos(\varepsilon-\beta)\cos(\varepsilon+\delta)+\sin(\varphi+\delta)\sin(\varphi-\beta) + 2\eta\cos\varepsilon\cos\varphi\sin(\varepsilon-\beta+\varphi+\delta) - 2\{[\cos(\varepsilon-\beta)\sin(\varphi-\beta)+\eta\cos\varepsilon\cos\varphi][\cos(\varepsilon+\delta)\sin(\varphi+\delta)+\eta\cos\varepsilon\cos\varphi]\}^{\frac{1}{2}}\} \tag{9.5-6}$$

$$\eta = \frac{2c}{\gamma H} \tag{9.5-7}$$

式中:F_a 为主动土压力,kN/m,作用于距墙底 $H/3$ 墙背处,与水平面呈夹角($\delta+\varepsilon$)(见图 9.5-1);γ 为挡土墙后填土重度,kN/m^2;H 为挡土墙高度,m;K_a 为主动土压力系数:δ 为挡土墙后填土对墙背的外摩擦角,可按表 9.5-5 采用,(°);φ 为挡土墙后填土的内摩擦角,(°),应根据试验资料确定,当试验资料不足,对一般土,可参照表 9.5-6 和表 9.5-7 选用;c 为挡土墙后填土黏聚力,kN/m^2;应根据试验资料确定,当试验资料不足,对一般土,可

图 9.5-1 主动土压力作用示意图

参照表 9.5-7 选用；ε 为挡土墙背面与铅垂面的夹角，(°)。

填土表面有均布荷载时，可将荷载换算成等效的土层厚度.计算作用于墙背的主动土压为。此种情况下，作用于墙背上的主动土压力应按梯形分布。

表 9.5-5　填土对挡土墙背的外摩擦角 δ

挡土墙情况	δ	挡土墙情况	δ
墙背光滑，排水不良	$(0.00\sim0.33)\varphi$	墙背很粗糙，排水良好	$(0.50\sim0.67)\varphi$
墙背粗糙，排水良好	$(0.33\sim0.50)\varphi$	墙背与填土间不可能滑动	$(0.67\sim1.00)\varphi$

表 9.5-6　砾类土和砂类土的内摩擦角 φ 值

类别	松散状态	中密状态	密实状态
砾类土	30～34	34～37	37～50
砂类土	25～30	30～50	35～40

表 9.5-7　细粒土的 φ、c 值

塑性指标 I_p		孔隙比					
		<0.5	0.5～0.6	0.6～0.7	0.7～0.8	0.8～0.9	>0.9
<10	φ(°)	27	25	23	21	19	17
	c(kN/m²)	10	8	6	4	3	2
10～17	φ(°)	21	19	17	15	14	13
	c(kN/m²)	18	14	11	9	8	6
>17	φ(°)	17	15	13	12	11	10
	c(kN/m²)	35	28	22	17	13	10

作用于单位长度墙背的静止土压力可按下式计算(墙背铅直、墙后填土表面水平)(见图 9.5-2)：

$$F_o = \frac{1}{2}\gamma H^2 K_o \qquad (9.5\text{-}8)$$

$$K_o = \frac{\upsilon}{1-\upsilon} \qquad (9.5\text{-}9)$$

式中：F_o 为静止土压力，kN/m，作用于距墙底 $H/3$ 墙背处，水平指向墙背；K_o 为静止土压力系数；υ 为墙后填土的泊松比。

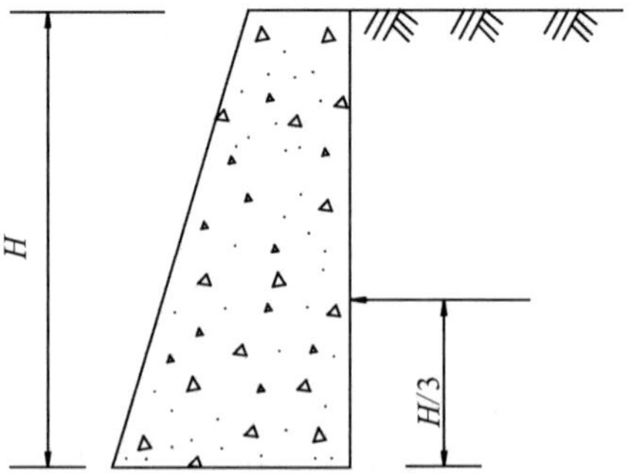

图 9.5-2　静止土压力作用示意图

对于墙后填土为正常固结黏土，K_o 也可由下式计算：

$$K_o = 1-\sin\varphi' \qquad (9.5\text{-}10)$$

式中：φ' 为墙后填土的有效内摩擦角，(°)。

试验资料不足时，静止土压力系数 K_o 可参照表 9.5-8 选用。

表 9.5-8 静止土压力系数

土类	土状态	静止土压力系数 K_0
砾类土		0.22～0.40
砂类土		0.30～0.60
低液限粉土 低液限黏土	坚硬或硬塑	0.40
	可塑	0.52
	软塑或流塑	0.64
高液限黏土	坚硬或硬塑	0.40
	可塑	0.64
	软塑或流塑	0.87

9.6 近坝岸坡稳定性评价

(1) 对危及大坝、输泄水建筑物及附属设施安全的新老滑坡体或潜在滑坡体，应根据表面位移、深层位移、裂缝开合度等观测资料，依空间和时程进行整理，并与原因量(水库水位、降水量及气温等)进行相关分析，判断其稳定性。有条件时，应建立相应的数学模型，进行安全监控。

(2) 对上述滑坡体，应结合地质勘探及观测资料进行边坡稳定分析，分析方法按《水利水电工程边坡设计规范》(SL 386)的有关规定执行。

对于重要大坝的岩石滑坡体的稳定，应做专门试验研究和分析。

(3) 对坝体与库岸结合部位，应根据表面位移(沉降及纵向水平位移或应变)、深层位移(应变)、裂缝开合度等观测资料，依空间和时程进行整理，建立相应的数学模型，对其变形性态的现状及未来做出分析和评估。该部位的裂缝分析参照土石坝进行。

9.7 结构安全综合评价

9.7.1 常见的工程结构安全问题

(1) 土质防渗体土石坝

土质防渗体土石坝常见的结构问题有：坝坡坡比偏陡；大坝填筑质量不满足要求，干密度较小，渗透性大，且填筑不均匀，或新老坝体结合面处理不当；湿陷性黄土坝体产生裂缝；坝顶宽度不足；防浪墙裂缝或未与防渗体紧密连接；坝体与混凝土建筑物的接触面渗漏、下游出口反滤层未设置或不满足要求，因不均匀沉降产生裂缝等。

(2) 非土质防渗体土石坝

非土质防渗体土石坝主要为钢筋混凝土面板坝、沥青混凝土心墙或面板坝。常见的结构问题有：混凝土面板分缝、周边缝止水破坏引起渗漏；坝体严重变形；面板裂缝或破损；结构设计缺陷及坝料抗冲蚀性差，或坝料分区不符合反滤原则；沥青心墙开裂产生渗漏等。

9.7.2 结构安全综合评价标准

结构安全复核分析应作出如下明确结论：

(1) 建筑物的顶高程是否满足规范要求；

(2) 土石坝抗滑稳定是否满足规范要求；

(3) 混凝土坝、砌石坝及输、泄水建筑物的强度和稳定是否满足规范要求；

(4) 大坝是否产生危及安全的变形（含裂缝或接缝）；

(5) 近坝库岸是否稳定。

当上述问题不能满足要求时，应分析其原因和可能产生的危害。

当主要水工建筑物的顶高程（或平台高程）以及强度和稳定满足规范要求，大坝无异常变形现象，近坝库岸稳定时，可认为大坝结构安全，评为“A”级；当主要水工建筑物的顶高程（或平台高程）以及大坝整体稳定满足规范要求，存在的局部强度不足或异常变形尚不严重影响大坝安全，近坝库岸整体稳定时，可认为大坝结构基本安全，评为“B”级；当主要水工建筑物的顶高程（或平台高程）或强度与稳定不满足规范要求，大坝存在危及安全的变形，或近坝库岸不稳定时，可认为大坝结构不安全，评为“C”级。

第 10 章

抗震安全评价

10.1　抗震安全评价依据与方法

10.1.1　抗震安全评价依据

由于缺少设计依据，我国早期修建的水库大坝很多未进行抗震设计，没有任何抗震措施。1992 年 5 月国务院发布的《中国地震烈度区划图(1990)》成为确定大坝抗震设防烈度的依据；《水工建筑物抗震设计标准》(GB 51247)成为大坝抗震设计和抗震安全复核的依据。《中国地震动参数区划图》(GB 18306)颁布后，部分水库的地震动参数和抗震设防烈度发生了变化。因此，按现行规范复核大坝抗震安全是非常必要的。

水库大坝防震减灾应急预案应满足《防震减灾法》的要求，并可参照《水库大坝安全管理应急预案编制导则》(SL/Z 720)对其进行复核。

10.1.2　抗震安全评价方法

抗震安全评价应包括下列主要内容：

(1) 复核工程场地地震基本烈度和工程抗震设防类别，在此基础上复核工程的抗震设防烈度或地震动参数是否符合规范要求。

(2) 复核大坝的抗震稳定性与结构强度。

(3) 复核土石坝及建筑物地基的地震永久变形，以及是否存在地震液化可能。

(4) 复核工程的抗震措施是否合适和完善。

(5) 布置强震监测台阵的大坝，应对地震原型监测资料进行分析。

对抗震设防烈度超过 6 度的大坝，应进行抗震安全复核。设防烈度为 6 度时，可不进行抗震计算，但对 1 级水工建筑物，仍应按《水工建筑物抗震设计标准》(GB 51247)复核其抗震措施是否合适。设防烈度高于 9 度的水工建筑物或高度超过 250 m 的壅水建筑物，应对其抗震安全性进行专门研究论证，并报主管部门审批。

当工程原设计抗震设防烈度或采用的地震动参数不符合现行规范要求时，应对抗震设防烈度和地震动参数进行调整，并履行审批手续。

抗震复核计算方法、计算参数及计算结果控制标准应按照相关设计规范执行，并符合《水工建筑物抗震设计标准》(GB 51247)的相关规定。

10.2 抗震设防烈度复核及荷载确定

10.2.1 抗震烈度复核

工程抗震安全评价关心的是可能发生的地震对其场址的影响程度，通常以地震烈度表征地震引起的地面震动及其影响的强弱程度。

工程场地地震动参数及与之对应的地震基本烈度可按《中国地震动参数区划图》(GB 18306)确定，具体见表 10.2-1。

表 10.2-1 地震动峰值加速度分区与地震基本烈度对照表

地震动峰值加速度分区(*g*)	<0.05	0.05	0.1	0.15	0.2	0.3	≥0.4
地震基本烈度值(度)	<6	6	7	7	8	8	≥9

水工建筑物的工程抗震设防类别应根据其重要性和工程场地基本烈度按表 10.2-2 的规定确定。

表 10.2-2 工程抗震设防类别

<table>
<tr><th>工程抗震设防类别</th><th>建筑物级别</th><th>场地基本烈度</th></tr>
<tr><td>甲</td><td>1(壅水)</td><td rowspan="2">≥6</td></tr>
<tr><td>乙</td><td>1(非壅水)、2(壅水)</td></tr>
<tr><td>丙</td><td>2(非壅水)、3</td><td rowspan="2">≥7</td></tr>
<tr><td>丁</td><td>4、5</td></tr>
</table>

一般情况下，水工建筑物应以场地基本烈度作为设计烈度。对于抗震设防类别为甲类的水工建筑物，其设计烈度可在基本烈度基础上提高 1 度。

地震基本烈度为 6 度及 6 度以上地区的坝高超过 200 m 或库容大于 100 亿 m^3 的特大型工程，以及地震基本烈度为 7 度及 7 度以上地区坝高超过 150 m 的大(1)型工程，其设防依据应根据专门的地震危险性分析提供的基岩峰值加速度成果确定。对于这类工程，其设计地震加速度代表值的概率水准，对壅水建筑物应取基准期 100 年内超越概率 P_{100} 为 0.02，对非壅水建筑物应取基准期 50 年内超越概率 P_{50} 为 0.05。

抗震设防烈度是确保大坝遭遇设防标准内地震时不遭受严重破坏的重要参数，因此对抗震设防烈度达不到现行规范《中国地震动参数区划图》(GB 18306)和《水工建筑物抗震设计标准》(GB 51247)要求的水库大坝，应按现行规范要求进行调整，并作为大坝抗震安全评价的依据。

10.2.2 地震荷载确定

(1) 地震动分量及其组合

地震动分量可分解为三个互相垂直的分量。根据已有大量强震记录的统计分析，地震动分量的两个水平向峰值加速度大致相同，而竖向加速度峰值平均约为水平的 1/2～2/3。根据水工建筑物的种类、设计烈度和工程级别，结合地震动不同分量对不同种类水工建筑物的影响，《水工建筑物抗震设计标准》(GB 51247)对抗震计算中应计入的地震动分量及其组合方式做出如下规定：

1) 一般情况下，水工建筑物可只考虑水平向地震作用。

2) 设计烈度为 8、9 度的 1、2 级下列水工建筑物：土石坝、重力坝等壅水建筑物，长悬臂、大跨度或高耸的水工混凝土结构，应同时计入水平向和竖向地震作用。

3) 严重不对称、空腹等特殊型式的拱坝，以及设计烈度为 8、9 度的 1、2 级双曲拱坝，宜对其竖向地震作用效应做专门研究。

4) 一般情况下，土石坝、混凝土重力坝的抗震设计可只计入顺河流方向的水平向地震作用。两岸陡坡上的重力坝段，宜计入垂直河流方向的水平向地震作用。

5) 重要的土石坝，宜专门研究垂直河流方向的水平向地震作用。

6) 混凝土拱坝应同时考虑顺河流方向和垂直河流方向的水平向地震作用。

7) 闸墩、进水塔、闸顶机架和其他两个主轴方向刚度接近的水工混凝土结构，应考虑结构的两个主轴方向的水平向地震作用。

8) 当同时计算相互正交方向地震的作用效应时，总的地震作用效应可取各方向地震作用效应平方和的方根值；当同时计算水平向和竖向地震作用效应时，总的地震作用效应也可将竖向地震作用效应乘以 0.5 的遇合系数与水平向地震作用效应直接相加。

(2) 地震作用的类别

一般情况下，水工建筑物抗震计算应考虑的地震作用为建筑物自重和其上的荷重所产生的地震惯性力、地震动土压力、水平向地震作用的动水压力。

土石坝(除面板堆石坝外)由于上游坝坡较缓，其地震动水压力影响很小，因而可以忽略。瞬时的地震作用对渗透压力浮托力的影响很小，地震引起的浪压力数值也不大，在抗震计算中都可予以忽略。地震淤沙压力的机理十分复杂，目前在国内外的工程抗震设计中大多是在计算地震动水压力时，将建筑物前水深算到库底而不再另行计入地震淤沙压力。但当坝前的淤沙高度很大时，这样近似处理的结果可能偏于不安全，因此对于高坝遇到这类情况时应作专门研究。

(3) 设计地震加速度和设计反应谱

1) 设计地震加速度

目前，水利水电工程一般均进行专门的地震危险性分析，给出不同超越概率水平的场址基岩水平向峰值加速度，根据枢纽中不同水工建筑物的抗震设防类别确定其设防概率水平和相应的设计地震加速度。对于没有专门地震危险分析成果的工程，其水平向设计地震加速度应根据其设计烈度，按表 10.2-3 取值。对于需要计入竖向地震影响的，竖向地震加速度应取水平向的 2/3。

表 10.2-3　水平向设计地震加速度

设计烈度	7	8	9
α_h	0.1g	0.2g	0.4g

注：g=9.81 m/s^2

2）设计反应谱

当前，我国各行业的抗震设计规范中，设计反应谱主要基于美国西部强震加速度记录的归一化加速度反应谱均值。场地类别和地震远近仅以设计反应谱最大值和其平台终点的特征周期大小体现。

《水工建筑物抗震设计标准》(GB 51247)规定的设计反应谱如图 10.2-1 所示。图中设计反应谱最大值 β_{max}、不同场地类别的场地特征周期分别按表 10.2-4 和表 10.2-5 取值。设计反应谱最小值 β_{min} 不小于设计反应谱最大值 β_{max} 的 20%。同时规定，对于设计烈度不高于 8 度且结构基本自振周期大于 1.0 s 的结构，场地特征周期宜延长 0.05 s，以反映远震长周期分量对高度大、频率低的水工建筑物的影响。

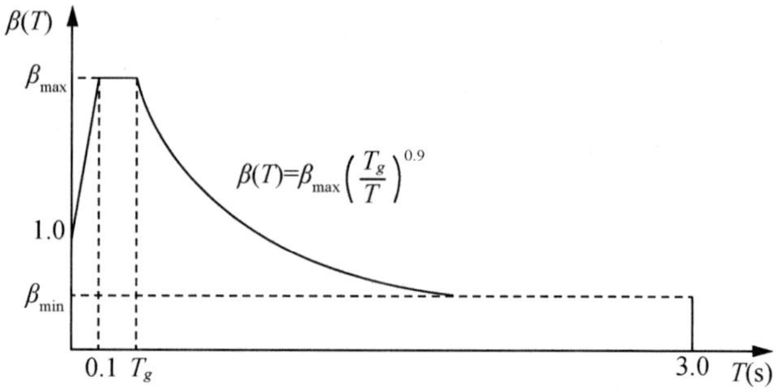

图 10.2-1　设计反应谱

表 10.2-4　设计反应谱最大值 β_{max}

建筑物类型	重力坝	拱坝	水闸、进水塔及其他混凝土建筑物
β_{max}	2.00	2.50	2.25

表 10.2-5　特征周期 T_g

场地类别	Ⅰ	Ⅱ	Ⅲ	Ⅳ
T_g(s)	0.20	0.30	0.40	0.65

3）设计地震加速度时程

目前对重要大坝工程的地震反应研究几乎都要进行非线性动力分析。因而基于叠加原理的反应谱法已不再适用，需要采用基于时间历程法的非线性分析法。地震动加速度时间历程受地震类型及其震级和场址震中距及地形地质条件的控制。目前全球仅限于少数国家有较多实测的强震记录，高坝大库坝址基岩上的强震记录更少，因此，很难找到与设定场址有类似地震地质条件的实测强震记录作为设计地震动输入的加速度时间历程。为此，一般都采用拟合设计反应谱和峰值加速度的人工合成方法。

鉴于地震动的随机性，通常采用以设计反应谱为目标的人工拟合随机地震动加速度时程。传统的合成方法为：用三角级数和 0～2π 间均匀分布的随机相角构造平稳模型，引入随时间变化的强度包络函数后，按功率和反应谱的近似关系式，通过迭代调整幅值，以拟合目标反应谱和设计峰值加速度。

(4) 地震作用和其他作用的组合

一般情况下,作抗震计算时的上游水位可采用正常蓄水位;多年调节水库经论证后可采用低于正常蓄水位的上游水位。

土石坝的上游坝坡抗震稳定计算,应根据运用条件选用对坝坡抗震稳定最不利的常遇水位进行抗震计算。需要时,应将地震作用和常遇的水位降落幅值组合。

重要的拱坝及水闸的抗震强度计算,宜补充地震作用和常遇低水位组合的验算。

(5) 结构计算模式及计算方法

采用合适的结构计算模式是抗震计算的基本前提。《水工建筑物抗震设计标准》(GB 51247)规定,水工建筑物抗震计算采用的结构计算模式应与相应的基本设计规范的计算模式相同。随着水工结构工程学科的显著进步,我国水工建筑物的设计水平不断提高,陆续完成了各类水工建筑物基本设计规范的修编工作,其中所采用的结构计算模式也有所变化,例如对混凝土重力坝和拱坝的结构分析,除规定以结构力学方法为基本分析方法外,也规定了目前应用广泛的有限单元法为基本分析方法。

目前地震作用效应计算方法主要采用动力法和拟静力法两类计算方法。动力法考虑了地震作用特征和建筑物动态特性,按动力学理论求解结构的地震作用效应。拟静力法则将重力作用、设计地震加速度与重力加速度的比值、按结构类型和高度等归纳给出的动态分布系数三者乘积作为设计地震力作用于结构上进行静力分析,求出地震作用效应。

除土石坝、水闸外,各工程抗震设防的水工建筑物的地震作用效应计算方法均应按表10.2-6的规定采用。对于土石坝,考虑到目前土石坝坝料的非线性特性、动态本构关系、非线性动力分析方法及相应的抗震安全评价准则诸方面尚不成熟,规范规定应以拟静力法进行坝坡稳定计算,同时规定对于设计烈度8、9度的70 m以上土石坝,或地基中存在可液化土时,应同时用有限单元法对坝体和坝基进行动力分析。至于水闸,则按照水闸级别和设计烈度(不是采用工程抗震设防类别)确定采用的地震作用效应计算方法,具体规定见10.3.3节。

表10.2-6 地震作用效应的计算方法

工程抗震设防类别	地震作用效应的计算方法
甲	动力法
乙、丙	动力法或拟静力法
丁	拟静力法或着重采取抗震措施

采用动力法进行水工建筑物的地震作用效应计算时,应遵循以下原则性规定:

1) 应考虑结构和地基的动力相互作用;与水体接触的建筑物还应考虑结构和水体的动力相互作用,但可不计库水可压缩性及地震动输入的不均匀性。

2) 作为线弹性结构的混凝土建筑物,可采用振型分解反应谱法或振型分解时程分析法,此时,拱坝的阻尼比可在3%~5%范围内选取,重力坝的阻尼比可在5%~10%范围内选取,其他建筑物可取5%。

3) 采用振型分解反应谱法计算地震作用效应时,可由各阶振型的地震作用效应按平方和方根法(SRSS)组合。当两个振型的频率差的绝对值与其中一个较小的频率之比小于0.1时,地震作用效应宜采用完全二次方根法(CQC)组合:

$$S_E = \sqrt{\sum_i^m \sum_j^m \rho_{ij} S_i S_j} \tag{10.2-1}$$

$$\rho_{ij} = \frac{8\sqrt{\zeta_i\zeta_j}(\zeta_i + \gamma_\omega\zeta_j)\gamma_\omega^{3/2}}{(1-\gamma_\omega^2)^2 + 4\zeta_i\zeta_j\gamma_\omega(1+\gamma_\omega^2) + 4(\zeta_i^2+\zeta_j^2)\gamma_\omega^2} \tag{10.2-2}$$

式中：S_E 为地震作用效应；S_i、S_j 分别为第 i 阶、第 j 阶振型的地震作用效应；m 为计算采用的振型数；ρ_{ij} 为第 i 阶和第 j 阶的振型相关系数；ζ_i、ζ_j 分别为第 i 阶、第 j 阶振型的阻尼比；γ_ω 为圆频率比，$\gamma_\omega=\omega_j/\omega$；$\omega_i$、$\omega_j$ 分别为第 i 阶、第 j 阶振型的圆频率。

4）地震作用效应影响不超过 5%的高阶振型可略去不计。采用集中质量模型时，集中质量的个数不宜少于地震作用效应计算中采用的振型数的 4 倍。

5）采用时程分析法计算地震作用效应时，宜符合下列规定：

① 应至少选择类似场地地震地质条件的 2 条实测加速度记录和 1 条以设计反应谱为目标谱的人工生成模拟地震加速度时程。

② 地震加速度时程的峰值应按照设计基岩峰值加速度代表值进行峰值调整。

③ 不同地震加速度时程计算的结果应进行综合分析，以确定设计验算采用的地震作用效应。

当采用拟静力法计算地震作用效应时，沿建筑物高度作用于质点 i 的水平向地震惯性力代表值应按式(10.2-3)计算：

$$F_i = \alpha_h \xi G_{Ei} \alpha_i / g \tag{10.2-3}$$

式中：F_i 为作用在质点 i 上的水平向地震惯性力代表值；α_h 为水平向设计地震加速度；ξ 为地震作用的效应折减系数，除另有规定外，取 $\xi=0.25$；G_{Ei} 为集中在质点 i 上的重力作用标准值；α_i 为质点 i 的动态分布系数，应按本章中各类水工建筑物抗震计算的具体规定采用；g 为重力加速度。

（6）承载能力分析系数极限状态抗震设计

《水工建筑物抗震设计标准》(GB 51247)中各类水工建筑物的抗震设计是在遵循《水利水电工程结构可靠性设计统一标准》(GB 50199)中的承载能力分项系数设计原则并保持规范连续性基础上，根据从确定性方法向可靠度方法“转轨”、从确定性方法规定的安全系数或容许强度向可靠度方法规定的分项系数及结构系数“套改”，统一给出了各类水工建筑物抗震强度和稳定验算的承载能力分项系数极限状态抗震设计表达式：

$$\gamma_0 \Psi S(\gamma_G G_k, \gamma_Q Q_k, \gamma_E E_k) \leqslant \frac{1}{\gamma_d} R\left(\frac{f_k}{\gamma_m}, a_k\right) \tag{10.2-4}$$

式中：γ_0 为结构重要性系数，应按 GB 50199 的规定取值；Ψ 为设计状况系数，地震时取 0.85；$S(\cdot)$为结构的作用效应函数；γ_G 为永久作用的分项系数；G_k 为永久作用的标准值；γ_Q 为可变作用的分项系数；Q_k 为可变作用的标准值；γ_E 为地震作用的分项系数，$\gamma_E=1.0$；E_k 为地震作用的标准值；a_k 为几何参数的标准值；γ_d 为承载能力极限状态的结构系数；$R(\cdot)$为结构的抗力函数；f_k 为材料性能的标准值；γ_m 为材料性能的分项系数。

对于与地震作用组合的各种静态作用的分项系数和标准值，应按各类水工建筑物相应的设计规范规定采用。凡在这些规范中未规定分项系数的作用和抗力，或在抗震计算中引入地震作用的效应折减系数时，分项系数均可取为 1.0。

对于钢筋混凝土结构构件的抗震设计，在按照水工抗震规范的规定确定其地震作用效应后，应按水工钢筋混凝土结构设计规范的相关规定进行抗震验算。当地震作用效应是按动力法求得时，应将地震作用效应乘以 $\xi=0.35$ 的折减系数。这是因为，建筑部门在核算钢筋混凝土构件的截面强度时，采用的是相应于“小震”的地震作用，其加速度代表值为相应于“中震”的设计地震加速度代表值的 35%，因此，在水工钢筋混凝土结构构件截面强度验算中，也相应折减至 35%，以求统一。

10.3 各建筑物抗震安全复核

10.3.1 土石坝抗震安全评价

土石坝抗震设计的重点首先是工程质量。地基必须坚固和不漏水，坝体必须填筑密实，坝体与岸坡或混凝土等刚性建筑物的连接接合部位必须牢靠，等等。否则土体可能由于孔隙水压力的上升引起失稳或液化，或由于严重变形导致漏水或溃决。土石坝抗震需要结合工程经验和抗震安全评价进行合理设计和科学预测与防范，必须从工程措施和施工质量上加以保证。

鉴于稳定和变形是决定土石坝抗震安全的关键因素，应分别从稳定、变形、液化可能性等方面，对土石坝的抗震安全进行综合分析和评价。

(1) 抗震稳定性评价

《水工建筑物抗震设计标准》(GB 51247)规定，土石坝应采用拟静力法进行抗震稳定计算，设计烈度为 8、9 度的 70 m 以上土石坝，或地基中存在可液化土时，应同时用有限元法对坝体和坝基进行动力分析，综合判断其抗震安全性。在具体计算中，对于均质坝、厚斜墙坝和厚心墙坝，可采用瑞典滑弧法按规定进行验算；对于 1、2 级及 70 m 以上土石坝，宜同时采用简化毕肖普法。对于夹有薄层软黏土的地基，以及薄斜墙坝和薄心墙坝，可采用滑楔法计算。

多年来，拟静力法在我国土石坝的抗震设计中发挥了很大的作用，相关工程积累了丰富的经验。在国外，日本大坝委员会 1978 年发布了《坝工设计规范》，日本建设省河川局开发科 1991 年颁发了《土石坝抗震设计指南》，其中土石坝的抗震设计与我国的《碾压式土石坝设计规范》(SL 274)类似。在美国，自从提堂(Teton)垮坝及圣费尔南多(San Fernando)坝遭受震害以来，美国垦务局已不再采用拟静力法进行土石坝的抗震稳定分析。陆军工程师兵团仅对地震作用较小(地面峰值加速度≤0.05g)的密实地基上填筑质量很好的土石坝采用拟静力法。目前，美国土石坝抗震计算主要采用动力法，其内容包括建立在有限元动力基础上的滑动稳定计算和变形计算。

近年来，我国在高烈度区设计及建造了一些高土石坝，其工程设计有了更高的要求，除了进行传统的稳定计算外，可能还需要对坝体和坝基内的动应力分布、地震引起的孔隙水压力变化、地震引起的坝体变形以及防渗体的可靠性、坝体与坝肩结合部位的应力分布、变形

状况和裂缝等进行动力分析。此外，1971 年美国圣费尔南多地震中下圣费尔南多坝的液化，1976 年我国唐山地震中密云水库白河主坝因保护层液化而引起的滑坡均表明，当坝体和坝基中存在可液化土类时，采用拟静力法不能得出正确的安全评价。特别是汶川“5·12”大地震中紫坪铺大坝的震害与地震前的动力计算结果有较强的可比性，用震害实例证实了动力分析方法的可靠性与先进性。

鉴于拟静力法在我国土石坝抗震设计中的实际作用，针对我国大量的中小型水库绝大多数为土石坝，无法广泛采用动力分析这一国情，根据国内外土石坝抗震设计的水平，并考虑到在动力分析中的计算参数选择及工程安全判据方面资料尚不够充分，我国目前仍以拟静力法作为土石坝抗震设计（稳定分析）的主要方法，但设计烈度 7 度及以上的 1、2 级土石坝，设计烈度 8、9 度的 70 m 以上土石坝，或地基中存在可液化土时，应同时用有限元法对坝体和坝基进行动力分析，综合判断其抗震安全性。

1）拟静力法

拟静力法是把坝体各质点的地震惯性力当作静力作用在该质点处，用以计算坝坡的抗滑稳定安全系数。在拟静力法中，采用一般的坝坡稳定分析方法即刚体极限平衡法进行计算，求出抗震稳定的结构系数 γ_d 或安全系数 K，使其不小于规范中规定的数值。

地震作用对土石坝及其地基稳定性的影响，主要考虑土石料的动力有效抗剪强度指标及地震荷载。其他方面与土石坝的静力稳定分析方法基本相同。

根据土石坝的不同断面结构型式（如均质坝、心墙坝、斜墙坝等）和不同筑坝材料，可分别采用圆弧滑动分析、折线滑动分析、坡面滑动分析等不同方法。

在拟静力法抗震计算中，土石坝坝体质点的动态分布系数应按表 10.3-1 取值。

表 10.3-1　土石坝坝体动态分布系数 α_i

坝高 $H \leqslant 40$ m	坝高 $H > 40$ m
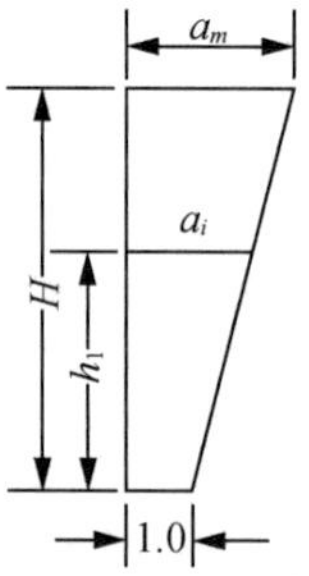	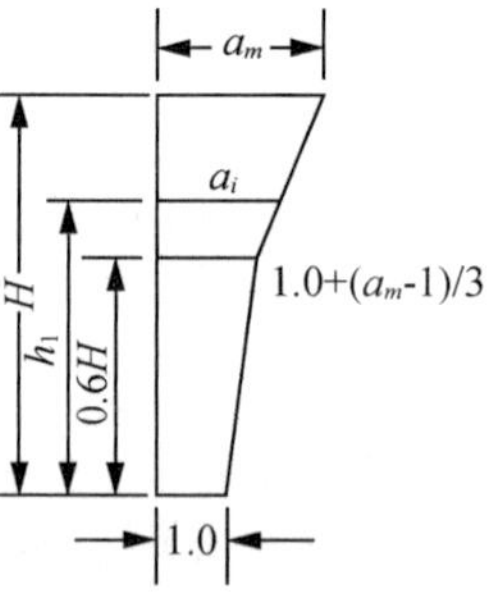

对于 1、2 级坝，宜通过动力试验测定土体的动态抗剪强度。当动力试验给出的动态强度高于相应的静态强度时，应取静态强度值。黏性土和紧密砂砾等非液化土在无动力试验资料时，宜采用静态有效抗剪强度指标，其中对堆石、砂砾石等粗粒无黏性土，可采用对数函数或指数函数表达的非线性静态抗剪强度指标。

影响土的动态强度的因素很多，包括土的密实程度、颗粒级配、形状、定向排列、稠度以及振动应力和应变的大小，振动频率和历时，振动前土的应力状态等等。因此，原则上应通过动力试验测定抗震稳定分析中土体的抗剪强度指标。工程实践也表明，对于地震区的大中型工程有必要也有条件进行动力试验。

对于混凝土面板堆石坝，动水压力对坝体地震作用效应影响不宜忽略，其动水压力可按重力坝动水压力的确定方法确定。采用瑞典圆弧法确定坝坡抗震稳定的作用效应和抗力的代表值，见图 10.3-1 和式(10.3-1)、式(10.3-2)。

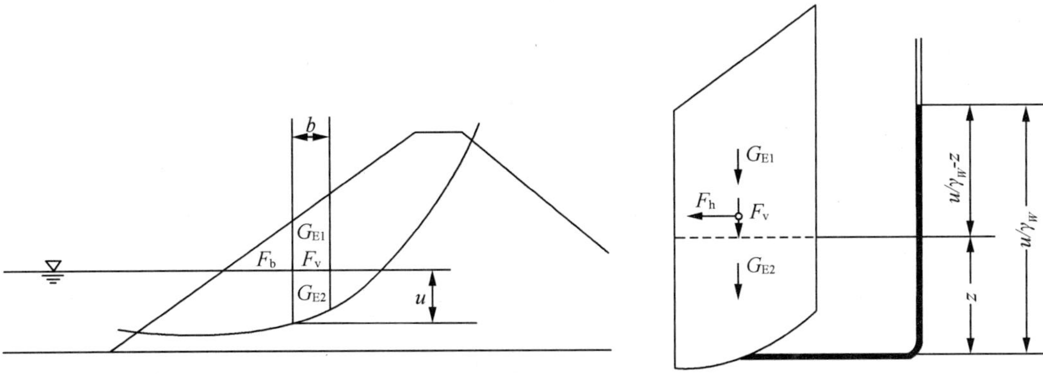

图 10.3-1 圆弧滑动条分法计算示意图

$$S=\Sigma[(G_{E1}+G_{E2}\pm F_v)\sin\theta_t+M_h/r] \tag{10.3-1}$$

$$R=\Sigma\{cb\sec\theta_t+[(G_{E1}+G_{E2}\pm F_v)\cos\theta_t-F_h\sin\theta_t-(u-r_w z)b\sec\theta_t]\tan\varphi\} \tag{10.3-2}$$

其中

$$G_{E1}=\Sigma(\gamma b\Delta h)_1 \tag{10.3-3}$$

$$G_{E2}=\Sigma(\gamma' b\Delta h)_2 \tag{10.3-4}$$

$$F_h=a_h\xi\alpha_i/g \tag{10.3-5}$$

$$F_v=a_h\xi\alpha_i/(3g) \tag{10.3-6}$$

式中：G_{E1}为条块在坝坡外水位以上部分的实重标准值；G_{E2}为条块在坝坡外水位以下部分的浮重标准值；F_h 为作用在条块重心处的水平向地震惯性力代表值；F_v 为作用在条块重心处的垂直向地震惯性力代表值，其作用方向可向上（+）或向下（−），以不利于稳定的方向为准；θ_t 为通过条块底面中点的滑弧半径与通过滑动圆弧圆心铅直线间的夹角，当半径由铅直线偏向坝轴线时取正号，反之，取负号；M_h 为 F_h 对圆心的力矩；r 为圆弧半径；c 为土石料在地震作用下的黏聚力；b 为滑动体条块宽度；u 为条块底面中点在稳定渗流情况下的孔隙水压力，可由流网确定，或由有限元渗流计算确定；z 为坝坡外水位高出条块底面中点的垂直距离；φ 为土石料在地震作用下的摩擦角；γ_w 为水的容重；γ 为相应于各分段土石材料的实际容重（包括孔隙水重）；γ'为条块在坝坡外水位以下部分的浮容重；Δh 为各条块在坝坡外水位以上部分的铅直分段高度；a_h 为水平向设计地震加速度代表值，按表 10.2-3 取值；ξ 为地震作用效应的折减系数，拟静力法计算地震作用效应时一般取 0.25；α_i 为质点 i 的动态分布系数；g 为重力加速度，$g=9.81\ m/s^2$。

土石坝坝体动态分布系数 α_i 见表 10.3-1。表中 α_m 在设计烈度为 7、8、9 度时，分别取

3.0、2.5 和 2.0。

采用安全系数 K 的计算公式见式(10.3-7)：

$$K = \frac{\Sigma\{cb\sec\theta_t + [(G_{E1} + G_{E2} + F_v)\cos\theta_t - F_h\sin\theta_t - (u - \gamma_w z)b\sec\theta_t]\tan\varphi\}}{\Sigma[(G_{E1} + G_{E2} \pm F_v)\sin\theta_t + M_h/r]} \tag{10.3-7}$$

采用简化毕肖普法确定土石坝坝坡稳定安全系数 K 的计算公式如下：

$$K = \frac{\Sigma\{cb + [(G_{E1} + G_{E2} \pm F_v)\tan\varphi - (u - \gamma_w z)b\tan\varphi]\sec\theta_t/(1 + \tan\varphi\tan\theta_t/K)\}}{\Sigma[(G_{E1} + G_{E2} \pm F_v)\sin\theta_t + M_h/r]} \tag{10.3-8}$$

式中：各符号的意义与瑞典圆弧法相同。

2）动力法

由于基于极限平衡理论的拟静力法不能很好地考虑土体的内部应力一应变关系和实际工作状态，求出的安全系数只是所假定的潜在滑裂面上的平均安全度，所得到的条间内力和滑裂面底部反力并不能代表土体在产生滑移变形时的实际内力分布，无法确定土体变形，也不能考虑变形对稳定性的影响，因此，当坝体和坝基中存在可液化土类时，采用拟静力法不能做出正确的安全评价。对于高土石坝，用拟静力法计算坝体抗滑稳定的问题更为突出。因此，采用拟静力法进行土石坝及地基的抗震稳定性分析的缺点和局限性是明显的，而基于地震反应分析的动力法逐渐受到重视和发展，应用也越来越广泛。

设计烈度 7 度及以上的 1、2 级土石坝，设计烈度 8、9 度的 70 m 以上土石坝，或地基中存在可液化土时，应同时用有限元法对坝体和坝基进行动力分析，综合判断其抗震安全性。土石坝动力分析宜满足如下要求：按材料的非线性应力应变关系计算地震前的初始应力状态；采用试验确定材料动力特性；采用等效线性化或非线性时程分析法求解地震应力和加速度反应；根据地震作用效应计算沿可能滑裂面的抗震稳定性，以及计算由地震引起的坝体永久变形。

在运用有限元法计算出土石坝单元的静应力和地震作用下的动应力后，则可以用来进一步分析土石坝坝坡的抗震稳定性。

可采用基于应力法的动力法，亦可采用基于强度折减等途径的动力稳定分析方法。

基于应力法的动力法定义的安全系数是潜在滑动面上土体能提供的最大抗剪强度同潜在滑动面上土体由外荷载产生的实际剪应力的比值。

在动力计算中，假定滑动面形状，给定搜索范围，由程序自动寻找最危险滑动面的位置，并计算相应的稳定安全系数。

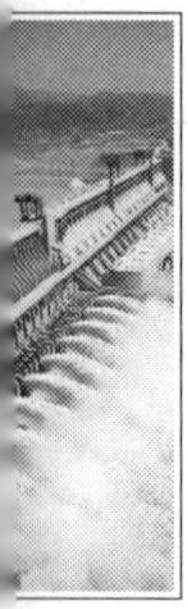

在整个地震过程中，土体各单元的动应力及动孔压随震动时间不同而不同，因此其动力抗滑稳定安全系数 F_s 也是时间的函数。如果考虑地震过程中反应应力的时程变化，计算出每一瞬时的坝坡抗滑稳定安全系数，则称之为动力时程线法。如果不考虑地震过程中反应应力的时程变化，滑动面上的法向应力取为震前有效法向应力，剪应力取为震前剪应力与等效动剪应力（即 0.65 倍的最大动剪应力）之和，则得到按地震作用等效平均算得的最小安全系数，称为动力等效值法。

动力时程线法算得的安全系数是地震过程中每一时刻（瞬时）的安全系数，反映了地震过程中坝坡抗滑稳定安全系数随时间的动态变化过程。而动力等效值法得到的安全系数是地震作用下坝坡一个总的安全系数，是整体平均等效的概念，不反映地震过程中安全度的动态变化。综合两种方法分别算出的安全系数，便可对坝坡的抗震安全性进行判断。

3）地震抗滑稳定性判别标准

当采用考虑条间力的简化毕肖普法时，计算出坝坡抗震稳定最小安全系数 K 应满足表10.3-2 的要求。当采用不计条间力的瑞典圆弧法时，安全系数的数值较表 10.3-2 减小 8%。

表 10.3-2 简化毕肖普法的安全系数 K

工程等级	1	2、3	4、5
安全系数	1.20	1.15	1.10

采用滑楔法进行稳定计算时，若假定滑楔之间作用力平行于坡面和滑底斜面的平均坡度，安全系数应满足表 10.3-2 的规定；若假定滑楔之间作用力为水平方向，安全系数的数值较表 10.3-2 减小 8%。

当采用动力法时，鉴于目前动力法处在逐步成熟的发展阶段，尚不宜给出严格的定量标准，应根据滑动面位置、滑动范围、动力时程线法中安全系数小于 1 的持时和程度，以及具体分析方法的特点等，参考拟静力法标准，结合动力反应结果，综合评判坝坡的抗滑稳定性及其对大坝整体安全性的影响。

（2）土体液化可能性评价

土体在地震作用下发生液化，严重时喷砂冒水，会造成建筑物的严重破坏。因而坝体及地基中土体液化可能性分析是土石坝抗震分析和安全评价的重要内容。

土体液化是一种相当复杂的现象，它的产生和发展存在着许多影响因素，如土的密度、结构、饱和度、级配、透水性能以及初始应力状态和动荷载特征等。评价砂土液化的可能性，是对比促使液化方面和抗液化方面的某种代表性物理量的相对大小而做出判断。Casagrande 提出了临界孔隙比法，认为存在一个剪切破坏时体积不发生改变，即不压实又不膨胀的密度，其相应的孔隙比为临界孔隙比。Seed 提出了抗液化剪应力法，该方法是目前国内外应用最广泛的方法，它的关键在于正确确定出地震剪应力和抗液化剪应力。以我国《建筑抗震设计规范》(GB 50011)为代表的各类规范采用临界标准贯入击数法，该法基本上反映了影响饱和砂土振动液化的各个主要因素，且比较简单，可以和场地勘察同时进行。另外还有波速法、静力触探法及少黏土液化判别方法。

地震时坝基饱和无黏性土和少黏性土的液化判别，应根据土层的天然结构、颗粒组成、松密程度、震前受力状态、边界条件和排水条件以及地震震级和历时等因素，综合现场勘察和室内试验分析判定。

地基中可液化土的判别按《水利水电工程地质勘察规范》(GB 50487)进行，分为初判和复判两个阶段。初判应排除不会发生液化的土层。对初判可能发生液化的土层，应进行液化复判。这些指标是直接或间接反映土层结构性、密实度、应力状态、应力历史及排水条件的经验判别方法，可能给出不一致的结果，要综合判断。

对于重要工程地基中的软弱黏土层，需要进行专门的抗震试验研究和分析。一般情况下，地基中的软弱黏土层的评价可采用以下方法：

1）液性指数 $I_L \geqslant 0.75$。

2）无侧限抗压强度 $q_u \leqslant 50$ kPa。

3）标准贯入锤击数 $N_{63.5} \leqslant 4$。

4）灵敏度 $S_t \geqslant 4$。

10.3.2 混凝土坝抗震安全评价

（1）基本规定和要求

1）大坝抗震安全评价应包括坝体强度和稳定分析评价两方面。坝体强度安全评价包括大坝混凝土的抗压强度和抗拉强度评价。大坝稳定分析，对于拱坝主要计算评价两岸拱座的抗震稳定，对于重力坝则包括沿建基面和深层滑动面的抗震稳定，对于碾压混凝土重力坝，还需复核沿碾压层面的抗震稳定性。

2）根据抗震设防类别和最大坝高确定设计计算应采用的地震作用效应的计算方法。目前，对于重要的重力坝或拱坝一般采取能考虑地震作用频谱影响和结构动力特性影响的、更为合理的动力法进行抗震计算，但考虑到我国坝工设计和建设的实际情况，对于工程抗震设防类别乙、丙类的设计烈度小于 8 度且坝高小于等于 70 m 的中小型重力坝和拱坝，可采用拟静力法计算大坝地震作用效应。

3）大坝抗震设计中结构应力分析方法以材料力学法为基本分析方法。对于重力坝应以同时计入弯曲和剪切变形的悬臂梁法为基本分析方法，对于拱坝则以拱梁分载法为基本分析方法。

4）对于工程设防类别为甲类或结构复杂以及地基条件复杂的大坝，除采用基本分析方法进行分析外，还应采用有限元法进行补充分析。

5）大坝动力分析应以振型分解反应谱法为基本分析方法。对于特殊重要的大坝还应补充进行时间历程法分析。时间历程法分析应至少选用三组地震波，包括一组按抗震规范标准设计反应谱生成的人工地震波以及两组与大坝场址地震地质条件类似的实测地震波。

6）设计烈度为 8、9 度的 1、2 级重力坝应同时计入水平向和竖向地震作用；混凝土拱坝应同时计入顺河向和横河向地震作用，严重不对称、空腹等特殊型式的拱坝，以及设计烈度为 8、9 度的 1、2 级双曲拱坝，宜对其竖向地震作用效应作专门研究。

（2）拱坝抗震安全评价

1）拱坝地震动力反应计算

拱坝地震动力反应计算是拱坝抗震设计的主要环节。从地震力的求解方法划分可分为拟静力分析方法和动力分析方法，从对拱坝结构的离散模拟方法划分可分为基于结构力学的拱梁分载法和基于弹性力学的有限单元法。

① 拟静力法

拟静力法计算包括坝体地震惯性力和作用于坝面的地震动水压力计算。

采用拟静力法计算时的各层拱圈各质点的水平向地震惯性力沿径向作用，其代表值应根据式(10.2-3)计算。

质点 i 的动态分布系数 α_i 按下述确定：坝顶取 3.0，最低建基面取 1.0，沿高程方向线性内插，沿拱圈均匀分布。

地震动水压力沿坝面径向作用可按式(10.3-9)计算：

$$P(h)=\frac{7}{8}\rho_w\alpha_h\xi\alpha(h)\sqrt{H_0h} \tag{10.3-9}$$

式中：$P(h)$为水深h处的动水压力，Pa；ρ_w为水体密度，kg/m^3；α_h为水深h处的动态分布系数；H_0为水深，m。

求得坝体地震惯性力和动水压力后，可与静态荷载一起施加于坝体，根据具体情况，采用拱梁分载法或有限单元法求得静动综合的坝体反应。应注意的是，地震荷载是往复作用的，计算坝体动力反应时应分别沿上、下游施加地震荷载，求解大坝静动综合应力，取其最不利情况进行大坝抗震验算。

② 动力分析

a) 拱梁分载法

应用拱梁分载法求解拱坝自振特性(自振频率和振型)的关键是求得其柔度矩阵和质量矩阵，然后根据其特点求解矩阵特征值问题。

在拱梁分载法中，求解拱坝柔度矩阵时，首先根据任意拱梁交点的变位协调条件列出变位一致方程，然后组合所有内节点的变位一致方程后形成拱坝总的变位一致的矩阵方程，从而得出结构柔度矩阵的表达式。

拱梁分载法的质量矩阵可由各拱梁交点质量强度构成的对角矩阵表示。库水的动力影响采用忽略库水可压缩性的威斯特加德(Westegaard)附加质量法计入。拱坝与地基的动力相互作用是影响大坝动力特性和动力反应的另一重要因素。在拱梁分载法分析中，地基的影响通常用伏格特(Vogt)地基来体现。有关伏格特地基的相关内容，读者可参阅相关文献。

求得拱坝的柔度矩阵和质量矩阵后，根据体系的无阻尼自由振动方程，求出体系自振频率和振型。

求得拱坝的自振频率和振型后，应用反应谱法求解拱坝在给定设计基岩峰值加速度作用下的地震动力反应。

求得各振型的地震荷载后，便可将各振型荷载作用于拱坝上，进而求得相应于各振型的拱梁变形、内力和应力。对于工程抗震设计中重点关心的坝体位移和应力，结构的低阶振型贡献较大，在拱坝动力反应求解时可仅仅包括有限个低阶振型的贡献(一般小于15阶)。

根据求得的各振型的坝体位移和应力后，根据振型叠加法通常采用的平方和开方法(SRSS)和完全二次组合法(CQC)求得大坝的组合地震动力反应。实际计算中一般常用SRSS法。CQC法考虑了振型耦合的影响，对于频谱较密的高、薄拱坝更为适用。

不同方向地震作用下的大坝动力反应采用平方和开方法进行组合。

求得大坝地震反应后，可根据最不利原则求得大坝上、下游坝面的静动叠加的最大主拉应力和最大主压应力，进而按照抗震规范承载能力极限状态的强度设计要求进行大坝抗震强度的安全评价。

b) 有限单元法

自有限单元法发明以来，由于其理论先进、功能强大以及对于复杂工程结构在结构形式、材料性质以及各类作用荷载方面的高度适应性，在工程结构的力学计算和设计中占有了越来越重要的地位。拱坝作为一种复杂的空间壳体结构，应用有限单元法进行其动力特性

和地震动力反应分析一直是非常重要的手段。有限单元法的基本理论和数值分析方法见于各类相关专业文献，不再赘述。

3）坝肩稳定的刚体极限平衡法

刚体极限平衡方法是目前拱坝坝肩稳定分析的主要方法，《水工建筑物抗震设计标准》(GB 51247—2018)也推荐使用刚体极限平衡方法分析拱坝坝肩的抗震稳定。

进行刚体极限平衡的坝肩稳定分析一般包括以下计算步骤：

① 合理确定可能滑动块体及其各滑面的倾向倾角、抗剪强度指标。

② 计算块体各滑面的面积、渗压、上游拉裂面水压力和块体重量。

③ 用拱坝分析专用程序分析计算拱坝坝体的静动力反应，并获得拱推力，一般情况下正常蓄水位和温降的组合会产生最不利的拱推力。作用于坝肩块体的拱推力合力是底滑面与坝基交接面的交点以上高程拱推力之和。

关于静、动力拱推力组合，应按对坝肩稳定最不利的原则进行。通常地震作用下给出的是各高程拱端截面的动态法向力和切向力，由于这些力是按振型分解反应谱法求得的，其作用方向是不确定的。从对坝肩稳定不利的角度出发，可以采用以下静动拱推力的组合方式：动态法向力的作用方向指向河谷侧与静态法向力叠加、动态切向力的作用方向指向下游侧与静态切向力叠加，从而得到静动组合的拱端推力。

④ 计算块体地震作用惯性力，可由水平向和竖直向设计峰值加速度与块体质量的积求出。显然据此求出的横河向、顺河向和竖向地震惯性力同一时刻到达最大值。事实上地震时不同地震分量在滑动岩体产生的地震惯性力最大值不可能同时发生，一般可采用遇合系数进行折减。

⑤ 用刚体极限平衡基本公式求滑动块体的抗滑稳定安全系数。

⑥ 根据计算结果分析评价拱坝坝肩抗震稳定性。

4）拱坝—地基系统整体抗震稳定性分析

在衡量拱坝结构地震作用下的安全度时，工程上目前一般采用分别校核坝体强度安全和坝肩稳定安全的方法，其方法概念简单，也有相应的反映其各自安全度的工程评价的安全系数。但这种方法无法真实反映坝肩岩体与坝体间的静动相互作用机理，因而也无法体现拱坝—地基系统的真实抗震潜力以及其破坏机理，而且也并不是在所有情况下总是偏于安全。

实际上，拱坝结构作为三维超静定结构，其坝肩岩体与坝体在静动荷载作用下的耦合作用对结构体系的整体安全影响十分重要。近年来学者们在这一方面进行了较多的研究工作，简要介绍如下。

拱坝—地基体系整体抗震稳定安全评价分析方法，将整个拱坝坝体、近域地基和库水系统作为一个整体结构体系来考虑。把整个系统划分为包括坝体和计入坝基各类主要地质构造的近域地基的内部区，及以人工边界替代的、能体现辐射阻尼影响的远域地基。在内部区中，将两岸坝肩按地质构造确定的可能滑动岩块的各个滑动面都作为具有 Mohr-Coulomb 特性的、类似坝体横缝的接触面处理。同时在沿坝基交接面这一抗震薄弱部位设置双节点的动接触边界，但其初始抗拉强度在静、动荷载作用阶段分别取为混凝土的静、动态极限抗拉强度值。

由于计算中计入了地基可能滑动岩块的动接触边界，这些接触界面间由于地应力形成的初始应力状态对整个非线性动力分析问题的影响，在计算分析中必须合理计入。

通过计算可考虑两类安全系数：一类是考虑因地震本身存在很大的不确定性而实际可能发生超设计概率水平的地震动作用，将输入地震波乘以某一超载系数定义的坝体“超载安全系数”；另一类是考虑由于各种地质构造组成的坝肩岩块滑动面上的抗剪强度（摩擦系数 f 和黏结力 c）实际可能存在的不确定性（如由岩体内部的复杂性、获取数据的试验及数据处理中的偶然原因等诸多因素引起）而除以某一降强系数定义的“强储安全系数”。上述这两类安全系数的确定最终都归结为对拱坝体系整体安全性的极限状态，即在地震作用下，拱坝不致丧失承载能力导致库水不可控制地下泄，给出实际工程设计中可操作的定量指标。在地震作用下，拱坝坝体或坝肩岩块出现局部开裂或滑移是完全可能的，也是国内外抗震设计规范或导则所允许的，因为拱坝是高次超静定结构，可以通过自身应力重分布加以适当调整。因此影响拱坝体系整体安全性的极限状态，是包括坝体和坝肩岩体在内的整个体系的失稳，可以取计入坝体和坝肩岩体动态变形耦合影响的坝体位移响应的突变和不断增长作为其相应的评价指标，而其具体实施则可以寻求坝体控制性位移或与位移相关的变量随超载倍数和降强倍数变化曲线的拐点为目标，进行数次大坝—地基体系的静动综合反应分析来进行。

5）拱坝抗震安全评价

拱坝的抗震安全评价应采用承载能力极限状态设计原则，按式（10.2-3）进行。

当采用拟静力法计算地震作用效应时，《水工建筑物抗震设计标准》（GB 51247—2018）中特殊组合情况下的混凝土抗压和坝肩稳定安全系数，以及混凝土容许拉应力值，取结构重要性系数、各项静态作用和材料性能的分项系数为 1.0，坝体混凝土强度等级为 C30，按照承载能力极限状态设计式套改得出相应的结构系数，对于坝体抗压、抗拉强度的结构系数分别为 2.80、2.10，坝肩稳定的结构系数为 2.70。

当采用动力法计算地震作用效应时，结构重要性系数应按照工程安全级别取值，大坝混凝土抗压、抗拉强度的结构系数分别取 2.00 和 0.85，按照拱梁分载法计算得到的大坝静动综合主应力校核大坝的抗压、抗拉强度安全。至于坝肩稳定，为避免过于烦琐地在设计中引入过多的结构系数值，抗震规范对结构及其功能函数类别相近的结构系数按偏于安全的原则适当予以归并，且以中等工程的重要性系数 $\gamma_0=1$ 的情况为准，经套改后坝肩动力稳定的结构系数取为 1.4。

（2）重力坝抗震安全评价

1）大坝地震反应分析

① 拟静力分析方法

采用拟静力法计算重力坝地震作用效应时，各质点水平向地震惯性力应根据式（9.3-2）计算，其中的动态分布系数应按下式计算：

$$\alpha_i = 1.4\frac{1+4(h_i/H)^4}{1+4\sum_{j=1}^{n}\frac{G_{Ej}}{G_E}(h_j/H)^4} \tag{10.3-10}$$

式中：n 为坝体计算质点总数；H 为坝高，溢流坝的 H 应算至闸墩顶；h_i、h_j 分别为质点 i、j 的高度；G_E 为产生地震惯性力的建筑物的总重力作用标准值；G_{Ej} 为集中在质点 j 的重力作

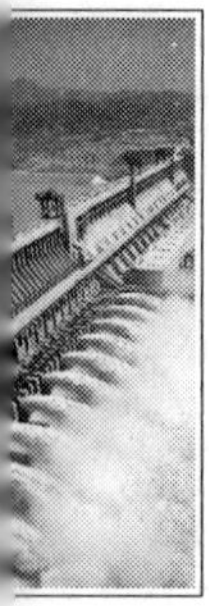

用标准值。

地震动水压力应按式(10.3-11)计算：

$$P_w(h) = a_h \xi \Psi(h) \rho_w H_0 \tag{10.3-11}$$

式中：$P_w(h)$为作用于直立迎水坝面水深 h 处的地震动水压力；a_h、ξ 为意义同式(10.3-2)；$\Psi(h)$为水深 h 处的地震动水压力分布系数，按表 10.3-3 取值；ρ_w 为水体密度；H_0为水深。

单位宽度坝面的总地震动水压力作用在水面以下 0.54 H_0处，其代表值 F_0按式(10.3-12)计算：

$$F_0 = 0.65 a_h \xi \rho_w H_0^2 \tag{10.3-12}$$

表 10.3-3　动水压力分布系数

h/H_0	$\Psi(h)$	h/H_0	$\Psi(h)$
0.0	0.00	0.6	0.76
0.1	0.43	0.7	0.75
0.2	0.58	0.8	0.71
0.3	0.68	0.9	0.68
0.4	0.74	1.0	0.67
0.5	0.76	—	—

当上游坝面为非直立时，地震动水压力应乘以折减系数 $\eta=\theta/90$，θ 为坝面与水平面的夹角(以度计)。

当上游坝面有折坡时，若水面以下直立部分高度等于或大于水深 H_0的一半，可近似取为直立坝面；否则应取水面与坝面交点和坡脚点连线的坡度进行计算。

计算得到大坝地震惯性力和地震动水压力后，与静态作用一起施加于坝体，按照材料力学法(或有限单元法)求得坝体静动综合的应力、内力反应，验算坝体材料强度安全和沿建基面及碾压层面的抗滑稳定安全。计算时应注意地震惯性力和地震动水压力分别向上游和下游方向施加，以求得上、下游坝面静动综合的控制性坝面应力。

② 动力分析方法

a) 材料力学法

在重力坝的材料力学法地震动力分析中，通常只考虑坝体在水平向地震作用下由弯曲变形和剪切变形产生的水平振动，忽略坝体的竖向振动，也忽略转动惯量的影响。由于地震时的地面运动以水平方向为主，在地震力的作用下结构的振动也以水平振动为主，因而采取上述假定所带来的误差并不大。

将重力坝作为沿高度分成若干水平截面的悬臂杆件，根据材料力学中求解单位水平力作用下截面的变形基本公式，可求得杆系的柔度矩阵。

质量矩阵可以采用集中质量法的对角矩阵，将每一分段中半个高度内的质量分别集中于其顶部和底部。

关于库水的影响，与拱坝拱梁分载法类似，重力坝抗震设计中仍主要以略去库水可压缩性的、不计自由度间耦合影响的威斯特加德附加质量计入。

采用悬臂梁法时，总的自由度数不多，一般仅几十阶，采用简单迭代法就能方便地求得其自振频率最小的前几个自振频率和振型。

求得大坝自振特性后，便可依据振型分解反应谱法求解大坝各项动力反应，包括大坝加速度放大倍数、坝体位移、截面内力、上下游坝面应力等，限于篇幅，不拟赘述。

求得大坝动态反应后，便可依据最不利原则将动力反应与静力反应进行组合，根据现行水工抗震规范的相关规定核算大坝的强度安全，沿建基面、水平碾压层面（对于碾压混凝土坝）的抗滑稳定安全。

b）平面有限单元法

材料力学法的基本假定是平截面变形，对于均匀整体浇筑的重力坝的中上部，可给出相当精确的应力结果，而对于受地基刚度影响较大的坝体下部以及断面的突变、应力集中等问题则难以完全反映。因此，水工抗震规范规定，“对于抗震设防等级为甲类（1级壅水建筑物），及结构复杂或地基条件复杂的重力坝，宜补充作有限元动力分析”。

取单个坝段作为平面问题是重力坝有限元动力分析的主要做法。根据平面有限元法分析成果，在大坝自振特性和动力反应方面与材料力学法成果进行对比校验，并对坝体某些局部复杂结构的抗震安全进行更为精细合理的评价。

c）重力坝全坝段整体三维非线性分析

重力坝一般修建于宽高比很大的河谷，其横河向尺寸远远大于顺河向尺寸。对于修建于强震区的重力坝，常常要求坝段间横缝进行灌浆使其成为整体（称之为整体式重力坝）从而提高其抗震性能。

地震作用可分解为沿顺河向、横河向和竖向的三个分量，对于整体式重力坝，由于其横河向刚度远远大于顺河向及竖向，横河向地震作用产生的大坝变形和应力较其他两个方向地震作用要小很多，因此在大坝抗震设计计算与安全评价中，常常忽略横河向地震作用，仅仅计入顺河向和竖向地震作用，选取典型坝段采用简便实用且偏于安全的一维悬臂梁法和二维有限单元法进行，只是对于结构型式较为复杂的溢流、厂房坝段等，为了准确反映闸墩、孔口及管道附近结构的局部应力状态，有时需要补充进行针对一个坝段的“坝段三维”有限元计算（此时同样不考虑横河向地震影响）。

然而，对于横缝未采取灌浆或设置键槽的重力坝，大坝的整体性将会有所削弱，横河向地震作用下，这种整体性的削弱将会对大坝在强震作用下的动力反应带来影响。如何合理分析论证这一影响，确保大坝的抗震安全，成为强震区重力坝工程设计者十分关心和迫切需要解决的关键技术问题。

为了更为合理地论证接缝处理方式对重力坝动力反应和抗震安全的影响，应采用大坝全坝段整体计算分析。对大坝—地基体系进行全坝段整体三维有限元网格剖分，按设计拟定的坝段间横缝状态（不同的横缝灌浆高程），考虑坝体横缝的非线性接触作用及坝基交界面非线性开裂的影响，输入三方向地震波，进行非线性地震波动反应分析。研究坝体静、动态位移、应力响应、横缝开合情况、坝基交界面开裂情况，揭示大坝抗震的薄弱部位，分析评价大坝抗震安全性。

3）沿建基面和水平层面的抗滑稳定分析

地震作用下重力坝沿坝基面或碾压层面的刚体极限平衡法的基本原则和步骤与静力情况下相同，唯一不同的是地震作用下坝体建基面上的水平力要在上、下游面静水压力和淤砂压力基础上叠加上按照振型叠加反应谱法或者时间历程法分析得到的坝体水平惯性力，而竖向力则要在坝体自重和坝基面扬压力基础上叠加竖向惯性力。当按照反应谱法计算时，要根据最不利原则组合坝体静动水平力和竖向力。

还须指出，分析坝基动力抗滑稳定时，不计地震引起的坝基扬压力的变化和建基面抗剪断参数的变化。

根据求得的大坝沿建基面的作用效应（滑动力）和抗力（抗滑力），按照承载能力极限状态设计式核算大坝沿建基面的动力抗滑稳定安全。

有限单元法与静力状态下有限元分析抗滑稳定问题内容完全一致，这里不加赘述。

4）深层抗滑稳定分析

现行水工抗震规范规定，当坝体有软弱夹层、缓倾角结构面及不利的地形时，应核算坝体带动部分坝基的抗滑稳定性。

① 刚体极限平衡法

刚体极限平衡法是核算坝基深层抗滑稳定的基本方法。地震作用下深层抗滑稳定的刚体极限平衡法的基本原理和方法与静态荷载作用下基本相同，只是要在静态荷载在滑动岩体产生的作用力基础上，按最不利组合方式叠加地震荷载、由振型分解反应谱法求得的坝体传至岩体的坝体惯性力、动水压力和岩体本身的地震惯性力。

目前一般采用潘家铮院士建议的基于刚体极限平衡法的“等安全系数法”，按照抗剪断公式计算大坝基岩的深层抗滑稳定安全系数。由于等安全系数法为确定性方法，分析中不计各类作用及抗力的变异性，亦即各分项系数均取 1.0。

关于地震作用下重力坝深层抗滑稳定安全度的评价标准，由于问题复杂和不确定因素较多，现行抗震规范并未作出明确规定。对于地震时的拱坝坝肩动力稳定校核，现行抗震规范规定在设计地震作用下的抗滑稳定安全系数应不小于 1.2。尽管重力坝的深层抗滑稳定与拱坝坝肩动力稳定有所区别，但本质上讲均为岩体内软弱构造面切割岩体形成的大坝整体失稳问题，有一定可比性，因此，地震作用下重力坝坝基深层抗滑稳定安全系数控制标准可取为 1.2。

② 有限单元法

a）考虑地震作用的有限元强度折减法

对于已知滑动面的深层抗滑问题可以采用非线性有限元迭代解法结合滑动面上抗滑力与下滑力相等的失稳判据进行抗滑稳定系数的求解。对于滑动面未知的深层抗滑问题，可以采用有限元强度折减法。有限元强度折减法和非线性有限元迭代解法都属于强度储备法的范畴，二者在具体的非线性计算处理、非线性材料的应用范围、失稳判据上也有不同。

b）时程分析方法

虽然规范明确规定，重力坝动力分析方法应采用振型分解反应谱法，但基于反应谱法动力深层抗滑稳定分析，无论是悬臂梁法还是有限元法，地震力只是作为一种水平地震剪力作用于滑体上，不能模拟地震的整个真实过程。并且从理论上来分析，此种做法也有不完善之处：应用振型分解反应谱法的前提条件是结构为线弹性体系，满足迭加原理，而采用降强法进行深层抗滑稳定计算时，结构体系是非线性系统，二者存在不配套之处。因此，可以利用时程分析方法，通过模拟地震作用过程来进行抗滑稳定分析。

对地震作用下重力坝进行时程稳定分析时，由于地震发生过程较短，在稳定分析时可以不考虑地震发生时段内抗剪参数的变化。

5）重力坝抗震安全评价

重力坝的抗震安全评价应采用承载能力极限状态设计原则，按式(9.3-3)进行。

采用拟静力法计算重力坝地震作用效应进而验算坝体强度和建基面抗滑稳定时，在工程重要性系数以及各项作用及材料抗力的分项系数均为1.0的基础上，考虑了现行抗震规范与SDJ 10在混凝土抗拉强度与抗压强度比值的差异（现行规范为10%，SDJ 10为8%），经套改后，规定大坝沿建基面抗滑稳定及坝体抗拉、抗压强度结构系数分别为2.70、2.10、2.80。

采用动力法计算重力坝地震作用效应进而验算坝体强度和建基面抗滑稳定时，现行水工抗震规范经过大量工程的可靠指标校准，在计入地震作用及材料性能的不确定影响后，确定了承载能力极限状态结构系数 γ_d，将大坝沿建基面抗滑稳定及坝体抗拉、抗压强度分别规定为0.65、0.70、1.30。

对于碾压混凝土坝沿碾压层面的动力抗滑稳定验算，现行抗震规范并无规定。当前的重力坝抗震设计实践中，通常参照沿建基面的抗滑稳定结构系数0.65进行验算。

10.3.3 泄、输水建筑物抗震安全评价

(1) 溢洪道抗震安全评价

溢洪道抗震安全评价应主要复核泄洪闸及边墙、挡土墙、导墙等结构的抗震稳定与结构强度以及抗震措施是否满足规范要求。

《水工建筑物抗震设计标准》(GB 51247)规定水闸地震作用效应计算可采用动力法或拟静力法。设计烈度为8、9度的1、2级水闸或地基为可液化土的1、2级水闸，应采用动力法进行抗震计算。

当采用拟静力法计算地震作用效应时，沿建筑物高度作用于质点 i 的水平向地震惯性力代表值应按式(10.3-2)计算，其中 α_i 为质点 i 的动态分布系数，见表10.3-4。采用拟静力法计算水闸地震作用效应时，水深 h 处的地震动水压力代表值按重力坝坝面动水压力计算公式(10.3-11)计算。

采用动力法计算时，水闸作用效应宜采用振型分解反应谱法计算，并把闸室段作为一个整体三维体系，可按多质点体系或多跨多层平面刚架或二维杆块结合体系进行计算。顺河流方向的地震作用，可取前三阶振型；垂直河流方向的地震作用，一般也取前三阶振型，但对于横向支撑系统较复杂的结构，宜取前五阶振型。

水闸的抗震强度和稳定验算应按承载能力极限状态设计公式(10.2-4)进行。

水闸各部件的结构强度，在确定地震作用效应后，应按《水工建筑物抗震设计标准》(GB 51247)进行截面承载力抗震验算。当采用动力法计算地震作用效应时，应对地震作用效应进行折减，折减系数 ξ 可取为0.35。

水闸沿基础底面的抗滑稳定，在确定地震作用效应后，应按式(10.2-4)进行抗震验算，并符合《水闸设计规范》(SL 265)的有关规定。当采用动力法作地震作用效应计算时，应采用与强度验算相一致的地震作用效应。

验算土基上水闸沿基础底面的抗滑稳定时，抗剪强度参数取静态均值，结构系数应取 1.20。

表 10.3-4　水闸动态分布系数 α_i

水闸闸墩		闸顶机架		岸墙、翼墙	
竖向及顺河流方向地震	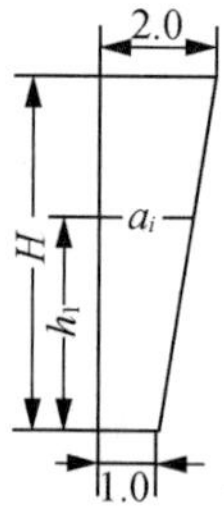	顺河流方向地震	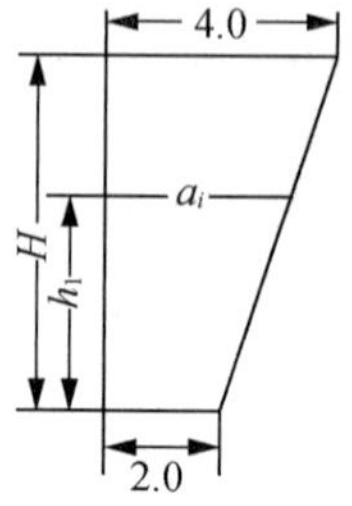	顺河流方向地震	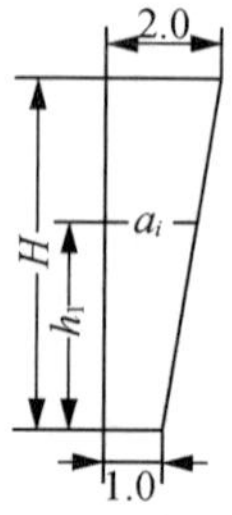
垂直河流方向地震	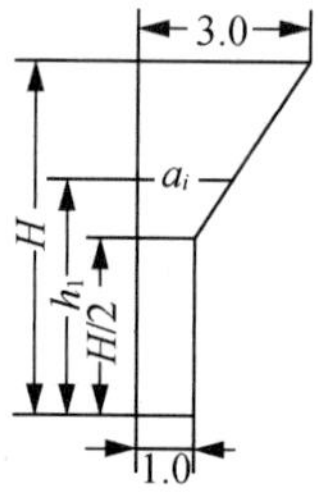	垂直河流方向地震	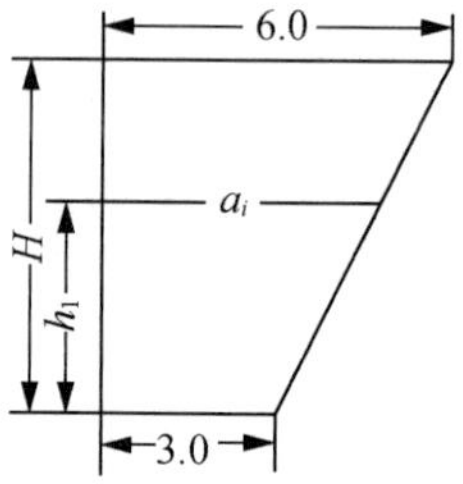	垂直河流方向地震	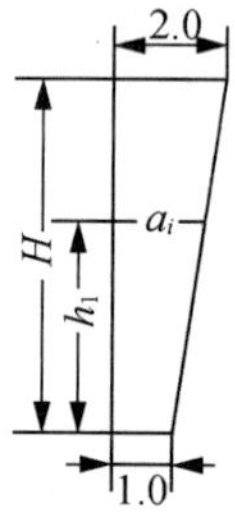

注：1. 水闸墩底以下 a_i 取 1.0。
2. H 为建筑物高度。

（2）水工隧洞抗震安全评价

泄洪洞、输水洞（涵）等水工隧洞抗震安全复核主要包括进水塔的塔体强度、整体抗滑和抗倾覆稳定以及塔底地基的承载力及隧洞衬砌和围岩的抗震强度和稳定性。

1）进水塔

《水工建筑物抗震设计标准》（GB 51247）对进水塔抗震计算提出了以下要求：

① 进水塔的抗震计算应包括塔体应力或内力、整体抗滑和抗倾覆稳定以及塔底地基的承载力验算。

② 进水塔地震作用效应计算应根据其抗震设防类别、设计烈度、塔高及结构类别等综合确定。除设防类别为乙、丙类，设计烈度小于 8 度且塔高小于等于 40 m 的非钢筋混凝土结构的进水塔可采用拟静力法计算外，其他进水塔结构均应采用动力法计算。

③ 进水塔地震作用效应的动力分析应考虑塔内外水体及地基的影响，宜采用振型分解反应谱法。

④ 进水塔塔体结构计算模式可以作为变截面悬臂梁采用材料力学方法，或作为连续体采用有限元法，但应与基本荷载组合分析时所采用的相同。

⑤ 采用拟静力法计算进水塔地震作用效应时，各质点水平向地震惯性力代表值应根据式（10.2-3）计算。其中，G_{Ei} 为集中在质点 i 的塔体、排架及其附属设备的重力作用代表值，

动态分布系数 α_i 应按表 10.4-5 的规定采用。当建筑物高度 $H=(10\sim30)$ m 时，$\alpha_m=3.0$；当 $H>30$ m 时，$\alpha_m=2.0$。

表 10.4-5　进水塔动态分布系数 α_i

塔体	塔顶排架
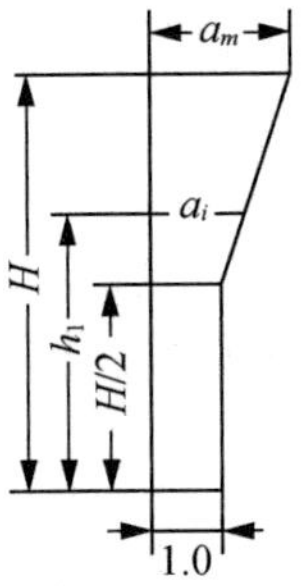	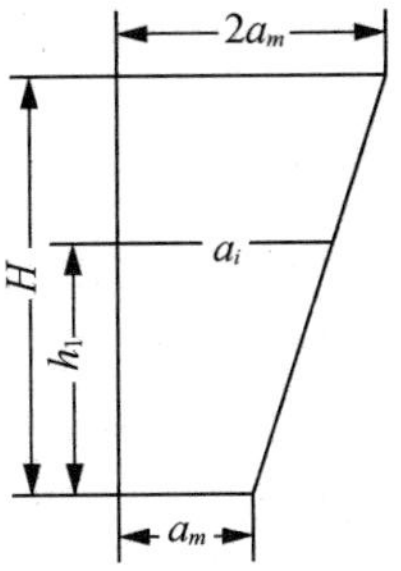

2）隧洞

设计烈度为 9 度的地下结构或设计烈度为 8 度的Ⅰ级地下结构，均应验算建筑物和围岩的抗震强度和稳定性；设计烈度高于 7 度的地下结构，当进出口部位岩体破碎和节理裂隙发育时，应验算其抗震稳定性，计算岩体地震惯性力时可不计其动力放大效应。

对于较均匀的岩石或坚硬场地中的断面尺寸中等以下的隧洞结构，其存在受原地震波动场影响很小，则可以按地震波沿隧洞轴向传播的假定，对直线段隧洞进行验算，计算公式见式(10.3-13)～式(10.3-15)。

$$\sigma_N=\frac{\alpha_1 T_g E}{2\pi v_p} \tag{10.3-13}$$

$$\sigma_M=\frac{\alpha_1 r_0 E}{v_s^2} \tag{10.3-14}$$

$$\sigma_V=\frac{\alpha_1 T_g G}{2\pi V_s} \tag{10.3-15}$$

式中：σ_N、σ_M、σ_V 分别为直段衬砌的轴向弯曲和剪切应力的代表值；v_p、v_s 分别为围岩的压缩波和剪切波波速的标准值；E、G 为衬砌材料动态弹性模量和剪变模量标准值；r_0 为隧洞截面等效半径标准值。

对于复杂的地下结构，如洞群、地下竖井、水工隧洞的转弯段和分岔段、地下厂房，进出口等浅埋洞室，以及地质地形条件变化复杂的地下结构，确定结构周围地震波动场的空间分布需要借助有限元等数值分析手段，规范中划分为专门研究。

10.3.4　其他建筑物抗震安全评价

其他建筑物包括过船(木)建筑物、鱼道，以及影响大坝安全的挡土建筑物、近坝岸坡和金属结构，其抗震安全评价应按照相关设计规范和《水工建筑物抗震设计标准》(GB 51247)执行。

10.4 抗震安全综合评价

10.4.1 常见的抗震安全问题

(1) 土石坝

土石坝的主要震害现象大致都是坝基滑动、滑坡、裂缝、渗漏、沉陷、隆起等,其中以裂缝、渗漏最多,尤其靠近坝顶部位易产生顺坝轴方向纵向裂缝,在两岸及混凝土建筑物接头部位易产生横向裂缝,坝内涵管附近是薄弱部位,容易裂缝漏水。

(2) 混凝土坝

混凝土坝震害,靠近坝顶部分,特别是断面突变处,是抗震薄弱部位,容易产生断裂;坝内孔口及廊道附近,易发生裂缝、接缝止水破坏、漏水以及坝顶附属建筑物的破坏。

(3) 水闸

水闸受震后的主要表现为:基础变形引起的底板裂缝;闸墩裂缝和倾斜;机架桥排架顶部、梁和柱连接处、底部水平断裂以及有的立柱竖向裂缝;上游翼墙、护坦和消力池底板断裂;各部位伸缩缝破坏等。

10.4.2 抗震安全综合评价标准

抗震安全评价应作出如下明确结论:

(1) 工程的抗震设防烈度是否符合规范要求。

(2) 大坝的抗震稳定性与结构强度是否满足规范要求。

(3) 土石坝及建筑物地基是否存在地震液化可能性。

(4) 近坝岸坡的抗震稳定性是否满足规范要求。

(5) 工程抗震措施及防震减灾应急预案是否符合要求。

在确定大坝抗震安全性级别时,主要以抗震安全复核的计算结果是否满足规范要求作为依据,同时参考工程与非工程抗震措施的有效性。

当抗震复核计算结果及采取的抗震措施均符合规范要求,且不存在地震液化可能性时,可认为大坝抗震安全,评为A级。

当抗震复核计算结果基本符合规范要求,或抗震措施不完善、存在局部液化可能时,可认为大坝抗震基本安全,评为B级。

当抗震复核计算结果及抗震措施不符合规范要求,或存在严重地震液化可能时,应认为大坝抗震不安全,评为C级。

第 11 章

金属结构安全评价

11.1 概述

金属结构(特别是泄洪建筑物的闸门和启闭机)及电气设施的安全运用对保证水库大坝安全非常重要。我国已建成 9.8 万余座水库,其中大多数修建于 20 世纪 90 年代以前,小型水库约占水库总数量的 95%以上。受当时设计、制造、安装技术水平等条件的限制以及其他社会因素影响,部分金属结构(特别是中小型水库)存在设计不合理以及制造、安装质量差等问题;在长期运行过程中,随着使用时间的延长,部分水库的闸门及启闭设施等金属结构存在超期服役现象,加之运行维护工作存在不足,老化、腐蚀现象日趋严重,造成金属结构的质量问题不断暴露,其安全隐患更加突出。有不少水库大坝就是因金属结构及供电设施等方面的原因而出现重大事故,造成惨痛损失,如紧急情况下泄洪设施闸门、启闭设施因长期不运用造成控制系统失灵或操作不当而打不开、供电电源断电又无备用电源,压力钢管强度或刚度不满足要求等。1993 年 8 月 27 日,青海省沟后水库大坝[小(1)型水库,库容不到 300 万 m^3,面板堆石坝,最大坝高 71 m]溃决,酿成人员(近 300 人)和财产(直接损失超过 1.5 亿元,占当时海南州国民生产总值的 60%)的巨大损失,这次事故与泄洪洞闸门不能应急开启有直接关系。1975 年 11 月,江西省乐平市共产主义水库[大(2)型水库,土石坝,最大坝高 34.2 m]放水时,隧洞闸门无法控制,造成库水位骤降,引起大坝上游坡大面积滑坡。2000 年 8 月,贵州省一座新建水电站的发电引水压力钢管破裂破坏,造成数亿元的经济损失。2010 年 7 月 28 日,吉林省桦甸市常山镇大河水库[小(1)型水库,土石坝]遭遇 500 年一遇的山洪,因水库业主私自超蓄致使在漫坝前无法正常提起溢洪道闸门而发生溃坝,大约 400 万 m^3 洪水一泻而下,冲毁了大坝下游 5 个村庄,造成了严重的人员伤亡、经济损失以及恶劣的社会环境影响。因此,在水库大坝安全评价工作中,鉴于金属结构安全评价占据着非常重要的地位,应充分重视金属结构及供电设施安全评价,需要结合现场检查与检测及运行表现情况,复核泄输水建筑物的钢闸门、启闭机、压力钢管及其电气设备等在现状下能否按设计条件安全运行,对钢闸门强度、刚度和稳定性,启闭机的启闭能力,压力钢管的强度、抗外压稳定性等进行验算。

11.2 金属结构及电气安全评价依据与方法

11.2.1 金属结构及电气安全评价依据

(1) 评价依据的规程、规范

泄输水建筑物的钢闸门、启闭机、压力钢管等金属结构及其电气安全评价分别依据《水利水电工程钢闸门设计规范》(SL 74)、《水利水电工程启闭机设计规范》(SL 41)、《水电站压力钢管设计规范》(SL 281)执行。此外，评价过程还涉及以下规程、规范：

《水利水电工程钢闸门制造安装及验收规范》(GB/T 14173)

《水利水电工程启闭机制造安装及验收规范》(SL 381)

《水工钢闸门和启闭机安全检测技术规程》(SL 101)

《水利水电工程金属结构报废标准》(SL 226)

《铸钢件超声探伤及质量评级方法》(GB/T 7233)

《钢锻件超声检测方法》(GB/T 6402)

《铸钢件射线照相及底片等级分类方法》(GB/T 5677)

《水工金属结构焊接通用技术条件》(SL 36)

《金属熔化焊焊接接头射线照相》(GB/T 3323)

《焊缝无损检测超声检测技术、检测等级和评定》(GB/T 11345)

《电气装置安装工程电气设备交接试验标准》(GB 50150)

(2) 评价依据的基本资料

金属结构及电气安全评价工作需要收集下列基本资料：

1) 有关金属结构及电气的试验资料和勘测设计资料；

2) 有关金属结构及电气的材料、制造、运输、安装及竣工验收资料；

3) 金属结构及电气的质量检测和安全检测资料；

4) 金属结构及电气的运用条件；

5) 有关水文、泥沙、水质、漂浮物及工程地质等资料；

6) 有关金属结构及电气历年的运行、观测及维护、检修、大修、技术改造资料；

7) 以前的金属结构及电气安全评价、事故与处理等资料。

在收集基本资料后，还应对基本资料进行核查。制造、安装过程中出现过质量事故或薄弱的部位与构件以及运行中应力、变形异常或出现过险情的部位与构件应作为金属结构安全评价的重点。

11.2.2 金属结构及电气安全评价方法

金属结构及电气安全评价方法主要有现场检查与检测、运行表现、计算分析等手段。评价金属结构及电气是否安全，应首先结合运行表现，检查其是否存在直观上的险情，然后结合检测结果和复核计算值是否超过或小于有关规程、规范、设计、试验等规定的容许值来综合评判其安全性。

目前在大坝安全评价工作中，针对金属结构安全性，大多数评价只根据现场检查与检测、运行表现等情况对其是否能够正常运行作一些定性的描述，缺少必要的检测与计算分析，或分析评价的深度与广度远远不足。

(1) 现场检查

现场检查是最直观有效的方法。通过现场检查或观测闸门、启闭机等金属结构的空蚀、腐蚀、磨损、变形、位移、转动，接缝止水、启闭设备、安全供电、埋件与支撑体系，以及整体工作等情况，判断并评价其安全性。不少水库泄、输水建筑物的金属结构都是通过现场检查发现事故隐患并及时采取措施予以处理的。现场检查一般不能发现所有问题与隐患以及问题与隐患的严重程度，还需要配合现场检测与必要的计算分析才能对金属结构的安全状况作出全面的评价。

(2) 现场检测

现场检测是根据检测结果对金属结构安全性进行分析评价的重要手段和方法，既可以直接发现问题(如钢板厚度、承重构件的挠度、行走支撑的变形、闸门槽的扭曲变形、压力钢管的裂缝、镇支墩的变形、伸缩节的变形等是否满足要求)，也可为计算分析提供有关参数和对象(如薄弱部位)。现场检测需要充分收集金属结构的基本资料，并结合金属结构的运行表现及现实现状进行开展。需要注意的是，金属结构安全检测应委托具备相应检测资质的专业单位进行。

当同一规格的闸门和启闭机数量较多时，抽检项目应根据同类型闸门孔数和同类型启闭机台数，按比例抽样检测，选样时应考虑闸门和启闭机运行状况及布置位置等因素，抽样比例按表 11.2-1 的规定执行。当所检测的水库闸门均存在严重腐蚀或无法正常开启、尺寸不符合设计要求等问题时，应对全部闸门进行检测。

表 11.2-1　闸门(启闭机)抽样检测比例

闸门(启闭机)数量(扇/台)	抽样比例(%)
100 以上	10
100～51	10～15
50～31	15～20
30～11	20～30
10～1	30～100

1) 钢闸门(含拦污栅)与启闭机检测

钢闸门(含拦污栅)与启闭机检测应遵照《水工钢闸门和启闭机安全检测技术规程》(SL 101)规定进行，主要检测项目包括：巡视检查、外观检测、启闭机性能状态检测、腐蚀检测、材料检测、无损探伤、应力检测、结构振动检测、启闭力检测、启闭机考核、特殊项目检测。其中巡视检查、闸门外观检测、启闭机性能状态检测等 3 项为必检项目，应逐孔进行检测；其他 6 项为抽检项目。

① 巡视检查：巡视检查主要检查与闸门和启闭机相关的水力学条件，水工建筑物是否

有异常迹象，附属设施是否完善、有效，并判断对闸门和启闭机的影响。这里的巡视检查相比于现场检查的深度要更深一些。巡视检查的主要内容包括：闸门泄水时的水流流态；闸门关闭时的漏水状况；闸门淤积状况；门槽及附近区域混凝土的空蚀、冲刷、淘空等；闸墩、胸墙、牛腿等部位的裂缝、剥蚀、老化等；通气孔坍塌、堵塞或排气不畅等；启闭机室的裂缝、漏水、漏雨等；寒冷地区闸门防冻设施的运行状况。

② 外观检测：外观与运行状况检测是金属结构现场检测中必须检测的项目，是工程管理的经常性工作，以目测为主，配合必要的量具。对金属结构构件的变形、裂缝、断裂、损伤，以及焊缝及其热影响区表面的裂缝等危险缺陷进行检测，对各零件或部件实际运用情况进行检查，从而判断其是否存在安全隐患，能否满足设备的正常使用。

③ 启闭机性能状态检测：主要检测启闭机的运行噪音，制动器的制动性能，电动机的电流、电压、温升、转速，滑轮组的转动灵活性等。移动式启闭机需要检测车轮啃轨和转动灵活性，缓冲器、风速仪、夹轨器、锚定装置的运行可靠性等。双吊点启闭机需要检测同步偏差，荷载控制装置、行程控制装置、开度指示装置的精度及运行可靠性等。

④ 腐蚀检测：腐蚀检测主要是了解金属结构腐蚀部位、程度及其分布状况，根据检测结果计算构件的平均蚀余厚度、平均腐蚀速率、最大腐蚀深度、最大腐蚀速率以及严重腐蚀面积占闸门和启闭机或构件表面积的百分比。腐蚀检测应遵循的原则：施测截面应位于构件的腐蚀严重的部位，且单个杆件的检测截面应不少于 2 个，每个截面的测点均应不少于 2 个点，每块节点板的测点应不少于 2 个点；闸门面板应根据腐蚀状况划分为若干个测量单元，每个测量单元的测点应不少于 5 个点。

⑤ 材料检测：当金属结构具有材料出厂质量证明书和工程验收等文件，足以证明材料牌号和性能符合设计图样要求时，可不再进行材料检测，否则应对金属结构的材质进行必要的检测。当主要材料牌号不清或对主要材料牌号有疑问时，应进行材料牌号鉴别检测以及机械性能试验与金相试验。对工作在冰冻地区的金属结构还应做低温冲击试验，以鉴定材料脆化程度。

⑥ 焊缝无损探伤：对金属结构的焊缝外观和内部质量进行检测，外观检测时，可采用渗透或磁粉探伤方法进行表面或近表面裂缝检查。主要一类、二类受力焊缝的内部缺陷应进行射线探伤或超声波探伤检测。焊缝内部缺陷探伤数量应按下列原则确定：一类焊缝，超声波探伤应不少于 20%，射线探伤应不少于 10%；二类焊缝，超声波探伤应不少于 10%，射线探伤应不少于 5%。当发现裂纹时，应根据具体情况在裂纹的延伸方向增加探伤长度直至焊缝全长。受力复杂且易于产生疲劳裂纹的零部件，应采用渗透或磁粉探伤方法进行表面裂缝检查，发现裂纹时，应进行射线或超声波探伤。如结构使用年限较短，检测比例可酌减。

⑦ 应力检测：应力检测前，应根据材料特性、结构特点、荷载条件等，对闸门和启闭机主要结构进行应力计算分析，了解结构应力分布状况，确定测点位置和数量。测点应具有代表性，高应力区域和复杂应力区域均应布置足够数量的测点。检测宜在设计工况下进行。如无法实现，则应充分利用现场条件，尽可能使检测工况接近设计工况。结构静应力检测的重点为闸门的主梁、次梁、支臂、面板及启闭机的门架结构、桥架结构、支承梁柱等主要受力构件；检测结果应与计算结果进行分析比较，必要时应根据检测工况的应力值推算设计工况和校核工况的应力值。运动状态结构应力检测的重点为闸门启闭过程中容易产生附加应力的主要受力构件；检测时宜尽可能使检测工况接近设计工况，检测荷载不分级；测点数据应连

续采集，以得到完整的应变应力过程线；闸门开度宜结合实际情况尽可能达到最大。

⑧ 结构振动检测：闸门振动检测内容应包括振动量检测，包括位移、速度、加速度、动应力以及自振特性检测，包括自振频率、阻尼比、振型等。振动检测的测点应布置在振动响应较大的位置，测振传感器的测振方向应与结构的振动方向一致。振型检测的测点布置应根据结构型式确定。对实测数据进行必要的预处理后，应进行时间域和频率域分析处理。

⑨ 闸门启闭力检测：当闸门及启闭机处于正常工作状况下，通过仪器测定闸门在实际挡水水头下的启门力、持住力、闭门力及启闭力过程线，并确定在此情况下闸门的最大启门力、最大持住力、最大闭门力。闸门启闭力检测应重复进行 3 次，当各次检测数据相差较大时，应找出原因，重新进行检测。

⑩ 启闭机考核：启闭机考核试验的对象为移动式启闭机。固定卷扬式启闭机、液压启闭机、螺杆启闭机等其他类型启闭机一般不进行启闭机考核试验。移动式启闭机的考核试验荷载不得大于《水利水电工程启闭机制造安装及验收规范》(SL 381)或设计文件(图样)规定的静载试验荷载值或动载试验荷载值。移动式启闭机考核试验的荷载宜采用专用配重试块。静载试验荷载宜分为额定荷载的 50%、75%、90%、100%、110%、125%共六级，动载试验荷载宜分为额定荷载的 50%、75%、90%、100%、110%共五级，试验时逐级增加荷载。静载试验时，荷载离开地面 100～200 mm，保持时间不少于 10 min，测量门架或桥架挠度；然后卸去荷载，测量门架或桥架的变形；试验宜重复三次，必要时进行机架结构应力检测；静载试验结束后，各部件和金属结构不应有裂纹、永久变形、连接松动或损坏、油漆剥落等现象出现。动载试验时，启闭机在全扬程范围内进行重复的起升、下降、停车等动作，延续时间不少于 1h。试验过程中对各机构的性能状态进行检查。要求各机构工作平稳可靠、动作灵敏，安全保护装置动作正确、可靠。试验结束后，要求零部件、结构件无损坏，连接处无松动或损坏。行走试验的最大荷载为 1.10 倍的设计行走载荷。试验时，应检查门架或桥架的摆动情况，制动装置是否可靠，车轮与轨道的配合是否正常，有无啃轨现象。

2）水工压力钢管检测

水工压力钢管安全检测目前还没有相应的规程，可参考《水工钢闸门和启闭机安全检测技术规程》(SL 101)进行。压力钢管主要检测项目包括：巡视检查、外观检测、材质检测、无损探伤、应力检测、振动检测、水质及底质检测。其中巡视检查、外观检测等 2 项为必检项目。

(3) 计算分析

金属结构及电气安全评价应根据现场检查与检测、运行表现及计算分析等的结果综合评定。由于现场检查与检测主要是对现状下金属结构安全进行评价的手段，往往与设计和校核工况运用条件还有一定差别，因此，根据现状条件，结合现场检查与检测情况，通过计算分析，既可以对金属结构现场检查和检测中发现的一些问题(如变形、裂缝)进行验证和原因分析，也可以复核并评价金属结构在设计和校核工况下的安全性。当然，应充分重视和紧密结合金属结构的现实性状与运行表现，避免评价工作变成纯设计复核或计算。

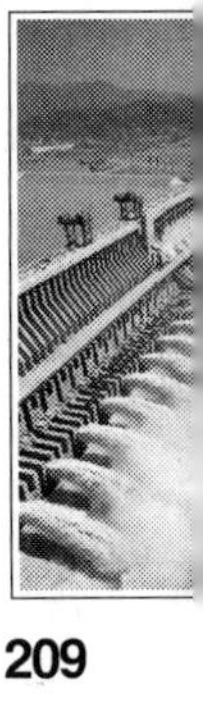

计算分析应分别按照《水利水电工程钢闸门设计规范》(SL 74)、《水利水电工程启闭机设计规范》(SL 41)及《水电站压力钢管设计规范》(SL 281)规定的方法进行。重要大坝的大型金属结构还应同时进行空间有限元分析。

根据金属结构的现场检查与检测结果，对工程中的各种金属结构，按照水库的实际使用情况和现行的有关标准、规范进行复核，由于各种金属结构的构造、工作条件不同，其计算分析的内容和侧重点也不同。对于中、小型水库工程，可适当进行简化，只对金属结构的主要受力构件如闸门的主梁面板等进行强度、刚度复核，对启闭机的启闭容量进行复核等。

11.3 钢闸门安全评价

11.3.1 钢闸门现场检查与检测

水库工程泄输水建筑物一般布置有工作闸门、检修闸门和事故闸门，其结构大多数采用平面或弧形钢闸门，少数采用钢筋（丝）混凝土或水泥土结构闸门。针对钢闸门，应现场检查闸门门体、支承行走装置、止水装置、埋件、平压设备及锁定装置的外观状况是否良好，以及闸门运行状况是否正常。

现场检查如发现钢闸门有下列情况之一，则认为其存在较大安全隐患，影响闸门正常运行，应做进一步的检测或分析，检测遵照《水工钢闸门和启闭机安全检测技术规程》（SL 101）的规定进行：

（1）门槽及附近混凝土空蚀、冲刷、淘空等破坏或闸室不均匀沉降而影响闸门启闭，闸墩、胸墙、牛腿等部位混凝土开裂、剥蚀、老化而影响闸门支承。

（2）闸门进水口、门槽附近及门后水流流态异常。

（3）闸门振动感较强。

（4）闸门或埋件腐蚀达“较重腐蚀”级。

（5）门叶变形、扭曲，面板、横梁、纵梁、支臂等构件损伤、变形、错位，主要受力焊缝缺陷明显，连接螺栓损伤、变形、松动、缺件。

（6）闸门止水装置破损、变形、缺件，严重漏水。

（7）吊耳损伤、变形、吊具连接不牢，平面闸门的主轮（滑道）、侧向支承、反向支承或弧形闸门支铰损伤、变形、缺件、锈结。

（8）轨道、底槛、门楣、止水座板或弧门铰座等埋件损伤、变形、错位、混凝土淘空。

（9）闸门平压设备、锁定装置及融冰设施不可靠。

（10）通气孔坍塌、堵塞或通气不畅。

（11）闸门超过《水利水电工程金属结构报废标准》（SL 226）规定的报废折旧年限时。

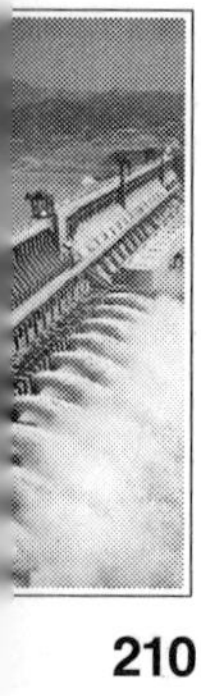

11.3.2 钢闸门结构复核计算分析方法

水工钢闸门型式多样，其中平面钢闸门和弧形钢闸门最具代表性和最常用。不同型式的闸门布置、结构、受力特点以及力的传递方式不尽相同，但复核计算分析内容和方法基本相同。根据最新调洪计算成果或实际使用的最不利荷载，复核闸门各构件的强度、刚度及稳定是否满足规范要求，包括面板、主梁、次梁、边校及弧形闸门支臂等构件；按最不利荷载复核闸门支承构件的强度。对于平面闸门，当闸门支承为滑块时应复核支承滑块的强度是否满足规范要求，当闸门支承为轮子时应复核支承轮的强度是否满足规范要求；对于弧形闸门，应复核弧形闸门支铰的强度是否满足规范要求，复核各连接件及焊缝的强度是否满足规范要求。计算分析重点在于复核闸门结构的强度、刚度及稳定性是否满足设计要求和规范的相关规定。计算分析的方法、荷载组合及控制标准应按照《水利水电工程钢闸门设计规范》(SL 74)执行。重要闸门结构还应同时进行有限元分析。

(1) 计算荷载

根据运行工况(设计洪水位、校核洪水位)的不同，闸门的荷载分为设计荷载和校核荷载，主要有：闸门自重(包括加重)；静水压力；动水压力；波浪压力；地震水压力；水锤压力；泥沙压力；风压力；稳定荷载；启闭力。

(2) 平面钢闸门的复核计算

平面钢闸门主要由面板、主梁、次梁(小梁)、边柱、支承等构件组成，根据其构件组成情况，主要复核计算分析面板应力，面板参与梁系的有效宽度，主、次梁的刚度、强度及稳定性，以及闸门的启闭力(启闭力复核计算详见 11.3.4 节)。

1) 面板应力复核计算

根据闸门梁系的布置，闸门面板的计算可分为四边固定、三边固定、一边简支和相邻两边简支三种情况，其强度验算如下：

① 当面板的边长比 $b/a>1.5$，且长边布置在沿主梁轴线方向时(见图 11.3-1)，只需按下式验算面板 A 点的折算应力：

$$\sigma_{zh}=\sqrt{(\sigma_{my})^2+(\sigma_{mx}-\sigma_{\alpha x})^2-\sigma_{my}(\sigma_{mx}-\sigma_{\alpha x})}\leqslant 1.1\alpha[\sigma] \qquad (11.3\text{-}1)$$

式中：σ_{my} 为垂直于主(次)梁轴线方向面板支承长边中点的局部弯曲应力，$\sigma_{my}=k_y q\alpha^2/\delta^2$；$\sigma_{mx}$ 为面板沿主(次)梁轴线方向的局部弯曲应力，$\sigma_{my}=\mu\sigma_{mx}$，其中 μ 为泊松比，取为 0.3；$\sigma_{\alpha x}$ 为对应于面板验算点的主(次)梁上翼缘的整体弯曲应力；$[\sigma]$ 为抗弯允许应力；α 为弹塑性调整系数，当 $b/a>3$ 时取 $\alpha=1.4$，当 $b/a\leqslant 3$ 时取 $\alpha=1.5$；k_y 为支承长边中点弯应力系数，按表 11.3-1～表 11.3-3 采用；q 为面板计算区格中心的水压强度。σ_{mx}、σ_{my}、$\sigma_{\alpha x}$ 均取绝对值。

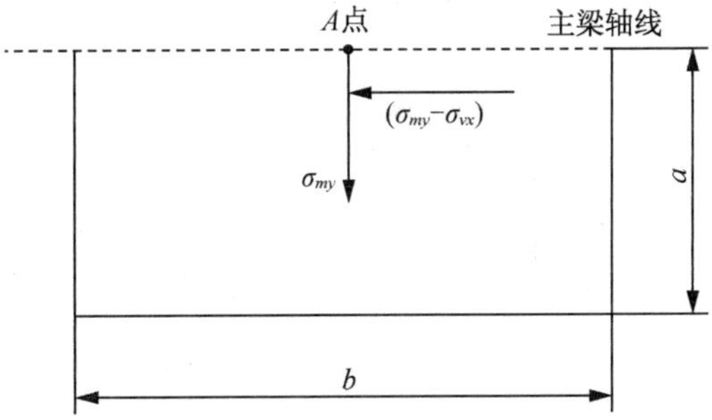

图 11.3-1 面板计算示意图(一)

表 11.3-1 四边固定矩形弹性薄板受均载的弯应力系数 $k(\mu=0.3)$

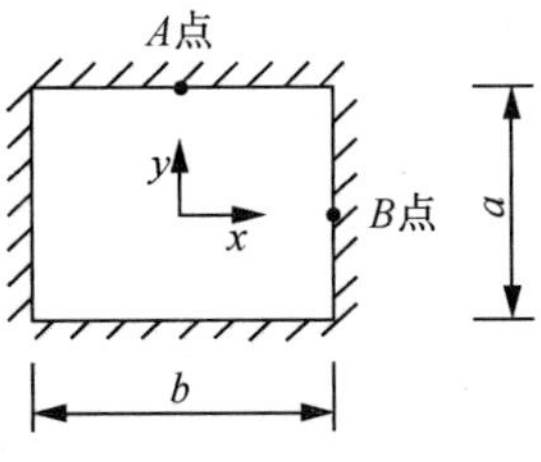

续表

验算点 b/a	支承长边中点 k_y（A 点）	支承短边中点 k_y（B 点）
1.0	0.308	0.308
1.1	0.349	0.323
1.2	0.383	0.332
1.3	0.412	0.338
1.4	0.436	0.341
1.5	0.454	0.342
1.6	0.468	0.343
1.7	0.479	0.343
1.8	0.487	0.343
1.9	0.493	0.343
2.0	0.497	0.343
2.5	0.500	0.343
∞	0.500	0.343

表 11.3-2　三边固定一边简支矩形弹性薄板受均载的弯应力系数 k（$\mu=0.3$）

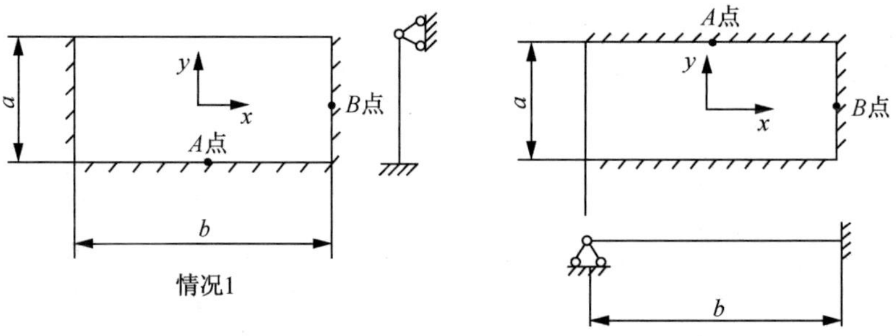

情况1　情况2

情况 1		
验算点 b/a	支承长边中点 k_y（A 点）	支承短边中点 k_y（B 点）
1.0	0.328	0.360
1.25	0.472	0.425
1.5	0.565	0.455
1.75	0.632	0.465
2.0	0.683	0.470
2.5	0.732	0.470

续表

验算点 / b/a	支承长边中点 k_y（A 点）	支承短边中点 k_y（B 点）
3.0	0.740	0.471
∞	0.750	0.472
情况 2		
1.0	0.360	0.328
1.25	0.448	0.341
1.5	0.473	0.341
1.75	0.489	0.341
2.0	0.500	0.342
2.5	0.500	0.342
3.0	0.500	0.342
∞	0.500	0.342

表 11.3-3　两相邻边简支、另两相邻边固定矩形弹性薄板受均载的弯应力系数 $k(\mu=0.3)$

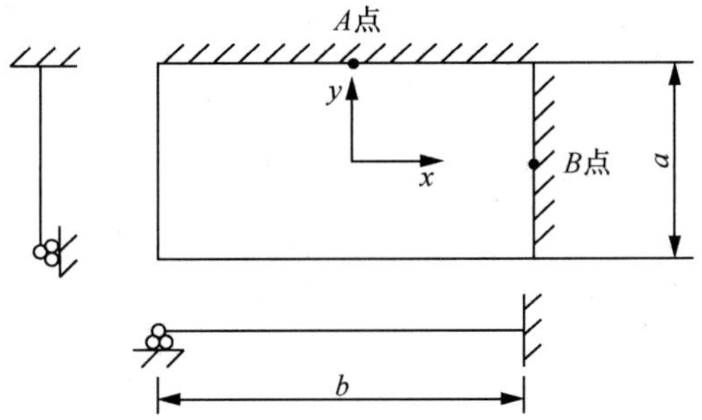

验算点 / b/a	支承长边中点 k_y（A 点）	支承短边中点 k_y（B 点）
1.0	0.407	0.407
1.1	0.459	0.425
1.2	0.506	0.441
1.3	0.549	0.452
1.4	0.585	0.459
1.5	0.616	0.463
1.6	0.640	0.467
1.7	0.662	0.468
1.8	0.680	0.470
1.9	0.695	0.471
2.0	0.708	0.472

② 当面板的边长比 $b/a \leqslant 1.5$，或面板长边方向与主梁轴线垂直时（见图 11.3-2），面板 B 点的折算应力按下式计算：

$$\sigma_{zh} = \sqrt{(\sigma_{my})^2 + (\sigma_{mx} + \sigma_{ax})^2 - \sigma_{my}(\sigma_{mx} + \sigma_{ax})} \leqslant 1.1\alpha[\sigma] \tag{11.3-2}$$

$$\sigma_{ax} = (1.5\xi_1 - 0.5)M/W \tag{11.3-3}$$

式中：σ_{mx} 为面板沿主梁轴线方向的局部弯曲应力，$\sigma_{mx} = kq\alpha^2/\delta^2$，$k$ 值对图 11.3-2(a) 取 k_x，对图 11.3-2(b) 取 k_y；σ_{my} 为面板垂直于主梁轴线方向的局部弯曲应力，$\sigma_{my} = \mu\sigma_{mx}$，其中 μ 为泊松比，取为 0.3；σ_{ax} 为对应于面板验算点的主梁上翼缘的整体弯曲应力，可按式（11.3-3）计算；ξ_1 为面板兼作主（次）梁上翼缘的有效宽度系数（见表 11.3-4）；M 为对应于面板验算点主梁的弯矩；W 为对应于面板验算点主梁的截面抵抗矩；σ_{mx}、σ_{my}、σ_{ax} 均取绝对值；其他符号意义同前。

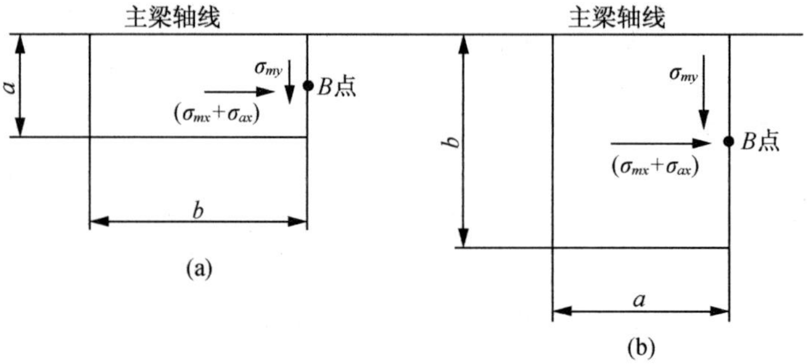

图 11.3-2　面板计算示意图(二)

表 11.3-4　面板的有效宽度系数 ξ_1、ξ_2

l_0/b	0.5	1	1.5	2.0	2.5	3.0	4.0	5.0	6.0	8.0	10.0	20.0
ξ_1	0.2	0.40	0.58	0.70	0.78	0.84	0.90	0.94	0.95	0.97	0.98	1.00
ξ_2	0.16	0.30	0.42	0.51	0.58	0.64	0.71	0.77	0.79	0.83	0.86	0.92

注：1. l_0 为主（次）梁弯矩零点之间的距离。对于简支梁，$l_0 = l$；对于连续梁的正弯矩段，可近似地取 $l_0 = 0.6l \sim 0.8l$；对于其负弯矩段，可近似地取 $l_0 = 0.4l$，其中 l 为主（次）梁的跨度（见图 11.3-3）。

2. ξ_1 适用于梁的正弯矩图为抛物线形，ξ_2 适用于梁的负弯矩图近似地取为三角形。

2）面板参与梁系有效宽度的计算

① 面板兼作主（次）梁翼缘的有效宽度 B，对于简支梁或连续梁中正弯矩段，可按下列公式计算（示意图见图 11.3-3），取其中较小值：

$$B = \xi_1 b \tag{11.3-4}$$

$$b = \frac{b_1 + b_2}{2} \tag{11.3-5}$$

$$B \leqslant 60\delta + b_l \text{（Q235 钢）} \tag{11.3-6}$$

或

$$B \leqslant 50\delta + b_l \text{（16 锰钢）} \tag{11.3-7}$$

式中：b_1、b_2 为上、下相邻两根主、次梁的间距；ξ_1 为有效宽度系数，按表 11.3-4 采用；δ 为面板厚度；b_l为梁翼缘宽度，当梁上另有上翼缘时，为上翼缘宽度。

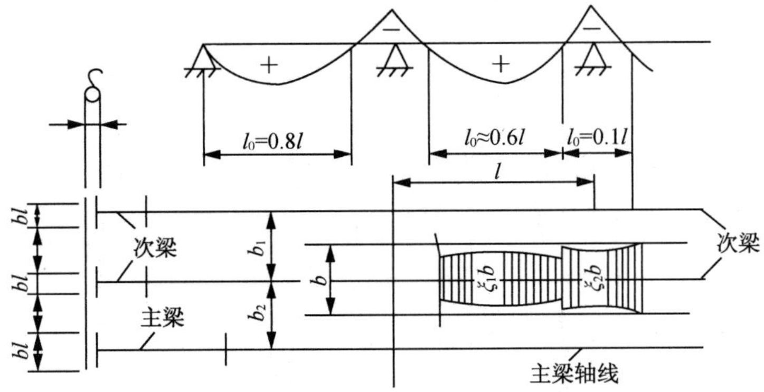

图 11.3-3 面板有效宽度计算示意图

② 对于连续梁中负弯矩段或悬臂段，面板的有效宽度应按下式取用：

$$B = \xi_2 b \tag{11.3-8}$$

式中：ξ_2为有效宽度系数，按表 11.3-4 采用。

3）次梁计算

① 水平次梁计算

内力计算：根据闸门梁系布置特点，水平次梁支承在垂直次梁或隔板上，作为多跨连续梁计算，如次梁断开，则作为简支梁计算。其强度和刚度的计算公式为：

$$弯矩\ M = (系数) \times qL^2 \tag{11.3-9}$$

$$剪刀\ Q = (系数) \times qL \tag{11.3-10}$$

$$挠度\ f = (系数) \times \frac{ql^4}{100EI} \tag{11.3-11}$$

$$q = Hb \tag{11.3-12}$$

$$b = \frac{b_1 + b_2}{2} \tag{11.3-13}$$

式中：L 为跨度；系数为从有关手册中查取；E 为次梁材料的弹性模量；I 为计算截面的惯性矩；q 为分布荷载强度；H 为计算次梁中心处的水压力；b_1、b_2为计算次梁中心与上、下相邻主、次梁的间距。

强度计算：在一个主平面内受弯的构件按下列两式验算正应力和剪应力：

$$\sigma = \frac{M}{W} \leqslant [\sigma] \tag{11.3-14}$$

$$\tau = \frac{QS}{I\delta} \leqslant [\tau] \tag{11.3-15}$$

式中：Q 为所验算截面的剪力；I 为毛截面对中和轴的惯性矩；S 为所验算剪应力处一侧毛截面面积对中和轴的面积矩；δ 为腹板厚度；$[\sigma]$为钢材的抗弯容许应力；$[\tau]$为钢材的抗剪容许

应力。

在组合梁中同时受较大正应力和剪应力作用处(如连续梁的支座处或梁截面改变处等),还应按下式验算折算应力:

$$\sigma_{zh} = \sqrt{\sigma^2 + 3\tau^2} \leqslant 1.1[\sigma] \tag{11.3-16}$$

当组合梁的某个局部区域有可能同时作用三种应力时(如正应力 σ、剪应力 τ 和局部正应力 σ_j),则应按下式验算折算应力:

$$\sigma_{zh} = \sqrt{\sigma^2 + \sigma_j^2 - \sigma\sigma_j + 3\tau^2} \leqslant 1.1[\sigma] \tag{11.3-17}$$

在两个主平面内受弯的构件,按下式验算正应力:

$$\sigma = \frac{M_x}{W_{xj}} + \frac{M_y}{W_{yj}} \leqslant 1.1[\sigma] \tag{11.3-18}$$

式中:M_x、M_y 为所验算截面对 x 轴和 y 轴的弯矩;W_{xj}、W_{yj} 为所验算截面对 x 轴和 y 轴的净截面抵抗矩。

计算 W_{xj}、W_{yj}、I、S 其中任何一项时,均要考虑面板兼作次梁上翼缘的有效宽度。

刚度计算:最大挠度应满足下式:

$$f_{\max} \leqslant [f] \tag{11.3-19}$$

对于一般次梁,其容许挠度[f]=1/250。

② 垂直次梁计算

垂直次梁与水平次梁在叠层布置中,垂直次梁在主梁处断开并焊接于主梁腹板梁上。计算时,可近似作为简支在主梁腹板上仅承受水平次梁传来反力的梁来计算。

垂直次梁与水平次梁在同层布置中,垂直次梁腹板在主梁处被切断并焊接在主梁的腹板上。计算时,可作为简支在主梁上的梁,其荷载可近似按图 11.3-4 计算。

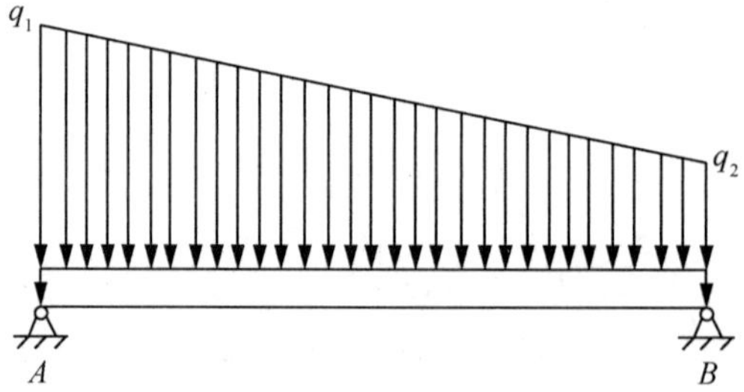

图 11.3-4 垂直次梁荷载分布

荷载宽度可取 $b=(b_1+b_2)/2$,即相邻垂直次梁的间距平均值。

强度计算:可参照一般水平次梁的强度计算方法进行。

刚度计算:垂直次梁的挠度计算应根据荷载情况利用叠加原理进行,各种荷载情况下的梁之挠度见表 11.3-5。叠加后的总挠度为:

$$f_{\max} = \sum_{i=1}^{n} f_{i0} \tag{11.3-20}$$

式中：f_{i0}为单一荷载下的梁跨度中点挠度；n为荷载种数。

表 11.3-5　简支梁的内力及最大挠度表

荷载情况	支座反力	弯矩	最大挠度
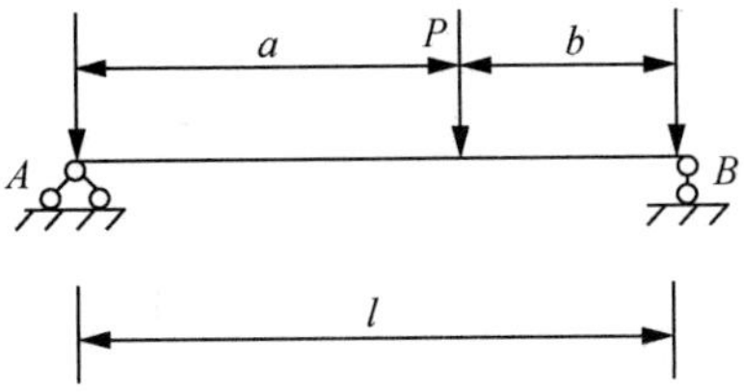	$R_A=Pb/l$ $R_B=Pa/l$	$M_{max}=\frac{Pab}{l}$ 当 $x=a$	$f_x=\frac{l}{2}=\frac{Pb}{48EI}\times(3l^2-4b^2)$ 假设 $a>b$
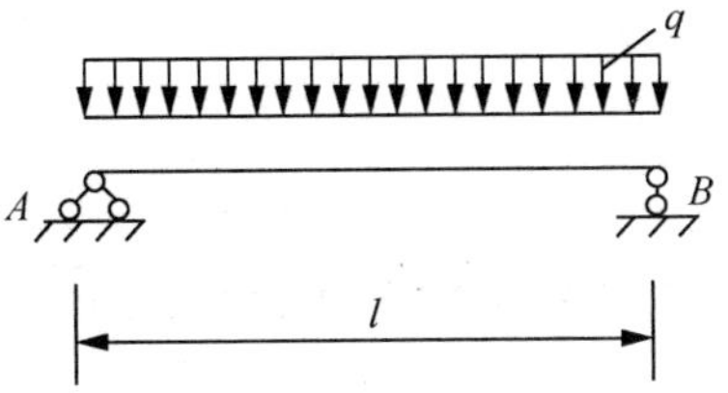	$R_A=R_B=\frac{1}{2}ql$	$M_{max}=\frac{1}{8}ql^2$ 当 $x=\frac{l}{2}$	$f_x=\frac{5ql^4}{384EI}$ 假设 $x=\frac{l}{2}$
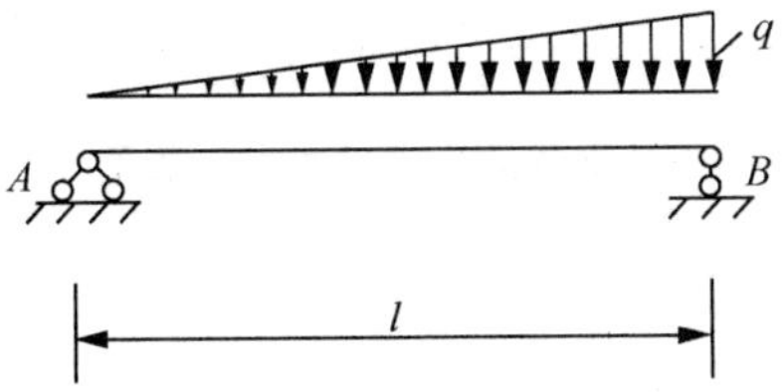	$R_A=\frac{1}{6}ql$ $R_B=\frac{1}{3}ql$	$M_{max}=0.1283ql^2$ 当 $x=0.5773l$	$f_x=\frac{5ql^4}{768EI}$ 假设 $x=\frac{l}{2}$

整体稳定计算：当垂直次梁与水平次梁同层连接时可不验算整体稳定，若虽然与水平次梁叠层连接，但未用"工"字形截面时，自由长度与其翼缘宽度之比不超过表 11.3-6 中所规定的数值时，也可不验算其整体稳定。

表 11.3-6　简支梁不需计算整体稳定性的最大 l_1/b_1 值

钢号	跨中无侧向支承点的梁		跨中有侧向支承点的梁，不论荷载作用在何处
	荷载作用在上翼缘	荷载作用在下翼缘	
2 号钢或 3 号钢	15	22	18
16 锰钢或 16 锰桥钢	12	18	15

注：1. l_1 为梁受压翼缘的自由长度，对跨中无侧向支承点的梁，l_1 为梁的跨度；对跨中有侧向支承点的梁，l_1 为受压翼缘侧向支承点间的间距。
2. b_1 为梁受压翼缘的宽度。
3. 在简支梁的端部支承处，应采取构造措施以阻止梁端界面的扭转。

除上述情况外，应按下式计算梁的整体稳定性：

$$\sigma=\frac{M_{max}}{\varphi_{\omega}W}<[\sigma] \tag{11.3-21}$$

式中：M_{max}为梁最大刚度平面内的最大弯矩；W为梁受压最大纤维的毛截面抵抗矩；φ_ω为整体稳定系数。

4）主梁计算

① 主梁的内力计算

主梁的内力按简支梁计算，计算简图见图11.3-5，跨中弯矩计算公式为：

$$M_{max} = \frac{ql_h}{4}\left(l_0 - \frac{l_h}{2}\right) \quad (11.3\text{-}22)$$

$$R_A = R_B = \frac{1}{2}ql_h \quad (11.3\text{-}23)$$

式中：M_{max}为最大弯矩发生在$\frac{1}{2}l_0$；q为作用于梁上的均布荷载；l_h为荷载跨度；l_0为计算跨度；R_A、R_B为支承反力。

对承受水柱荷载的主梁，由于承受双向水压力及轴向力，按双向偏心受压构件计算。计算水柱荷载分配时，可假设一半（以截面中和轴为界）由面板及部分腹板承担，另一半由主梁后翼缘及部分腹板承担，后者可视作支承在隔板上的多跨连续梁计算。

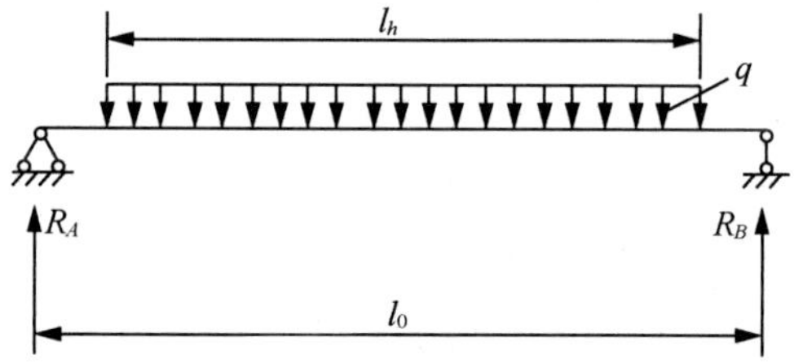

图11.3-5　上游面止水的主梁计算图

顶主梁在双向水压力计算下按在两个主平面内受弯构件进行计算。

② 主梁的强度计算

主梁的强度计算与次梁强度计算相同。

③ 主梁的刚度计算

受局部荷载的等截面简支梁（见图11.3-6）按下式验算简支梁的最大挠度：

$$f_{max} = \frac{5ql_0^4}{384EI} \quad (11.3\text{-}24)$$

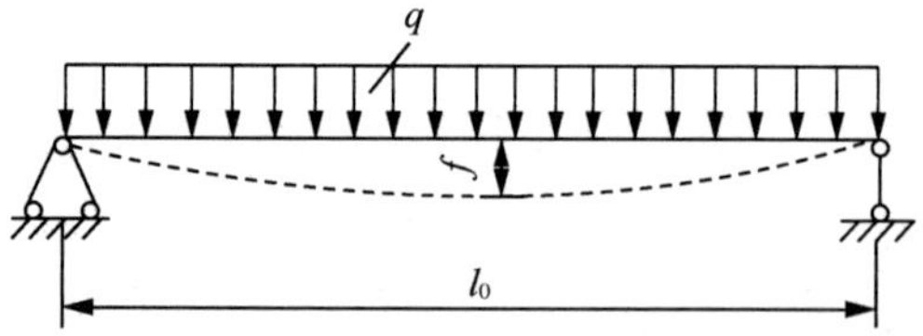

图11.3-6　简支梁计算简图

受均布荷载的变截面简支梁的梁高改变、翼缘不变的情况下，简支梁的最大挠度按下式计算：

$$f_{max} = \frac{5ql_0^4}{384EI}(1 + k'\alpha) \quad (11.3\text{-}25)$$

$$\alpha = \frac{I_M - I_0}{I_0} \quad (11.3\text{-}26)$$

式中：q为梁的均布荷载；l_0为梁的计算跨度；I为等截面梁的截面惯性矩；E为弹性模量；I_M为变截面梁的跨中截面惯性矩；I_0为变截面梁的支承截面惯性矩；k'为随截面改变位置变化的系数，按表11.3-7中规定采用。

表 11.3-7 k'值

截面改变位置	$l_0/4$	$l_0/5$	$l_0/6$
k'	0.017 5	0.009 22	0.005 44

受均布荷载的等截面双悬臂简支梁(见图 11.3-7)按下式计算简支梁的最大挠度:

$$f_{\max}=\frac{1ql_0^2}{48EI}\left(\frac{5}{8}l_0^2-3\alpha^2\right) \tag{11.3-27}$$

式中:α 为双悬臂简支梁的悬臂长度;其他符号意义同前。

④ 主梁的稳定性验算

主梁的整体稳定性计算可参照次梁中有关部分。

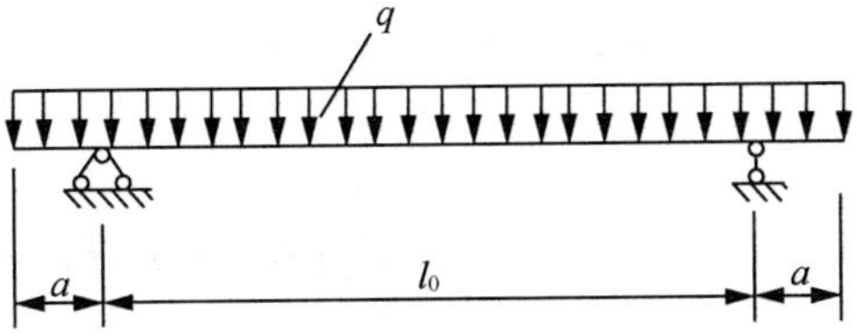

图 11.3-7 双悬臂简支梁简图

(3) 弧形钢闸门的复核计算

弧形钢闸门的结构计算目前均采用平面体系,即按一般结构力学分析和允许应力方法进行计算。弧形闸门的面板和纵向梁系可不考虑其曲率的影响。其面板、水平次梁、垂直次梁等构件均可参照平面闸门相应构件的计算方法。

弧形闸门结构布置主要有横梁式和纵梁式两种结构形式,两种结构的计算方法不尽相同,其计算方法如下。

1) 主梁框架结构计算

① 框架的几种形式

主横梁式弧形闸门多采用双主梁布置,其支臂梁布置数量与主梁数相应。单支臂弧门结构简单,但抗扭刚度较低,在小孔口上偶有采用。三支臂或多支臂结构布置及其制造均较复杂,目前采用少,仅在高度较大的弧形闸门上采用。目前采用较多的是双主梁式布置。双主梁一般为等荷布置,两根主梁之间的距离应适应制造、运输和安装的要求。露顶式弧门的主梁间距应大些,以减小上悬臂段的高度。

主横梁式弧门的支臂有直支臂和斜支臂两种。支臂和主横梁的组成有三种框架形式,见图 11.3-8。

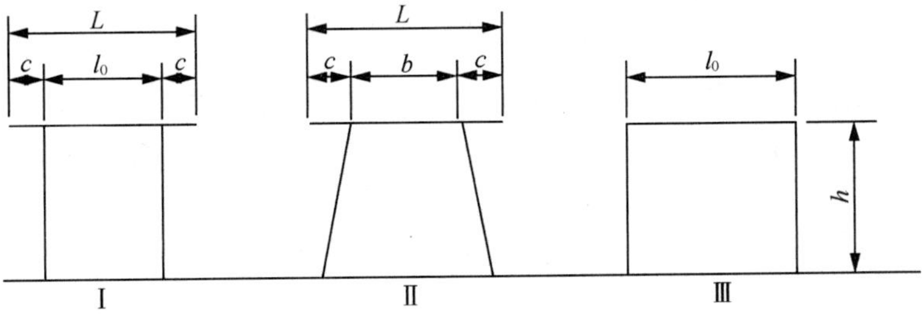

图 11.3-8 主横梁式弧门的主框架型式

② 内力分析

由水压力引起的框架内力分析计算如下:

a）Ⅰ型(┳型)框架(见图 11.3-9)

$$M_c = -\frac{qc^2}{2} \quad (11.3\text{-}28)$$

$$M_h = -H'h \quad (11.3\text{-}29)$$

$$M = M_c + M_h \quad (11.3\text{-}30)$$

$$M_{l_0} = \frac{ql_0^2}{8} + M_c + M_h \quad (11.3\text{-}31)$$

式中：M 为主梁与支臂连接处负弯矩；M_c 为框架主梁悬臂端的负弯矩；M_h 为支臂上的弯矩；M_{l_0} 为框架主梁跨中弯矩。

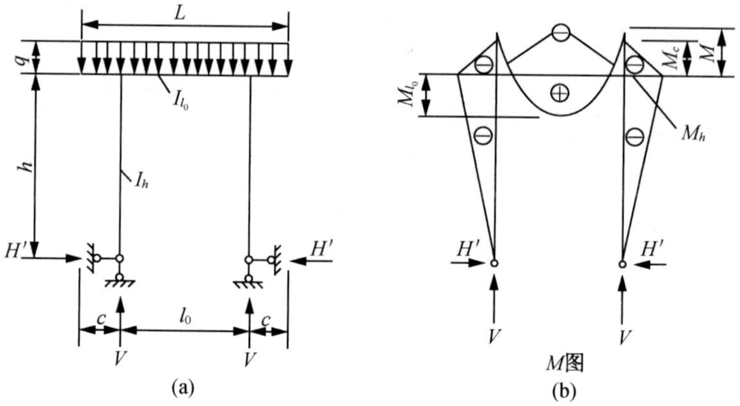

图 11.3-9 Ⅰ型框架计算简图

框架主梁单位刚度与支臂单位刚度的比值为：

$$K_0 = \frac{I_{l_0} h}{I_h l_0} \quad (11.3\text{-}32)$$

式中：I_{l_0} 为框架主梁截面惯性矩；I_h 为框架支臂截面惯性矩。

支铰处水平推力为：

$$H' = \frac{ql_0^2}{4h(2K_0+3)} - \frac{3qc^2}{2h(2K_0+3)} \quad (11.3\text{-}33)$$

式中：q 为均布荷载；L 为荷载宽度；l_0 为框架主梁计算跨度，即主梁中和轴线与支臂轴线交点之间的距离；h 为框架支臂长度，即铰点至主梁中和轴线的距离；c 为框架主梁悬臂段长度。

b）Ⅱ型(⌃型)框架(见图 11.3-10)

$$M_c = -\frac{qc^2}{2} \quad (11.3\text{-}34)$$

$$M_h = Va - H'h \quad (11.3\text{-}35)$$

$$M = M_c + M_h \quad (11.3\text{-}36)$$

$$M_{l_0}=\frac{qb^2}{8}+M_c+M_h \tag{11.3-37}$$

$$K_0=-\frac{I_{l_0}h'}{I_h b} \tag{11.3-38}$$

式中：b 为主梁计算跨度；h'为斜支臂长度；N 为斜支臂轴向压力，$N=V\frac{h}{h'}+H'\frac{a}{h'}$。

$$H'=\frac{qb[b+2a(2K_0+3)]}{4h(2K_0+3)}+\frac{qac}{h}-\frac{3qc^2}{2h(2K_0+3)} \tag{11.3-39}$$

$$V=-\frac{qL}{2} \tag{11.3-40}$$

式中符号意义同前。

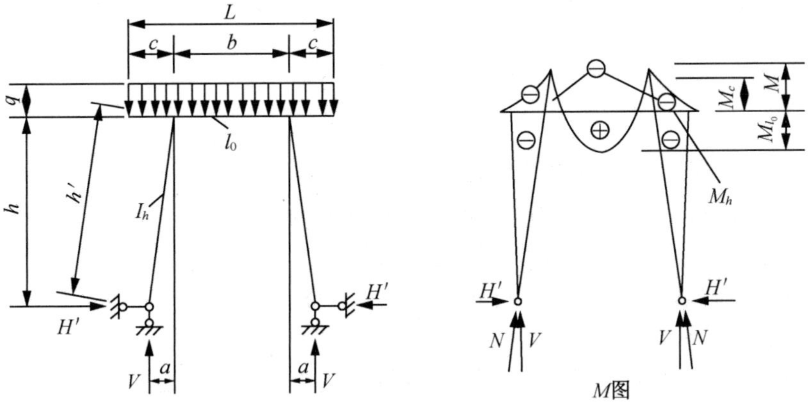

图 11.3-10 Ⅱ型框架计算简图

c) Ⅲ型(┌┐型)框架(见图 11.3-11)

$$M=-H'h \tag{11.3-41}$$

$$M_{l_a}=\frac{ql_0^2}{8}-H'h \tag{11.3-42}$$

$$V=\frac{ql_0}{2} \tag{11.3-43}$$

$$H'=\frac{ql_0^2}{4h(2K_0+3)} \tag{11.3-44}$$

式中符号意义同前。

起吊钢丝绳与面板接触部位的压力分析计算如下：如起吊时，钢丝绳承受拉力，致使面板上游面与钢丝绳接触部位产生箍压力，其合力方向为径向并通过支铰中心，见图 11.3-12。接触部位的压力可按下列公式进行计算：

$$T=q_T l \tag{11.3-45}$$

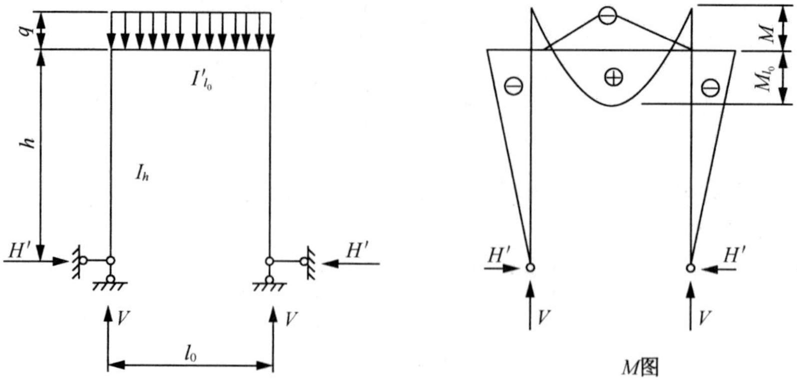

图 11.3-11　Ⅲ型框架计算简图

$$q_T = \frac{T}{R} \tag{11.3-46}$$

$$P_T = 2T\sin\frac{\beta}{2} \tag{11.3-47}$$

式中：T 为每侧钢丝绳所受的拉力，即每侧启门力，N；q_T 为钢丝绳接触部位单位长度箍压力，N/m；P_T 为每侧因钢丝绳拉力引起的压力，N；β 为钢丝绳与面板接触部分所对的中心角；R 为弧门半径(指面板外缘)，m；l 为钢丝绳与面板接触的弧长，m。

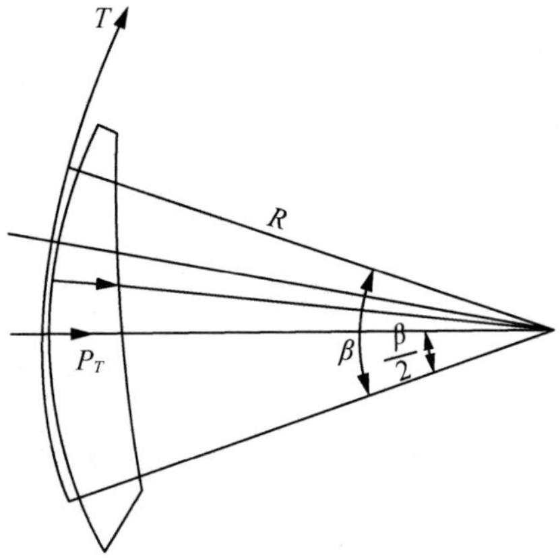

图 11.3-12　起吊钢丝绳接触部位压力的计算简图

依据 P_T 的作用位置，将该力分别分配给弧门上、下支臂，然后作为框架节点受有集中荷载，进行框架内力分析。

稳定变化引起的框架压力分析计算如下：

a) Ⅲ型(┌┐型)和Ⅰ型(┬型)框架

$$M = -H'h \tag{11.3-48}$$

$$H' = \frac{3EI_{l_0}a_t t}{h^2(2K_0+3)} \tag{11.3-49}$$

$$K_0 = \frac{I_{l_0}h}{I_h l_0} \tag{11.3-50}$$

式中：a_t 为线膨胀系数，钢约为 1.2×10^{-5}；t 为温度变化值；E 为弹性模量，钢一般为 2.06×10^2 GPa。

b) Ⅱ型(⌐型)框架

$$M = -H'h \tag{11.3-51}$$

$$H' = \frac{3EI_{l_0}a_t t}{h^2(2K_0+3)}\,\frac{(b+2a)}{b} \tag{11.3-52}$$

$$K_0 = -\frac{I_{l_0} h'}{I_h b} \tag{11.3-53}$$

式中符号意义同前。由温度变化引起的内力对于中、小型闸门可不考虑。

③ 主框架结构应力计算

框架主横梁结构应力计算如下：

主梁除承受弯矩外，同时承受框架水平推力产生的轴向压力，可按偏心受压构件计算，主要验算跨中和支座两个断面。

a）跨中断面

正应力计算公式：

$$\sigma = \frac{N}{A_j} \pm \frac{M}{W_j} \leqslant [\sigma] \tag{11.3-54}$$

式中：N 为主梁轴向压力，即框架水平推力 H'；M 为主梁跨中弯矩，即 M_{l_0}；A_j 为主梁跨中截面面积；W_j 为主梁跨中截面抵抗矩。

b）支座断面

正应力计算公式：

$$\sigma = \frac{N}{A_j} \pm \frac{M}{W_j} \leqslant [\sigma] \tag{11.3-55}$$

剪应力计算公式：

$$\tau = \frac{Q}{I_{l_0}} \frac{S}{\delta} \leqslant [\tau] \tag{11.3-56}$$

式中：M 为主梁支座处弯矩；Q 为主梁支座处剪力；S 为主梁支座处截面对中和轴的面积矩；δ 为主梁腹板厚度。

折算应力计算公式：

$$\sigma_{\text{折}} = \sqrt{\sigma^2 + 3\tau^2} \leqslant 1.1[\sigma] \tag{11.3-57}$$

式中：σ、τ 为支座处主梁腹板高度边缘同一点上同时产生的正应力与切应力。

框架支臂结构应力计算如下：

支臂为一偏心受压柱，除应满足强度要求外，还应在外力作用下保持其稳定。支臂失稳形态有两种可能情况：一是在弯矩作用平面内，因外力过大以致外力和构件内力不能继续保持静力平衡，使弯曲变形急剧增加而失去稳定；一是在弯矩作用平面外，即垂直于弯矩作用的平面，构件以弯曲变形而失去稳定。因此，支臂必须按上述两个方向分别进行稳定验算。

a）弯矩作用平面内的稳定验算

当偏心率 $\varepsilon \leqslant 30$ 时，按下式验算：

$$\sigma = \frac{N}{\phi_p A} \leqslant [\sigma] \tag{11.3-58}$$

式中：ϕ_p 为弯矩作用平面内的稳定系数，根据截面形式、偏心方向、偏心率 ε 及长细比 λ 查算有关参数；N 为支臂轴向压力；A 为构件毛截面面积。

$$\varepsilon=\frac{MA}{NW} \tag{11.3-59}$$

$$\lambda=\frac{h_0}{r} \tag{11.3-60}$$

$$h_0=\mu h \tag{11.3-61}$$

式中：M 为支臂最大弯矩；W 为最大受压纤维的毛截面抵抗矩；λ 为构件在弯矩作用平面内的长细比；h_0 为支臂的计算长度；h 为支臂的长度；μ 为计算长度系数，可根据单位刚度比 K_0 $\left(K_0=-\frac{I_{l_0}h}{I_h l_0}\right)$ 及支臂与支座的连接方式选定；r 为构件在弯矩作用平面内的回转半径。

当偏心率 $\varepsilon>30$ 时，不必进行稳定验算。

b）弯矩作用平面外的稳定验算

当弯矩作用在最大刚度平面内时，弯矩作用平面外的稳定，按下式验算：

$$\sigma=\frac{N}{\phi_1 A}\leqslant[\sigma] \tag{11.3-62}$$

式中：ϕ_1 为弯矩作用平面的稳定系数。

对于对称“工”字形截面及双壁箱形截面，根据偏心率 ε 和长细比 λ_y 查算有关参数。

$$\varepsilon=\frac{MA}{NW} \tag{11.3-63}$$

$$\lambda_y=\frac{l_y}{r_y} \tag{11.3-64}$$

式中：λ_y 为构件在弯矩作用平面外的长细比；l_y 为支臂两侧向固定点之间长度；r_y 为构件在垂直弯矩作用平面的回转半径。

当弯矩作用在最小刚度平面内时，若 $\lambda_x\leqslant\lambda_y$（$\lambda_x$ 为构件在弯矩作用平面内的长细比），不必作弯矩作用平面外的稳定性计算，如果 $\lambda_x>\lambda_y$ 则应按下式计算弯矩作用平面外的稳定性：

$$\sigma=\frac{N}{\phi A}\leqslant[\sigma] \tag{11.3-65}$$

式中：ϕ 为根据构件最大长细比 λ 决定的稳定系数。

11.3.3 钢闸门（含埋件）评价标准

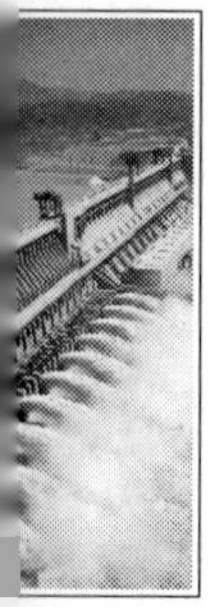

（1）腐蚀条件

闸门腐蚀复核结果应满足以下条件：

闸门构件腐蚀余厚度不应小于 6 mm。

埋件工作表面发生腐蚀后，能满足闸门的使用要求。

闸门轨道磨损后能满足闸门的使用要求，且其接头错位不应超过 2 mm。

闸门主要构件发生腐蚀后，按实际条件对其结构各构件的强度、刚度进行复核计算，其复核结果应满足设计和规范要求。

(2) 强度条件

根据闸门的实际使用条件，对运行期间可能出现的最不利荷载，按照现行的有关标准、规范对闸门的受力构件进行强度复核。闸门的主要构件如闸门面板、主梁、次梁、边梁、支臂、吊耳等的强度复核结果必须满足以下条件：

$$\sigma < [\sigma]' \tag{11.3-66}$$

$$\tau < [\tau]' \tag{11.3-67}$$

式中：σ、τ 为按实际截面尺寸校核计算的应力值，或结构实际检测应力值。

材料的允许应力应按使用年限进行修正：

$$[\sigma]' = K[\sigma] \tag{11.3-68}$$

$$[\tau]' = K[\tau] \tag{11.3-69}$$

式中：$[\sigma]'$、$[\tau]'$为修正后的允许应力值；K 为使用年限修正系数，取 0.90～0.95，达到和超过折旧年限取 0.90，各种金属结构的折旧年限：压力钢管为 50 年，大型闸、阀、启闭设备为 30 年，中、小型闸、阀、启闭设备为 20 年；$[\sigma]$、$[\tau]$为材料允许应力值，其材料允许应力值根据材料的型号、规格按表 11.3-8～表 11.3-12 进行选取。

表 11.3-8　钢材的尺寸分组　单位：mm

组别	钢材尺寸		
	Q215、Q235		16Mn、16Mnq
	钢材厚度(直径)	型钢和异型钢的厚度	钢材厚度(直径)
第 1 组	≤16	≤15	≤16
第 2 组	>16～40	>15～20	>16～25
第 3 组	>40～60	>20	>25～36
第 4 组	>60～100	—	>36～50
第 5 组	>100～150	—	>50～100 方、圆钢
第 6 组	>150	—	—

注：1. 型钢包括角钢、"工"字钢和槽钢。
　　2. "工"字钢和槽钢的厚度系指腹板厚度。

表 11.3-9　钢材的允许应力　单位：MPa

钢材			抗拉、抗压和抗弯$[\sigma]$	抗剪$[\tau]$	局部承压$[\sigma_{cd}]$	局部紧接承压$[\sigma_{cj}]$
钢种	钢号	组别				
碳素结构钢	Q215	第 1 组	145	90	220	110
		第 2 组	135	80	200	100
		第 3 组	125	70	190	95
		第 4 组	120	65	180	90
		第 5 组	115	60	170	85
		第 6 组	110	55	160	80

续表

钢材			抗拉、抗压和抗弯[σ]	抗剪[τ]	局部承压[σ_{cd}]	局部紧接承压[σ_{cj}]
钢种	钢号	组别				
碳素结构钢	Q235	第 1 组	160	95	240	120
		第 2 组	150	90	230	115
		第 3 组	145	85	220	110
		第 4 组	135	80	210	105
		第 5 组	130	75	200	100
		第 6 组	125	70	190	95
低合金结构钢	16Mn、16Mnq	第 1 组	230	135	350	175
		第 2 组	220	130	330	165
		第 3 组	205	120	310	155
		第 4 组	190	110	290	145
		第 5 组	180	105	270	135

表 11.3-10　机械零件的允许应力　　单位:MPa

应力种类	符号	碳素结构钢		低合金钢	优质碳素结构钢		铸造碳钢				合金铸钢		合金结构钢	
		Q235	Q275	16Mn	35	45	ZG 330-450	ZG 270-500	ZG 310-570	ZG 340-640	ZG50Mn2	ZG35CrMo	35Mn2	40Cr
抗拉、抗压和抗弯	[σ]	100	120	140	130	145	115	120	140	150	190	170 (235)	130 (280)	(320)
抗剪	[τ]	65	75	90	85	95	85	90	105	115	150	130 (180)	85 (190)	(215)
局部承压	[σ_{cd}]	150	180	210	195	220	170	180	200	220	280	250 (345)	195 (430)	(485)
局部紧接承压	[σ_{cj}]	80	95	110	105	120	90	95	110	120	155	135 (190)	105 (230)	(265)
孔壁抗拉	[σ_k]	120	145	180	150	170	130	140	155	170	220	190 (265)	150 (330)	(375)

表 11.3-11　灰铸铁的允许应力　单位:MPa

应力种类	符号	灰铸铁牌号		
		HT15-33	HT-20-40	HT25-47
轴心抗压	$[\sigma_a]$	120	150	200
弯曲抗拉	$[\sigma_w]$	35	45	60
抗剪	$[\tau]$	25	35	45
局部承压	$[\sigma_{cd}]$	170	210	260
局部紧接承压	$[\sigma_{cj}]$	60	75	90

表 11.3-12　轴套的允许应力　单位:MPa

轴和轴套的材料	符号	径向承压
钢对 10-1 铸锡磷青铜	$[\sigma_{cg}]$	40
钢对 9-4 铸铝铁青铜		50
钢对钢基铜塑复合材料		40

(3) 刚度条件

根据闸门的实际使用条件,对运行期间或设计条件下可能出现的最不利荷载,按照现行的有关标准、规范对闸门的主梁、次梁进行刚度复核,应复核闸门主梁、次梁的最大挠度及变形与跨度之比(f/L),复核结果应满足下列要求:

1) 潜孔式工作闸门和事故闸门的主梁不大于 1/750。

2) 露顶式工作闸门和事故闸门的主梁不大于 1/600。

3) 检修闸门和拦污栅的主梁不大于 1/500。

4) 次梁不大于 1/250。

且闸门构件的长细比不应超过下列数值:

受压构件的允许长细比:主要构件 120;次要构件 150;联系构件 200。

受拉构件的允许长细比:主要构件 200;次要构件 250;联系构件 350。

对受弯、受压和偏心受压构件,应复核其整体稳定和局部稳定性,特别是弧形钢闸门支臂。

(4) 焊接质量

焊缝按其重要性分为三类:

1) 一类焊缝

闸门主梁、次梁、支臂的对接焊缝;

闸门吊耳板、吊杆的对接焊缝;

闸门主梁与边梁腹板连接的角焊缝及翼缘板连接的对接焊缝;

转向吊杆的组合焊缝及角焊缝;

拦污栅吊耳板和吊杆的对接焊缝。

2) 二类焊缝

闸门面板的对接焊缝;

拦污栅主梁的腹板、翼缘对接焊缝；

闸门主梁、边梁、支臂的翼缘板与腹板的组合焊缝及角焊缝；

闸门吊耳板与门叶的组合焊缝及角焊缝；

主梁、边梁与门叶面板的组合焊缝及角焊缝；

支臂与连接板的组合焊缝及角焊缝。

3）三类焊缝

不属于一类、二类焊缝的其他焊缝均为三类焊缝（设计有特殊要求的例外）。

上述各类焊缝外观质量应符合表 11.3-13 的规定。

表 11.3-13　各类焊缝外观质量标准　　单位：mm

序号	项目		一	二	三
			允许缺陷尺寸		
1	裂纹		不允许		
2	表面夹渣		不允许		深<0.1δ，长<0.3δ，且<15
3	咬边		深≤0.5，连续长度≤100，两侧咬边累计长度≤该焊缝的 10%		≤1
4	表面气孔		不允许	1.0 直径气孔在每米范围内允许 3 个，间距>20	1.5 直径气孔在每米范围内允许 5 个，间距>20
5	焊缝余高 Δh	手工焊	12<δ<25　Δh=0～2.5 12<δ<50　Δh=0～3.0		0～3.0 0～4.0
		埋弧焊	0～4.0		0～5.0
6	对接接头焊缝宽度	手工焊	盖过每边坡口宽度 2.0～4.0，且平缓过渡		
		埋弧焊	盖过每边坡口宽度 2.0～7.0，且平缓过渡		
7	角焊缝厚度不足（按设计焊缝厚度计）		不允许	<0.3+0.05δ，且<1.0。每 100 焊缝长度内缺陷总长度<25.0	<0.3+0.05δ，且<2.0。每 100 焊缝长度内缺陷总长度<25.0
8	角焊缝焊脚 K	手工焊	$K<12^{+3}$　$K>12^{+4}$		
		埋弧焊	$K<12^{+4}$　$K>12^{+5}$		

各类焊缝内部缺陷应符合以下要求：

① 当采用射线探伤时，按《钢熔化焊对接接头射线照相和质量分级》(GB 3323)标准评定，检验等级为 A、B 级，不低于Ⅱ级的一类焊缝评定为合格，不低于Ⅲ级的二类焊缝评定为合格。其焊缝质量标准为：

Ⅰ级焊缝内应无裂纹、未熔合、未焊透和条状夹液。

Ⅱ级焊缝内应无裂纹、未熔合、未焊透。

Ⅲ级焊缝内应无裂纹、未熔合以及双面焊和加垫板的单面焊中的未焊透。不加垫板的单面焊中的未焊透允许长度有关规定确定。

焊缝缺陷超过Ⅲ级者为Ⅳ级。

② 当采用超声波探伤时，按《钢焊缝手工超声波探伤方法和探伤结果的分级》(GB 11345)标准评定，检验等级可选作B级，一类焊缝达到BⅠ级为合格，二类焊缝达到BⅡ级为合格。其焊缝质量标准见表11.3-14。

表11.3-14 缺陷的等级分类 单位：mm

评定等级＼板厚	检验等级 A 8～50	检验等级 B 8～300	检验等级 C 8～300
Ⅰ	2δ/3；最小12	δ/3；最小10，最大30	δ/3；最小10，最大20
Ⅱ	3δ/4；最小12	2δ/3；最小12，最大50	δ/2；最小10，最大30
Ⅲ	＜δ；最小20	3δ/4；最小16，最大75	2δ/3；最小12，最大50
Ⅳ	超过三级者		

注：1. δ为坡口加工侧母材板厚，母材板厚不同时，以较薄侧板厚为准。
2. 管座角焊缝为焊缝截面中心线高度。

同时应对焊缝应力进行复核，其焊缝应力不应超过表11.3-15所规定的允许应力。

表11.3-15 焊缝的允许应力 单位：MPa

焊接方法和焊条型号	构件钢材 钢号	构件钢材 组别	对接焊缝 抗压 $[\sigma_c^h]$	对接焊缝 抗拉 1. 当用自动焊时	对接焊缝 抗拉 2. 当用半自动焊或手工焊时，焊缝质量的检查为 (1) 精确方法	对接焊缝 抗拉 2. (2) 普通方法	对接焊缝 抗剪 $[\tau^h]$	贴角焊缝 抗拉、抗压和抗剪 $[\tau_l^h]$
自动焊、半自动焊和用E43XX型焊条的手工焊	Q215	第1组	145	145	145	125	85	105
		第2组	130	130	130	110	75	95
		第3组	125	125	125	105	70	90
	Q235	第1组	160	160	160	135	95	115
		第2组	150	150	150	120	90	105
		第3组	145	145	145	115	85	100
自动焊、半自动焊和用E50XX型焊条的手工焊	16Mn 16Mnq	第1组	230	230	230	200	135	160
		第2组	220	220	220	190	130	150
		第3组	205	205	205	175	120	140
		第4组	190	190	190	165	110	130

注：1. 铆焊焊缝的允许应力按表降低20%。
2. 安装焊缝的允许应力按表降低10%。

(5) 紧固件复核应力

闸门各构件采用螺栓连接时，复核计算时普通螺栓应力不应大于表11.3-16所规定的值。

表 11.3-16　普通螺栓的允许应力

单位：MPa

螺栓钢号	构件钢材		精制螺栓			粗制螺栓			锚栓
	钢号	组别	抗拉	抗剪（Ⅰ类孔）	承压（Ⅰ类孔）	抗拉	抗剪	承压	抗压
Q235			125	130	—	125	85	—	105
16Mn			185	190	—	185	125	—	150
碳素结构钢	Q215	第 1 组	—	—	265	—	—	175	—
		第 2 组	—	—	240	—	—	160	—
		第 3 组	—	—	—	—	—	—	—
	Q235	第 1 组	—	—	290	—	—	190	—
		第 2 组	—	—	275	—	—	185	—
		第 3 组	—	—	—	—	—	—	—
低合金钢	16Mn 16Mng	第 1 组	—	—	420	—	—	280	—
		第 2 组	—	—	395	—	—	265	—
		第 3 组	—	—	370	—	—	250	—
		第 4 组	—	—	345	—	—	235	—

注：1. 孔壁质量属于下列情况者为Ⅰ类孔：在装配好的构件上按设计孔径钻成的孔。在单个零件和构件上按设计孔径分别用钻模钻成的孔。在单个零件上先钻成或冲成较小的孔径，然后在装配好的构件上扩钻至设计孔径的孔。
2. 当螺栓直径大于 40 mm 时，螺栓允许应力应予降低，对于 Q235 降低 4%，对于 16Mn 降低 6%。

11.3.4　钢闸门启闭力计算

计算分析应重点复核启闭能力是否满足闸门启闭运用要求。

（1）动水中启闭的闸门启闭力计算

1）平面钢闸门启闭力计算

① 平面钢闸门的闭门力 F_w 按下式计算：

$$F_w = n_T(T_{zd} + T_{zs}) - n_G G + P_t \qquad (11.3\text{-}70)$$

式中：n_G 为闭门时的自重修正系数，一般取 0.9～1.0；n_T 为摩擦阻力的安全系数，一般取 1.2；T_{zd} 为支撑摩擦阻力，kN；T_{zs} 为支撑摩擦阻力，kN；P_t 为上托力，kN；G 为闸门自重，kN。

② 平面钢闸门的启门力 F_Q 按下式计算：

$$F_Q = n_T(T_{zd} + T_{zs}) + G_j + W_s + P_x + n'_G G \qquad (11.3\text{-}71)$$

式中：W_s 为作用在闸门上的水柱压力，kN；n'_G 为启门时的自重修正系数，一般取 1.0～1.1；G_j 为加重或下压力，kN；P_x 为下吸力，kN；其他符号同式(11.3-70)。

③ 闸门上托力 P_t、下吸力 P_x 用以下公式计算：

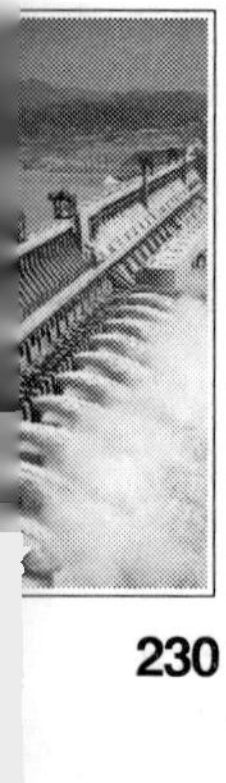

$$P_t = \gamma\beta_t H_s D_1 B_{zs} \tag{11.3-72}$$

$$P_x = p_s D_2 B_{zs} \tag{11.3-73}$$

式中：γ为水的重度，取 10 kN/m^3；β_t为上托力系数，当验算闭门力时，按闸门接近完全关闭时的条件考虑，取 1.0，当计算持住力时，按闸门的不同开度考虑；H_s为设计水头，m；D_1为闸门底止水至上游面板的距离，m；B_{zs}为两侧止水距离，m；D_2为闸门底缘止水至主梁下翼缘的距离，m；p_s为闸门底缘D_2部分的平均下吸强度。

2）弧形钢闸门启闭力

① 弧形钢闸门的闭门力F_w按下式计算：

$$F_w = \frac{1}{R_1}[n_T(T_{zd}r_0 + T_{zs}r_1) + P_t r_3 - n_G G r_2] \tag{11.3-74}$$

② 弧形钢闸门的启门力F_Q按下式计算：

$$F_Q = \frac{1}{R_2}[n_T(T_{zd}r_0 + T_{zs}r_1) + n'_G G r_2 + G_j R_1 + P_x r_4] \tag{11.3-75}$$

式中：铰轴摩阻力$T_{zd}=\frac{P}{R}(f_1 r+f)$；止水摩阻力$T_{zs}=f_3 P_{zs}$；$R_1$为加重（或下压力）对弧门转动中心的力臂，m；$R_2$为启门力对弧门转动中心的力臂，m；$r_0$为转动铰摩阻力对弧门转动中心的力臂，m；$r_1$为止水摩阻力对弧门转动中心的力臂，m；$r_2$为闸门自重对弧门转动中心的力臂，m；$r_3$为上托力对弧门转动中心的力臂，m；$r_4$为下吸力对弧门转动中心的力臂，m；$P$为作用在闸门上的总水压力，kN；$R$为滚轮半径，mm；$r$为滚轮轴半径，mm；$f$为滚动摩擦力臂，mm；$f_1$为滚轮摩阻力的滑动摩擦系数，取为 0.25；$f_3$为止水摩阻力的滑动摩擦系数，取为 0.5；$P_{zs}$为作用在止水上的压力，kN；其他符号同式（11.3-70）、式（11.3-71）。

11.3.5 钢闸门结构评价结论

根据现场检查与检测、运行表现及计算分析成果，钢闸门安全评价应作出如下明确结论：

（1）闸门总体布置、闸门选型、运用条件、检修门或事故门配置、启闭机室布置及平压、通风、锁定等装置是否符合《水利水电工程钢闸门设计规范》（SL 74）要求，以及能否满足水库调度运行需要。

（2）闸门的制造和安装是否符合设计要求及《水利水电工程钢闸门制造安装及验收规范》（GB/T 14173）的相关规定。

（3）闸门结构的强度、刚度及稳定性是否符合设计要求及《水利水电工程钢闸门设计规范》（SL 74）的相关规定。

（4）启闭机的启闭力是否能满足闸门正常运行或设计要求。

11.4 启闭机及电气安全评价

11.4.1 启闭机及电气现场检查与检测

（1）启闭机现场检查与检测

启闭机的型式一般根据闸门型式、尺寸和运行条件以及启闭机自身的特点进行选择，主要有固定卷扬式启闭机、螺杆式启闭机、液压式启闭机、移动式启闭机。应现场检查启闭机的外观状况、运行状况以及电气设备与保护装置状况。现场检查如发现启闭机存在下列情况之一，则视其存在较大安全隐患，应做进一步的安全检测或分析，检测遵照《水工钢闸门和启闭机安全检测技术规程》(SL 101)规定进行：

1）启闭机超工作级别运行。

2）启闭机振动感较强。

3）双吊点不同步而影响运行。

4）启闭机腐蚀达“较重腐蚀”级。

5）卷扬启闭机机架损伤、变形、焊缝缺陷明显，制动轮缺陷明显、与制动带接触面积小，轮齿损伤、咬合不紧密，卷筒损伤、开裂，传动轴开裂、变形，滑轮组磨损、变形，钢丝绳磨损、断丝；移动式启闭机的门架或桥架损伤、变形、焊缝缺陷明显，车轮磨损、开裂，轨道变形、错位。

6）液压启闭机液压缸损伤、开裂，活塞杆磨损、变形，液压缸或油路漏油。

7）螺杆启闭机螺母磨损、开裂，螺杆磨损、变形。

8）电气控制设备不完整、不能正常使用，绝缘保护与接地系统不可靠。

9）荷载控制、行程控制、开度指示等设备不完整、不能正常使用。

10）启闭机室错动、开裂、漏雨而影响启闭机正常运行。

11）启闭机超过《水利水电工程金属结构报废标准》(SL 226)规定的报废折旧年限。

（2）电气检查与检测

依据《水工钢闸门和启闭机安全检测技术规程》(SL 101)和《电气装置安装工程电气设备交接试验标准》(GB 50150)开展电气设备现场检查与检测，主要包括以下内容：

1）检查电气控制设备的完整性和可操作性。

2）检查电气设备和电力线路的绝缘电阻检测及接地系统可靠性。

3）检查荷载控制装置、行程控制装置、开度指示装置的完整性；移动式启闭机缓冲器、风速仪、夹轨器、锚定装置的完整性和可操作性。

4）检查动力线路及控制保护、操作系统线路的排列、老化状况以及备用电源。

5）检查防雷接地设施是否完好，检测防雷接地的接地电阻值是否满足规范要求。

11.4.2 启闭机复核计算分析方法

计算分析应重点复核启闭机的启闭能力是否满足闸门启闭运用要求。必要时进行启闭机结构件的强度、刚度及稳定性复核，相应的计算方法、荷载组合及控制标准应按照《水利水电工程启闭机设计规范》(SL 41)执行。

11.4.3 启闭力评价标准

(1) 卷扬式启闭机评价标准

1) 卷扬式启闭机各部件的评价标准

① 机架

主要承重构件无裂缝。

主要承重构件发生腐蚀，其应力不应超过表 11.3-9 所规定的允许应力。

主要承重构件总体稳定性应满足要求。

主要承重构件的最大垂直静挠度，当额定荷载处于最不利位置时，主梁跨中挠度 Y_c 应满足：

$$\text{工作级别为轻级}\quad Y_c < L/700 \qquad (11.4\text{-}1)$$

$$\text{工作级别为重级}\quad Y_c < L/800 \qquad (11.4\text{-}2)$$

式中：L 为主梁跨度。

对于有悬臂吊的门机，当悬臂负荷满载时，其挠度应满足：

$$Y_c < L_c/350 \qquad (11.4\text{-}3)$$

式中：L_c 为悬臂梁的有效工作长度。

当小车架和机架设备直接安装在台车车架及单向门机门架上时，其挠度应满足：

$$\text{简支梁}\quad Y_c < L/2\,000 \qquad (11.4\text{-}4)$$

$$\text{悬臂梁}\quad Y_c < L_c/1\,000 \qquad (11.4\text{-}5)$$

② 铸造机座和箱体不应有裂纹。

③ 吊板、吊钩、吊头不应有下列情况：

裂纹。

吊板孔眼压溃。

吊钩开度比原尺寸增大 10%。

危险断面塑性变形。

吊板、吊钩扭转变形大于 10°。

④ 卷筒不应有下列情况：

裂纹。

卷筒表面磨损严重，其实际应力不应超过表 11.3-9 所规定的允许应力。

⑤ 制动器零件及制动轮不应有下列情况：

裂纹。

摩擦片磨损 10%。

制动轮轮缘磨损达原厚度 10%。

⑥ 传动齿轮不应有下列情况：

断齿。

裂纹。

齿面点蚀损坏达啮合面 30%，且深度达原齿厚 10%。

⑦ 齿面磨损不应有下列情况

工作级别为轻级的启闭机的起升机构齿轮，其一级啮合齿轮磨损厚度达原齿厚 10%，开式齿轮磨损厚度达原齿厚 20%。

行走机构及其他机构，其一级啮合齿轮磨损厚度超过原齿厚 15%，开式齿轮磨损厚度超过原齿厚 30%。

工作级别为中级及重级的启闭机的起升机构传动齿轮磨损厚度为轻级的 50%。启闭机机构工作级别见表 11.4-1。

表 11.4-1 启闭机机构工作级别

工作级别	总设计寿命(h)	荷载状态
Q1 轻	800	不经常使用，且很少启闭额定荷载
Q2 轻	1 600	
Q3 中	3 200	有时启闭额定荷载，一般启闭中等荷载
Q4 重	6 300	经常启闭额定荷载

⑧ 夹轨器在设计风力或启闭闸门时能有效阻止启闭机移动。

⑨ 钢丝绳不应有断股，其安全系数应复核现行有关标准和规范的规定。

2）卷扬式启闭机整机的评价标准

① 复核计算和实际检测的闸门启闭力应小于启闭机额定启闭能力或检测的实际启闭能力。

② 门式启闭机机架及卷筒，传动齿轮的强度、刚度、稳定及尺寸应满足设计和规范要求。

③ 台车式及固定式启闭机，卷筒及传动齿轮的强度、刚度、稳定及尺寸应满足设计或规范要求。

④ 启闭机所有焊缝质量应满足设计和规范要求。

(2) 液压式启闭机评价标准

油缸及其零件不应有下列情况：

缸体或活塞杆产生裂纹。

活塞杆变形，在活塞杆竖直状态下，其垂直度公差大于 1 000：0.5，且全长超过杆长的 4 000：1。

因油缸原因，闸门提起，48 h 内沉降量大于 200 mm。

液压元件出现50%以上的磨损、老化、泄漏严重、动作失灵、运行时噪声超过85DB(A)。

经复核计算和实际检测，闸门的启闭力应小于启闭机额定启闭能力或检测的实际启闭能力。

(3) 螺杆式启闭机评价标准

1) 螺杆式启闭机各部件的评价标准

① 螺杆、螺母不应有下列情况：

裂纹。

螺纹牙折断。

螺纹牙磨损，变形达到螺距的5%。

受压螺杆其外径母线直线度公差大于1 000∶0.6，且全长超过杆长的4 000∶1。

铸造机座和箱体有裂纹。

② 涡轮蜗杆和伞齿轮不应有下列情况：

断齿。

裂纹。

齿面点蚀损坏达啮合面30%，且深度达原齿厚10%。

2) 螺杆式启闭机整机的评价标准

机座(箱体)应满足设计和规范要求。

螺杆螺母应满足设计和规范要求。

经检测和复核，闸门启闭力应小于启闭机额定启闭能力或检测的实际启闭能力。

(4) 其他型式启闭机评价标准

其他型式启闭机的评价标准参照以上有关规定执行。

11.4.4 启闭机安全评价结论

根据现场检查与检测、运行表现及计算分析成果，启闭机及电气安全评价应作出如下明确结论：

(1) 按《水利水电工程启闭机设计规范》(SL 41)，启闭机的选型是否满足水工布置、门型、孔数、启闭方式及启闭时间要求。

(2) 启闭机的制造和安装是否符合设计要求及《水利水电工程启闭机制造安装及验收规范》(SL 381)的相关规定。

(3) 启闭机的启闭力、扬程、跨度、速度是否能满足闸门正常运行或设计要求。

(4) 启闭机各部件的强度、刚度及稳定性是否满足规范要求。

(5) 启闭机各连接件的强度及焊缝强度是否满足规范要求。

(6) 泄洪及其他应急闸门的启闭机电气设备及供电安全是否有保障。

(7) 启闭机的安全保护装置与环境防护措施是否完备，运行是否可靠。

11.5 水工压力钢管安全评价

11.5.1 压力钢管现场检查与检测

水库大坝工程中的压力钢管一般应用在发电洞中，也有的应用在引水（灌溉）洞中。水工压力钢管安全检查与检测目前还没有相应的规程，可参考《水工钢闸门和启闭机安全检测技术规程》（SL 101）进行。现场检查如发现下列情况之一，则视其存在较大安全隐患，应做进一步的安全检测或分析：

（1）压力钢管渗漏；

（2）压力钢管振动感较强；

（3）快速闸阀或事故闸阀不能正常工作，通气孔坍塌、堵塞或通气不畅；

（4）压力钢管表面损伤、变形，焊缝缺陷明显；

（5）明管的镇墩、支墩坍塌、位移、沉陷；

（6）埋管的外水压力超设计值；

（7）压力钢管腐蚀达“较重腐蚀”级。

（8）压力钢管超过《水利水电工程金属结构报废标准》（SL 226）规定的报废折旧年限。

压力钢管主要检测项目包括巡视检查、外观检测、材质检测、无损探伤、应力检测、振动检测、水质及底质检测。其中巡视检查、外观检测项为必检项目。

11.5.2 压力钢管复核计算

压力钢管安全评价主要复核内容有：

（1）压力钢管的强度、刚度及稳定性是否满足规范要求。

（2）焊缝强度是否满足规范要求。

计算分析应重点复核压力钢管的强度、抗外压稳定性。复核计算的方法、荷载组合及控制标准应按照《水电站压力钢管设计规范》（SL 281）执行，重要的压力钢管还应同时进行有限元分析。

11.5.3 水工压力钢管安全评价结论

根据现场检查与检测、运行表现及计算分析成果，压力钢管安全评价应作出如下明确结论：

（1）压力钢管的布置、材料及构造是否符合《水电站压力钢管设计规范》（SL 281）要求。

（2）压力钢管的制造与安装是否符合设计要求及《压力钢管制造安装及验收规范》（DL 5017）的相关规定。

（3）压力钢管的强度、刚度及稳定性是否满足规范要求；焊缝强度是否满足规范要求。

11.6 其他金属结构安全评价

其他金属结构包括阀门、拦污栅、船闸(工作闸门、事故闸门、检修闸门、工作阀门、检修阀门及其启闭机)、鱼道(工作门、检修门及其启闭机)、铸铁闸门及其启闭机等。这些金属结构安全评价可参照前述相关章节执行。

11.7 金属结构安全综合评价

11.7.1 常见的金属结构安全问题

总结大量水库大坝安全评价资料,泄输水建筑物金属结构存在以下主要问题:

(1) 金属结构使用条件与设计条件不同。随着经济社会的发展,部分水库建成后,由于使用要求不断提高,甚至作用改变,因而对水库部分建筑物进行了改建或扩建,并针对水库在运行过程中出现的质量问题和安全隐患进行了加固,但忽视了金属结构的改造,致使部分金属结构的使用条件与原设计的条件不尽相同。

(2) 部分闸门的高度不能满足挡水要求。其原因是部分水库在建坝时,缺乏必要的规划,且未经设计就进行施工,致使水库特征水位缺乏科学依据,随着水文资料不断延长和丰富,对水库水位的复核结果显示闸门的高度不满足要求。另一种原因是水库调度规程(方式)的改变造成闸门高度不够。如对于露顶式闸门,还应按最新调洪计算成果复核闸门高度是否满足规范要求,并根据闸门的工作性质,按《水利水电工程钢闸门设计规范》(SL 74)规定选取安全超高,确定闸门高度。

(3) 金属结构的腐蚀。金属结构的腐蚀是十分普遍的现象,主要有化学腐蚀和生物腐蚀两种。由于制造金属结构及设备的材料——钢铁并非纯净体,或多或少含有其他导电物质,两者的电位不同,且金属结构工作在水中和阴暗潮湿等环境中,形成化学腐蚀的条件,易引起金属结构的腐蚀。而且大量工业废水和生活污水排入河道及湖泊,使水体中酸、碱及有机物等物质增加,加速了金属结构的化学腐蚀。同时由于水工金属结构的工作环境所致,其在发生化学腐蚀的同时还伴随着生物腐蚀。无论哪种腐蚀都将导致金属结构构件的截面面积减少,结构强度、刚度、稳定性降低,承载力下降。

(4) 金属结构的变形。金属结构工作时,各构件均承受着各种荷载,这些荷载或长期或重复或间隙作用在各构件上,不论其承受的荷载大小如何,由于制造结构材料的自身特性,随着使用时间的延长和使用次数的增加,各构件必然产生冷作硬化或疲劳,产生变形。同时在使用过程中有时由于误操作或一些其他原因,结构的实际荷载超过构件的承载能力,如冲击荷载等,使构件或构件的局部产生变形,也将导致结构强度、刚度、稳定性降低,承载力下降。

(5) 金属结构的磨损。其磨损的主要原因有:①部分金属结构在使用时需不断运动,有

些结构或部件是在高速条件下工作，如启闭机齿轮、轴瓦等，在长期的运行过程中，必然产生磨损；②部分金属结构如闸门、钢管等需在高速水流条件下长期工作，而水中不可避免地存在如砂、石等杂物，这类杂物对其结构必然产生冲刷，导致结构磨损；③为防止金属结构的腐蚀，需对金属结构进行防腐处理，在金属结构中常常采用油漆和喷涂金属防腐，这些防腐措施均有一定的使用年限，当达到使用年限时又需重新进行防腐处理，而在进行防腐处理之前，需对各构件进行除锈处理，在不断地防腐及除锈过程中各构件必然产生磨损，导致结构强度、刚度、稳定性降低，承载力下降。

（6）金属结构焊接质量存在缺陷，不能满足要求。由于受焊接技术和工艺水平的限制，特别是在一些20世纪90年代以前建设的水库工程以及一些中小型水库工程中，对金属结构的焊接工艺和质量把关不严，造成焊缝质量存在焊缝尺寸未达到设计尺寸，焊缝存在咬边、焊瘤、裂纹等质量缺陷。同时在使用时，焊缝也将发生腐蚀、开裂等现象，造成金属结构的焊接质量或焊接强度不满足设计要求，给工程带来安全隐患。

（7）部分金属结构的活动部件锈死。如闸门的行走轮、导向轮等部件，经多年运行后，部分部件被锈死或不灵活，影响结构的安全运行。

（8）供电设施存在安全隐患，无备用电源。一些中小型水库地处僻远，供电设施电源单一、稳定性较差，存在安全隐患；另外，大量的小型水库甚至少数中型水库未配置备用电源。

上述问题是水工金属结构在运行过程中常见的几种现象，这些现象会引起金属结构的强度、刚度、启门力发生变化，必然削弱结构断面尺寸、改变结构受力条件，降低材料的强度和承载力，影响结构的安全运行，从而危及水库大坝及泄输水建筑物的运行。

11.7.2 金属结构安全综合评价

（1）基本原则

闸门、启闭机及压力钢管等金属结构安全评价均应满足以下规定：

1）金属结构在规定的各种工况下能安全运行。

2）对操作、维修人员的人身安全无威胁。

3）不存在设计、制造、安装等原因造成的设备本身严重缺陷。

4）能适用工程运行条件的改变。

5）所用材料的技术及质量符合国家标准。

6）符合国家有关规范和政策。

（2）安全评价结论

金属结构安全复核应作出如下明确结论：

1）金属结构布置是否合理，设计与制造、安装是否符合规范要求；

2）金属结构的强度、刚度及稳定性是否满足规范要求；

3）启闭机的启闭能力是否满足要求，运行是否可靠；

4）供电安全是否有保障，能否保证泄水设施闸门在紧急情况下正常开启；

5）是否超过报废折旧年限，运行与维护状况是否良好。

（3）金属结构安全评级

1）当金属结构布置合理，设计与制造、安装符合规范要求；安全检测结果为“安全”，强度、刚度及稳定性复核计算结果满足规范要求；供电安全可靠；未超过报废折旧年限，运行与维护状况良好时，可认为金属结构安全，评为A级。

2）当金属结构安全检测结果为“基本安全”，强度、刚度及稳定性复核计算结果基本满足规范要求；有备用电源；存在局部变形和腐（锈）蚀、磨损现象，但尚不严重影响正常运行时，可认为金属结构基本安全，评为B级。

3）当金属结构安全检测结果为“不安全”，强度、刚度及稳定性复核计算结果不满足规范要求；无备用电源或供电无保障；维护不善，变形、腐（锈）蚀、磨损严重，不能正常运行时，可认为金属结构不安全，评为C级。

泄水建筑物金属结构直接关系大坝安全，非泄水建筑物金属结构主要关系水库的运行，一般不直接影响大坝安全。因此，应对泄水建筑物金属结构安全给予更高关注，作为金属结构评为C级的主要依据；对工程安全影响较小的非泄水建筑物金属结构，一般不评为C级。

第 12 章

大坝安全综合评价

12.1 常见大坝病险表现

根据对近 3 000 座“三类坝”评价和鉴定材料的核查、归纳，我国水库大坝病险主要表现在防洪安全问题、渗流危害、结构与稳定问题、金属结构老化、管理设施破损和管理水平差及抗震不达标等，具体分析如下。

12.1.1 防洪安全问题

水库防洪标准不满足规范要求即水库大坝的防洪安全问题，是水库大坝的主要病险问题，主要表现为：①挡水建筑物挡水前沿高程不够（即挡水安全问题）；②泄水建筑物泄洪能力不足（即泄水安全问题）。

（1）挡水安全问题

大坝不能安全挡水，造成洪水漫顶，这在水库大坝失事中是常见问题。据统计，目前我国约 1/3 的大坝失事是由于洪水漫坝所造成的，其中运行期发生漫坝失事的共有 1147 座，约占失事总数的 46.604%。世界各国失事大坝资料同样显示，洪水漫坝导致大坝失事的约为 1/3。

基于国内外统计规律可以类推，运行时间越长，挡水安全问题越严重，大坝的漫顶失事率也越高。大坝的挡水安全问题与水库整个调洪全过程密切相关，诸如入库水文条件、出库水力条件、水位库容边界条件和起调水位的初始条件等不确定性，导致了库水位的随机变化和挡水安全问题，主要包括以下几点：

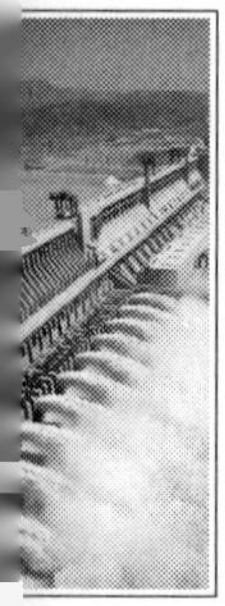

1）防洪标准偏低。主要表现为：随着水文资料系列的延长，设计洪水洪量、洪峰和洪水过程发生较大改变；防洪标准不能满足现行规范要求。

2）大坝坝顶高程（含土石坝防渗体顶高程）不满足现行规范要求。主要表现为：大坝坝顶高程不够；与坝体防渗体形成一体的防浪墙断裂或破坏；土质防渗体顶部在正常蓄水位或设计洪水位以上的超高不满足规范要求；土质防渗体顶部低于非常运用条件的静水位等。

3）泄洪建筑物的挡水前沿顶部高程安全超高不满足现行规范要求。主要表现为：溢洪道控制段的闸顶高程及两侧连接建筑物顶高程超高不满足规范要求；闸墩、胸墙或岸墙的顶部高程不满足泄流条件下的安全超高要求。

4）进水口建筑物进口工作平台高程，特别是泄洪洞等采用岸塔式布置方式时，进口闸门、启闭机和电气设备工作平台高程不满足汛期运用要求。

5）闸门顶高程不满足挡水要求。因水文资料的缺乏与变化，部分水库在复核时闸门高度不满足要求；或水库调度的改变造成闸门高度不够。

（2）泄水安全问题

泄洪安全问题包括以下几点：

1）泄洪建筑物本身的安全

泄洪建筑物本身的安全问题，如泄洪建筑物过水断面尺寸不符合设计，消能设施不完善，闸门启闭机质量和维护存在问题，在高水位期间不能安全操作和启用等。

2）非常溢洪道不满足按设计要求启用标准

非常溢洪道不能正常启用包括：非常溢洪道启用标准不满足规范要求和非常溢洪道启用措施没有落实等。

12.1.2 渗流病害问题

（1）土石坝渗流病害特点

土石坝坝型多样，各类坝型渗流特点各异，按照防渗体的类型，碾压式土石坝可分为均质坝、土质防渗体分区坝及非土质防渗体分区坝等 3 种基本形式。根据土石坝特点及病害情况，将土石坝的渗流病害分成以下几类：

1）坝基渗漏。由于施工时大坝清基不彻底，坝基坐落在透水性较强的覆盖层或裂隙发育、透水性较大、未进行防渗处理或处理不完善的基岩上，致使大坝下游坝脚或坝下游出现渗漏，或者均质坝下游坝坡出现渗漏。

2）坝肩渗漏。两岸坝肩山体裂隙、节理发育，或有断层、岩溶，或为第四纪地层，由于其透水性较大，而施工时未进行防渗处理或处理不完善，致使两岸坝坡与岸坡接合下游出现渗漏。

3）坝体及防渗体渗漏。由于施工时防渗体或坝体填筑质量差，压实度及渗透性不满足规范要求；或者大坝变形较大，引起防渗体开裂；或铺盖等防渗体的设计长度、厚度不够；或防渗体无反滤保护或保护不合要求等，致使大坝下游坝脚或坝坡出现渗漏，有些渗漏随时间增长渗漏量增长，或高水位时渗浑水。

4）下游排水体及反滤料淤堵。由于下游排水体及反滤料淤堵，造成坝体浸润线抬高，局部位势集中，渗流比降增大，致使下游坝坡出现渗漏。

5）坝下涵管渗漏。由于涵管漏水，甚至渗浑水，致使涵管处上、下游坝坡局部出现塌陷。

6）防渗体与刚性建筑物接触渗漏。由于防渗体与刚性建筑物接触面产生接触渗漏，致使大坝上游或下游坝坡局部出现塌陷。

7）动物危害。由于白蚁、蛇、老鼠等动物在大坝浸润线以上及水位变化区建巢打洞，形成渗漏通道，危及大坝安全。

8）岩溶渗漏。由于水库周边及库底岩溶未进行防渗处理或处理不完善，致使大坝出现

岩溶渗漏，或造成大坝上游或下游坝坡出现塌陷，或水库蓄水困难。

9）侵蚀性危害。由于坝基存在可溶成分，地下水侵蚀作用使坝基透水性增大，并产生渗漏。

（2）混凝土坝渗流病害特点

混凝土坝有重力坝、宽缝重力坝、拱坝及连拱坝等多种坝型，尽管混凝土坝坝体一般不会发生渗流变形问题，但施工和运行过程中容易产生裂缝，并引起坝体渗漏。根据混凝土坝的特点及病害情况，将混凝土坝的渗流病害分成以下几类：

1）坝基及坝肩渗漏。由于基岩裂隙发育或存在顺河向断层穿过坝基，裂隙和断层未进行防渗处理或防渗处理不完善，致使下游坝脚或下游两坝肩岸坡不同高程出现渗漏点，或导致坝基扬压力较高。

2）坝体渗漏。由于大坝施工质量差，混凝土出现蜂窝或冷缝，砌筑砂浆不密实，相互连通成为渗水通道。碾压混凝土透水或层面缝渗水，或坝体出现温度裂缝，或坝基及坝肩变形过大引起坝体开裂等，致使下游坝坡出现渗漏，如砌石的砌缝渗漏和裂缝渗漏、混凝土的裂缝渗漏、碾压混凝土的层面缝渗漏等。坝体渗漏会导致坝体扬压力升高。

3）岩溶渗漏。由于水库周边及库底岩溶未进行防渗处理或处理不完善，致使大坝出现岩溶渗漏，或导致大坝坝基扬压力较高，或水库蓄水困难。

4）侵蚀性危害。坝基存在可溶成分，地下水侵蚀作用使坝基透水性增大并形成渗漏，或者侵蚀性地下水对混凝土造成侵蚀性破坏。

（3）溢洪道渗流病害特点

鉴于溢洪道的堰体、闸墩、底板、边墙等一般由混凝土或浆砌石建成，这些结构物经常出现裂缝直至整体性破坏渗水，存在以下渗流病害：

1）堰体裂缝渗水。

2）闸墩裂缝渗水。

3）底板渗漏。

4）边墙裂缝渗水及沿墙底左右侧绕渗。

另外，因溢洪道地基软硬不均匀带来的不均匀沉降使溢洪道整体破坏，出现渗漏与涌水。

12.1.3 结构病害问题

（1）土石坝结构病害特点

1）土质防渗体土石坝主要有均质土坝、心墙坝、斜心墙坝等，其结构安全方面的问题主要表现在坝坡稳定不满足规范要求，坝顶宽度不满足运行与防汛交通要求，坝顶防浪墙未与防渗体紧密连接，以及大坝变形导致不均匀沉降乃至裂缝等。

坝坡不稳定主要有如下原因：① 坝坡坡比偏陡。大多数的坝坡不稳定原因就在于坝坡偏陡，有的土坝坝坡比仅为1∶1.8，甚至为1∶1.5。② 大坝渗漏，浸润线较高，导致坝坡不稳。③ 填土质量不符合要求，表现为填筑体干密度较小，渗透性大，施工分段和分层之间碾压不实，或大坝加高时新老接合面处理不当等。

坝顶结构不安全通常表现为：① 在一些中、小型土石坝中，坝顶宽度狭窄，高低不平，有

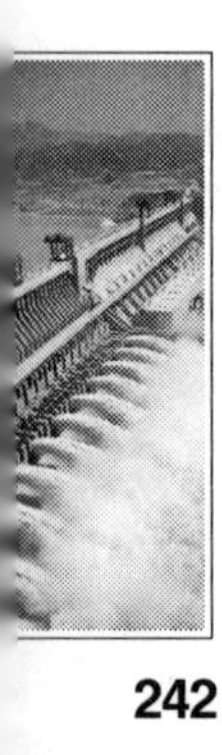

的只能通行小车，有的甚至只能供人行交通，影响运行及防汛抢险。② 坝顶防浪墙常见的病险为：墙底未与防渗体紧密连接；防浪墙出现裂缝，甚至断裂；分缝未设止水；结构老化脱落等。

大坝与混凝土坝、溢洪道、船闸、涵管等混凝土建筑物的连接处是薄弱部位。土石坝与这些混凝土建筑物的连接，往往因为接触面渗径偏短，填筑不密实，容易产生渗漏和渗透破坏问题；土石坝与混凝土建筑物垂直接触或接触面较陡，因不均匀沉降容易导致脱开甚至贯穿性裂缝。

2）非土质防渗体土石坝

非土质防渗体土石坝常见坝型主要为钢筋混凝土面板堆石坝、混凝土心墙坝、沥青混凝土心墙土石坝和沥青混凝土面板坝等。

① 从已建的混凝土面板堆石坝运行情况看，一些面板堆石坝出现了不同程度的渗漏和变形问题。常见的混凝土面板堆石坝结构安全病害主要有以下几点：

混凝土面板分缝止水、周边缝止水破坏。

坝体严重变形。

混凝土面板发生裂缝甚至破坏。

结构设计缺陷及坝料抗冲蚀性差，或坝料分区不符合反滤原则等。

② 混凝土心墙坝一般为均质土坝或黏土心墙坝因渗漏问题在除险加固时于坝体中增设的混凝土防渗墙，主要病害是混凝土心墙开裂产生渗漏。

③ 沥青混凝土心墙或面板坝主要病害是沥青混凝土心墙或面板开裂产生渗漏，如黑龙江某沥青混凝土心墙堆石坝完工后发现漏水严重，不得不进行除险加固处理。

（2）混凝土坝及砌石坝结构病害特点

1）重力坝一般为混凝土或砌石结构，运行一定时间后容易出现以下一些结构病害现象：

① 地基未作认真处理，或者地基恶化，导致大坝沿建基面抗滑稳定不能满足要求。

② 坝基防渗帷幕不满足要求，渗漏严重，排水不畅，坝基扬压力超过设计采用值，降低坝体抗滑稳定安全性。

③ 坝体表面、廊道、泄水管道以及闸墩等部位出现危害性裂缝。

④ 坝体混凝土出现严重碳化现象。

⑤ 坝体混凝土强度严重降低。

⑥ 砌石坝砌筑砂浆或细石混凝土不密实，石料风化严重，大坝渗漏严重，坝体性能降低。

⑦ 坝体混凝土出现贯穿性裂缝，导致混凝土钙化物析出，坝体渗漏。

2）拱坝一般为混凝土或砌石结构，运行一定时间后，除存在与重力坝相类似的病害现象外，还容易出现以下一些结构病害问题：

① 拱座及坝肩岩石块体稳定存在问题，影响拱坝安全。

② 由于坝体结构单薄，部分拱坝体形不合理。

③ 坝体局部应力较大，超过材料允许强度。

④ 坝体容易出现裂缝，严重者坝上游、下游面出现贯穿性劈头缝。

⑤ 砌石拱坝防渗结构裂缝，坝体出现漏水。

3）溢洪道结构形式较多，溢洪道常见的结构病害问题包括以下几点：

① 溢洪道没有完建，有的只开挖了一段进水渠及控制段，泄槽及出口消能段根本没有施工，出口泄流没有通道。

② 溢洪道控制段结构单薄，稳定、应力不满足要求。

③ 泄槽没有衬砌，或者衬砌不满足要求，冲刷严重，有的已形成巨大冲坑。

④ 泄槽边墙高度不够，断面偏小，不满足抗滑、抗倾要求。

⑤ 混凝土、砌石施工质量差，老化脱落，断裂，结构强度及抗冲耐磨不满足要求。

⑥ 溢洪道与土坝连接面垂直，不满足变形及防渗要求。

⑦ 没有消能防冲设施。

12.1.4 震害

(1) 土石坝震害特点

通过国内外，尤其是我国“5·12”汶川强地震区的土石坝震害资料统计分析，土石坝在地震作用下，其主要震害特点如下：

1) 裂缝为土石坝的主要震害之一，在遭遇地震的所有大坝及附属建筑物中大多出现不同程度的裂缝，有的裂缝十分严重，危及大坝安全。按照裂缝走向与分布位置不同，可将其分为纵向裂缝、横向裂缝、水平裂缝。坝体震害裂缝中，以纵缝居多，横缝次之。纵缝多发育在坝体顶部或与刚性结构相接触的部位，近平行于大坝轴线，数量达1～3条，开张、断续延伸、长度一般为1/3～1/2坝体长度，其发育状况与坝坡坡度、坝体填筑质量密切相关。横向裂缝多出现在两岸坝肩，少量在坝体中部，严重者贯穿坝体上下游，横缝多在填筑质量差、两侧坝肩岸坡地形陡、大坝长高比小的坝体之上，横缝对坝体渗流安全危害较大。若地震震动使坝体内土体液化，使坝体承载能力下降，造成坝基、坝体不均匀沉降也会引起裂缝。

2) 由于坝体填筑土料质量差，碾压不密实，在强烈地震作用下，由于土层加密、塑性区扩大或强度降低而导致震后坝体坝顶或坝面产生下沉、下陷，同时伴随有裂缝、变形发生。坝体坝基液化或坝体滑坡等都会导致坝体发生塌陷。

3) 地震导致坝体内部出现贯穿裂缝，坝基坝肩基岩节理裂隙激活、张开或错动，以及坝体泄放水设施四周与坝体出现裂缝等，都会引起坝体下游渗漏量增大或出现新的漏水点。大多表现为土石坝下游坝坡浸水，浸润线抬高或坝基坝肩漏水，渗漏严重的集中漏水点还会发生管涌、流土等现象。

4) 地震时，在附加地震惯性力的作用下或震动造成的孔隙水压力上升会引起土体抗剪强度降低，当坝坡土体滑动力大于土体抗滑力时，就会发生滑坡。滑坡多发生在土石坝坝体上游侧坝坡之上，其主要表现为上游坡脚下座或边坡下滑，严重时遇水库高水位可导致坝体溃决。滑坡包括坝体滑坡和坝面浅层滑坡，其一般性态是破坏前坝坡上部或顶部出现拉伸裂缝，上部下陷，并出现台阶、洼地；下部鼓胀或有较大的侧向移动，出现扇形拉伸裂缝。

5) 在地震作用下，饱和无黏性土孔隙水压力突然升高，土颗粒间的有效压力则随之降低，甚至趋近于零，这时砂土与黏滞液体类似，几乎完全丧失其抗剪强度，出现液化。土石坝坝体坝基含有饱和无黏性土(如砂和少量砾的砂)和少黏性土，或坝体防渗措施不当，正常运行时漏水使下游坝坡和坝基处于饱和状态，遭遇地震作用产生液化，坝基冒砂，坝体坝基发生沉陷，坝面出现严重的纵横向裂缝，坝体出现滑塌。

6）坝体附属结构震损主要有坝顶防浪墙和护坡震损破坏。坝顶防浪墙出现断裂、破碎，少数出现局部倾覆或脱落；坝体上游护坡破坏主要表现为护坡挤压破碎、沉陷隆起甚至局部滑动，多发生于混凝土块或预制块护坡。面板堆石坝混凝土面板发生施工缝错台、挤压破坏，以及面板大面积脱空。

（2）重力坝震害特点

国内外重力坝（包括以重力维持稳定的大头坝），特别是高坝，遭受强震作用时，通常表现为裂缝、横缝处开裂，局部表面装饰层脱落等。

12.1.5 金属结构安全问题

水库工程金属结构存在的主要问题归纳起来包括以下几点：

（1）金属结构的腐蚀。金属结构的腐蚀是十分普遍的一种现象，主要有化学腐蚀和生物腐蚀两种。金属结构的腐蚀将使结构构件的截面面积减少，结构强度、刚度、稳定性降低，承载力下降，并导致其结构安全不满足规范或设计要求。

（2）金属结构的磨损。其磨损将导致结构强度、刚度、稳定性降低，承载力下降，并致使其结构安全不满足规范或设计要求。

（3）焊接质量存在缺陷。金属结构的焊接质量或焊接强度不满足设计要求，将给工程带来安全隐患。

（4）金属结构的变形。导致构件或构件的局部产生变形，导致金属结构不能正常安全运行。

（5）部分金属结构的活动部件锈死。如闸门的行走轮、导向轮等部件，经多年运行后，部分部件被锈死或不灵活，影响结构的安全运行。

（6）金属结构使用条件与设计条件不同。随着经济社会的发展，部分水库建成后，由于使用要求不断提高，甚至作用改变，因而对水库部分建筑物进行了改建或扩建，并针对水库在运行过程中出现的质量问题和安全隐患进行了加固，但忽视了金属结构的改造，致使部分金属结构的使用条件与原设计条件不尽相同。

（7）部分闸门的高度不满足挡水要求。其原因为：部分水库在建坝时，缺乏必要的规划，且未经设计就进行施工，致使水库特征水位的确定缺乏科学依据，随着水文资料不断延长，对水库水位进行复核的结果显示闸门高度不满足要求。另一种原因为水库调度规程的改变造成闸门高度不够。

（8）据统计，多数病险水库的金属结构和机电设备已运行30～50年，已超过或接近折旧年限，老化、锈蚀严重，无法正常运用，严重影响水库安全。

12.1.6 管理与监测问题

管理与监测设施陈旧落后或不完善。主要表现在以下几个方面：

（1）水库无经审批的防洪和兴利调度运用规程，或未按审批的防洪和兴利调度运用规程进行水库调度。

（2）管理制度不完善，运行机制不健全，事企不分。

(3) 水库的水文测报、大坝观测系统不完善，或监测设施陈旧、失效、损坏严重，甚至没有水文测报及观测设施。

(4) 运行管理人员技术素质差，责任心不强，管理监测手段落后。

(5) 管理经费不足，工程缺乏维护更新。

12.2　大坝安全综合评价原则及依据

12.2.1　综合评价原则

大坝安全综合评价是在现场安全检查与安全检测、补充工程地质勘察、监测资料分析等基础上，根据水库防洪能力以及大坝渗流安全、结构安全、抗震安全、金属结构安全等专项复核评价结果，参考工程质量与大坝运行管理评价结论，对大坝安全进行综合评价，评定大坝安全类别。

大坝包括永久性挡水建筑物，影响大坝安全的泄水、输水、过船等建筑物和金属结构，以及影响大坝安全的近坝岸坡。

大坝安全综合评价是将大坝作为一个系统进行全面分析评价，在最终评定大坝安全类别时，将定量和定性相结合，既高度重视工程安全，以水库防洪能力以及大坝渗流安全、结构安全、抗震安全、金属结构安全的定量评价结果为主要依据，也注重工程质量与大坝运行管理的定性评价结果，鼓励做好水库大坝安全管理工作。

12.2.2　综合评价依据

大坝安全综合评价的依据是水库防洪能力、工程质量、大坝运行管理与大坝渗流安全、结构安全、抗震安全、金属结构安全等专项复核评价结果，以及《水库大坝安全鉴定办法》确立的大坝安全分类标准。

水库防洪能力、工程质量、大坝运行管理以及大坝渗流安全、结构安全、抗震安全、金属结构安全等专项复核评价结论应以现行相关规程规范为标准或准则，确定其安全性级别。水库防洪能力以及大坝渗流安全、结构安全、抗震安全、金属结构安全的复核评价结论分为A、B、C三级。A级为安全可靠；B级为基本安全，但有缺陷；C级为不安全。工程质量评价结论分为“优良”“合格”“不合格”或“合格”“基本合格”“不合格”；大坝运行管理评价结论分为“好”“较好”“差”或“规范”“较规范”“不规范”。

当复核计算结果与规范规定接近而难以确定安危时，可结合工程现状，并考虑溃坝后果及大坝运行管理情况综合评定。工程现状主要由现场安全检查及安全检测、工程质量评价及安全监测资料分析结果体现；溃坝后果取决于工程规模及可能给下游带来的生命损失、经济损失及社会与环境影响。

《鉴定办法》确立的大坝安全分类的原则和标准如下：

(1) 一类坝：大坝现状防洪能力满足《防洪标准》(GB 50201)和《水利水电工程等级划分

及洪水标准》(SL 252)要求，无明显工程质量缺陷，各项复核计算结果均满足规范要求，安全监测等管理设施完善，维修养护到位，管理规范，能按设计标准正常运行的大坝。

(2) 二类坝：大坝现状防洪能力不满足《防洪标准》(GB 50201)和《水利水电工程等级划分及洪水标准》(SL 252)要求，但满足部颁水利枢纽工程除险加固近期非常运用洪水标准；大坝整体结构安全、渗流安全、抗震安全满足规范要求，运行性态基本正常，但存在工程质量缺陷，或安全监测等管理设施不完善，维修养护不到位，管理不规范，在一定控制运用条件下才能安全运行的大坝。

(3) 三类坝：大坝现状防洪能力不满足部颁水利枢纽工程除险加固近期非常运用洪水标准，或者工程存在严重质量缺陷与安全隐患，不能按设计正常运行的大坝。

与大坝安全评价相关的主要规程规范如下：

《混凝土外加剂》(GB 8076)

《水利水电工程钢闸门制造、安装及验收规范》(GB/T 14173)

《中国地震动参数区划图》(GB 18306)

《混凝土强度检验评定标准》(GB/T 50107)

《混凝土外加剂应用技术规范》(GB 50119)

《土工试验方法标准》(GB/T 50123)

《混凝土结构试验方法标准》(GB/T 50152)

《水利水电工程结构可靠度设计统一标准》(GB 50199)

《防洪标准》(GB 50201)

《砌体结构工程施工质量验收规范》(GB 50203)

《混凝土结构工程施工质量验收规范》(GB 50204)

《灌溉与排水工程设计规范》(GB 50288)

《砌体工程现场检测技术标准》(GB/T 50315)

《建筑结构检测技术标准》(GB/T 50344)

《水利水电工程地质勘察规范》(GB 50487)

《砌石坝设计规范》(SL 25)

《水利水电工程启闭机设计规范》(SL 41)

《水利水电工程设计洪水计算规范》(SL 44)

《水工预应力锚固施工规范》(SL 46)

《水工建筑物岩石基础开挖工程施工技术规范》(SL 47)

《水工碾压混凝土试验规程》(SL 48)

《水工碾压混凝土施工规范》(SL 53)

《中小型水利水电工程地质勘察规范》(SL 55)

《水文自动测报系统技术规范》(SL 61)

《水工建筑物水泥灌浆施工技术规范》(SL 62)

《水利水电工程钢闸门设计规范》(SL 74)

《水工钢闸门和启闭机安全检测技术规程》(SL 101)

《水利工程水利计算规范》(SL 104)

《水库工程管理设计规范》(SL 106)

《水利水电工程混凝土防渗墙施工技术规范》(SL 174)
《水利水电工程施工质量检验与评定规程》(SL 176)
《小型水利水电工程碾压式土石坝设计规范》(SL 189)
《水工混凝土结构设计规范》(SL 191)
《水工建筑物抗震设计标准》(GB 5124)
《土石坝养护修理规程》(SL 210)
《水电站压力钢管设计规范》(SL 281)
《水利水电工程金属结构报废标准》(SL 226)
《混凝土面板堆石坝设计规范》(SL 228)
《混凝土坝养护修理规程》(SL 230)
《土工试验规程》(SL 237)
《水利水电工程等级划分及洪水标准》(SL 252)
《溢洪道设计规范》(SL 253)
《大坝安全自动监测系统设备基本技术条件》(SL 268)
《碾压式土石坝设计规范》(SL 274)
《水工隧洞设计规范》(SL 279)
《混凝土拱坝设计规范》(SL 282)
《水利水电工程进水口设计规范》(SL285)
《碾压混凝土坝设计规范》(SL 314)
《混凝土重力坝设计规范》(SL 319)
《水利水电工程物探规程》(SL 326)
《水工混凝土试验规程》(SL 352)
《水利水电工程锚喷支护技术规范》(SL 377)
《水工挡土墙设计规范》(SL 379)
《水利水电工程启闭机制造安装及验收规范》(SL 381)
《水利水电工程边坡设计规范》(SL 386)
《土石坝沥青混凝土面板和心墙设计规范》(SL 501)
《大坝安全监测仪器安装标准》(SL 531)
《土石坝安全监测技术规范》(SL 551)
《混凝土坝安全监测技术规范》(SL 601)
《水库降等与报废标准》(SL 605)
《浆砌石坝施工技术规定(试行)》(SD 120)
《超声回弹综合法检测混凝土强度技术规程》(CECS 02)
《钻芯法检测混凝土强度技术规程》(CECS 03)
《供水排水用铸铁闸门》(CJ/T 3006)
《压力钢管安全检测技术规程》(DL/T 709)
《水利工程压力钢管制造安装及验收规范》(SL 432)
《水工混凝土外加剂技术规程》(DL/T 5100)
《碾压式土石坝施工技术规范》(DL/T 5129)

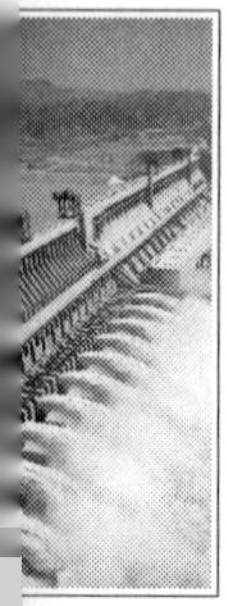

《水工混凝土施工规范》(SL 677)
《回弹法检测混凝土抗压强度技术规程》(JGJ/T 23)
《混凝土中钢筋检测技术规程》(JGJ/T 152)
《船闸闸阀门设计规范》(JTJ 308)
《船闸启闭机设计规范》(JTJ 309)

12.3 综合评价标准

12.3.1 工程安全标准

水库防洪能力以及大坝渗流安全、结构安全、抗震安全、金属结构安全等各专项评价结果均达到A级，且工程质量合格、运行管理规范的，可评为一类坝；均达到A级或B级的，可评为二类坝；有一项以上(含一项)是C级的，应评为三类坝。

为强化水库大坝安全管理，虽然各专项评价结果均达到A级，但存在工程质量缺陷及安全监测等管理设施不完善、维修养护不到位、运行管理不规范的，也可降级评定为二类坝；而对有一至二项为B级的二类坝，如工程质量合格、运行管理规范、大坝风险等级低的，可升为一类坝，但应限期对存在的问题进行整改，将B级升为A级。

评定为二、三类的大坝，说明大坝存在工程质量缺陷和安全隐患，为确保大坝安全，在采取必要的处置措施前，必须以限制水位运行，并加强监测与巡视检查，制订应急预案和做好应急处置准备。对功能和效益显著，除险加固技术上可行、经济上合理的三类坝，应针对存在的病险与安全隐患提出采取工程措施进行除险加固的建议；对病险严重、功能萎缩、风险极高，而除险加固技术上不可行、经济上不合理的“三类坝”，则应根据《水库降等与报废管理办法(试行)》(2003年水利部令第18号)和《水库降等与报废标准》(SL 605)提出降等或报废处理的建议。

按工程安全标准对大坝进行分类，便于管理，可操作性强，相关管理法规与技术标准已形成体系，是大坝是否需要除险加固的主要决策依据。但该方法也没有与溃坝后果联系起来，存在明显的不合理之处。例如，有的大坝虽然工程安全状况差，为三类坝或险坝，但因溃坝后果轻，风险并不大；有的大坝虽然工程安全性状稍好，为二类坝或病坝，但下游影响大，溃坝后果严重，风险可能很高；还有一些大坝虽然工程安全状况接近，但由于库容、高程、坝高以及下游影响等条件不同，溃坝风险可能有很大差别，而这些都是按工程安全标准确定大坝类别时无法定量考虑的。因此，常常会出现风险小的大坝比风险高的大坝优先除险加固的不合理现象。特别是同时有大量“三类坝”或“险坝”需要除险加固，而经费又短缺时，很难科学决策，保证风险高的病险大坝优先得到加固处理。

12.3.2 风险标准

社会和公众之所以关注大坝安全，主要由于大坝溃决可能对生命、财产、基础设施、生态环境、经济社会发展等造成灾难性破坏或冲击，国内外均有惨痛教训。因此，目前在欧美发达国家，基于风险管理理念，普遍采用按溃坝后果对大坝进行分类，并据此确定大坝设计与运行管理标准。如加拿大根据溃坝后果严重程度，将大坝分为后果极严重、严重、低和极低四类(见表 12.3-1)。溃坝后果不同的大坝，地震与洪水的设计标准不同，大坝的结构安全系数不同，运行管理的要求也不同，如表 12.3-2、表 12.3-3。溃坝后果分类标准则可以根据当地经济社会发展水平确定，不同地区可能会有很大差别，如表 12.3-4、表 12.3-5。

表 12.3-1　加拿大溃坝后果严重程度分类表

溃坝后果严重程度	生命损失	经济、社会和环境破坏
极严重	死亡很多人	极严重破坏
严重	死亡一些人	较大破坏
低	没有人员死亡	中等破坏
极低	不会发生人员死亡	除业主财产外，只有微小破坏

表 12.3-2　按溃坝后果分类确定的大坝安全复核周期及地震、洪水设计标准

溃坝后果分类	大坝安全复核周期	按确定性推出的最大设计地震	按统计推出的最大设计地震	入库设计洪水
极严重	5 年	最大可信地震	1/10 000	可能最大洪水 PMF
严重	7 年	50%～100%最大可信地震	1/1 000～1/10 000	1/1 000～PMF
低和极低	10 年	根据经济风险和其他影响	1/100～1/1 000	1/100～1/1 000

表 12.3-3　按溃坝后果确定的大坝检查与安全复核频次

溃坝后果项目	极严重	严重	低	极低
现场巡查	每周 1 次	每周 1 次	每月 1 次	每季度 1 次
正式检查	每半年～一年 1 次	每年 1 次	每年 1 次	每年 1 次
仪器监测	参照 OMS 手册	参照 OMS 手册	参照 OMS 手册	无
泄水设施、溢洪闸门及其他机械装置的检测	每年 1 次	每年 1 次	每年 1 次	每年 1 次
应急预案(EPP)	每半年更新 1 次通讯簿	每半年更新 1 次通讯簿	每年更新 1 次通讯簿	无
运行、维护与监测(OMS)手册	每 7～10 年审查 1 次	每 10 年审查 1 次	每 10 年审查 1 次	每 10 年审查 1 次
大坝安全复核	每 5 年 1 次	每 7 年 1 次	每 10 年 1 次	每 10 年 1 次

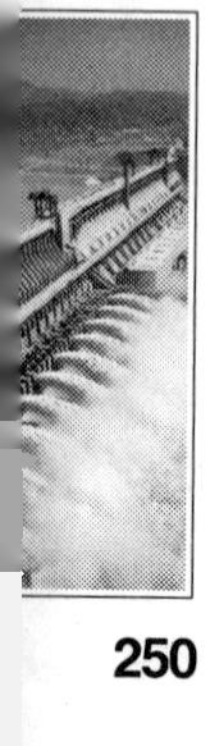

表 12.3-4　加拿大 BC 省溃坝后果分类标准

溃坝后果分类	生命损失	经济和社会损失	环境和文化损失
极严重	可能造成下游居住、工作、旅游或娱乐的公众大量死亡；溃坝淹没区内有社区、密集的商业和工作区，重要的高速公路、铁路及娱乐活动集中区。预计死亡人数超过 100 人。	影响淹没区基础设施、公共设施及商业设施，造成极大经济损失。通常包括破坏或极度损坏大片居住区、商业集中区、高速公路、铁路、输电线路、管网和其他公共设施。估计直接和间接经济损失(中断服务)可超过 1 亿加元。	对国家级或省级重要鱼类栖息地(包括水质)、野生动物栖息地、珍稀或濒危物种、自然景观或具有重要文化意义的地点造成破坏或使之严重恶化，恢复和补偿的可行性低。
严重	有造成下游居住、工作、旅游或娱乐的公众死亡的可能；溃坝淹没区内有社区、商业和工作区，娱乐活动集中区及零星居民。预计死亡人数少于 100 人。	影响淹没区基础设施、公共设施及商业设施，造成很大经济损失。通常包括破坏或极度损坏商业集中区、高速公路、铁路、输电线路、管网和其他公共设施；破坏和严重损坏零星居住区。估计直接和间接经济损失(中断服务)可超过 100 万加元。	对国家级或省级重要鱼类栖息地(包括水质)、野生动物栖息地、珍稀或濒危物种、自然景观或具有重要文化意义的地点造成破坏或使之严重恶化，但恢复和补偿的可行性高。
低	多人死亡的可能性低。淹没区通常正在开发，只有次要道路、临时居住区或无人居住的农场和农田。	对少量基础设施、公众和商业活动造成很小的经济损失。估计直接和间接经济损失(中断服务)可超过 10 万加元。	对地方重要鱼类栖息地(包括水质)、野生动物栖息地、珍稀或濒危物种、自然景观或具有重要文化意义的地点造成破坏或使之严重恶化，但恢复和补偿的可行性高，有时不需干预即可自然恢复。
极低	最低程度的人员伤亡，淹没区为未开发区。	只对业主造成很小的损失，不超过 10 万加元。可以预见对未来的土地开发利用毫无影响。	不会对鱼类栖息地(包括水质)、野生动物栖息地、珍稀或濒危物种、自然景观或具有重要文化意义的地点造成严重破坏。

表 12.3-5　加拿大安大略省溃坝后果分类标准

溃坝后果分类	生命损失	经济、社会和环境破坏
极严重	多于 1 人	大于 10 亿加元
严重	有些风险人口，但预期无死亡	1 亿～10 亿加元
低	无人员死亡	2 000 万～1 亿加元
极低	无人员死亡	小于 2 000 万加元

欧美发达国家按溃坝后果进行大坝分类，和其经济社会发展水平有关。随着中国经济社会的快速发展，该分类方法应该也是我国今后溃坝分类标准的发展方向。我国的《水库大坝风险等级划分标准》已经编制完成，正在推广应用过程中。根据该标准，大坝风险分为可接受风险、可容忍风险、不可接受风险和极高风险四个区域：

(1) 位于目标线之下的风险为可接受风险；

(2) 位于目标线和容许线之间的风险为可容忍风险；

(3) 位于容许线和高风险线之间的风险为不可接受风险；

(4) 位于高风险线之上的风险为极高风险。

当溃坝概率小于 1.0×10^{-5}/年时，无论溃坝后果有多大，风险都是可接受的；否则，大坝风险严重程度按表 12.3-6 确定。

表 12.3-6　水库大坝风险分区标准

大坝风险分类	大坝风险分区			
	可接受风险	可容忍风险	不可接受风险	极高风险
个体生命风险(年)	$<1.0\times10^{-5}$	$[1.0\times10^{-5},1.0\times10^{-3}]$	$(1.0\times10^{-3},1.0\times10^{-2}]$	$>1.0\times10^{-2}$
群体生命风险(人/年)	$<1.0\times10^{-4}$	$[1.0\times10^{-4},1.0\times10^{-2}]$	$(1.0\times10^{-2},1.0\times10^{-1}]$	$>1.0\times10^{-1}$
经济风险(元/年)	<300	[300,30 000]	(30 000,300 000]	>300 000
社会与环境风险(年)	$<1.0\times10^{-4}$	$[1.0\times10^{-4},1.0\times10^{-2}]$	$(1.0\times10^{-2},1.0\times10^{-1}]$	$>1.0\times10^{-1}$

对应上述四个区域，大坝风险对应分为四级：Ⅰ级，极高风险，以红色表示；Ⅱ级，高风险，以橙色表示；Ⅲ级，中风险，以黄色表示；Ⅳ级，低风险，以蓝色表示。

大坝风险等级可按图 12.3-1 定性确定，也可按图 12.3-2～图 12.3-4 定量确定。当生命风险、经济风险、社会与环境风险所处风险等级不同时，应按最高等级确定水库大坝风险等级。

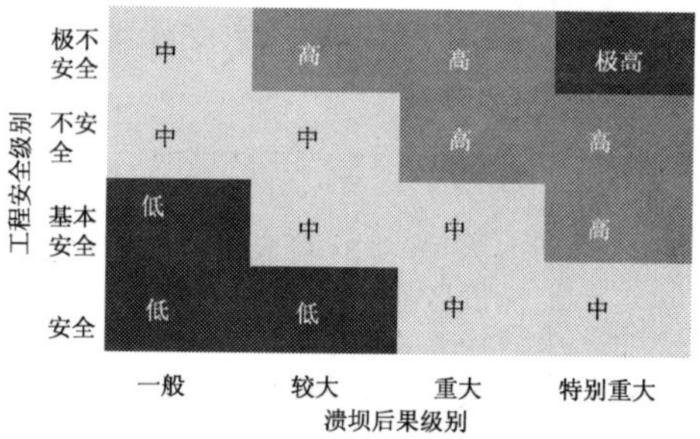

图 12.3-1　我国大坝风险定性分级图

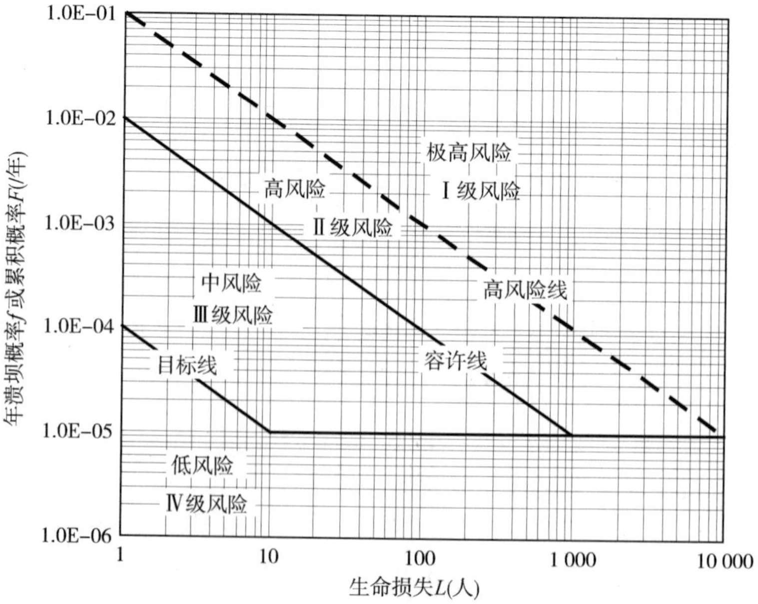

图 12.3-2　我国大坝生命风险定量分级标准图

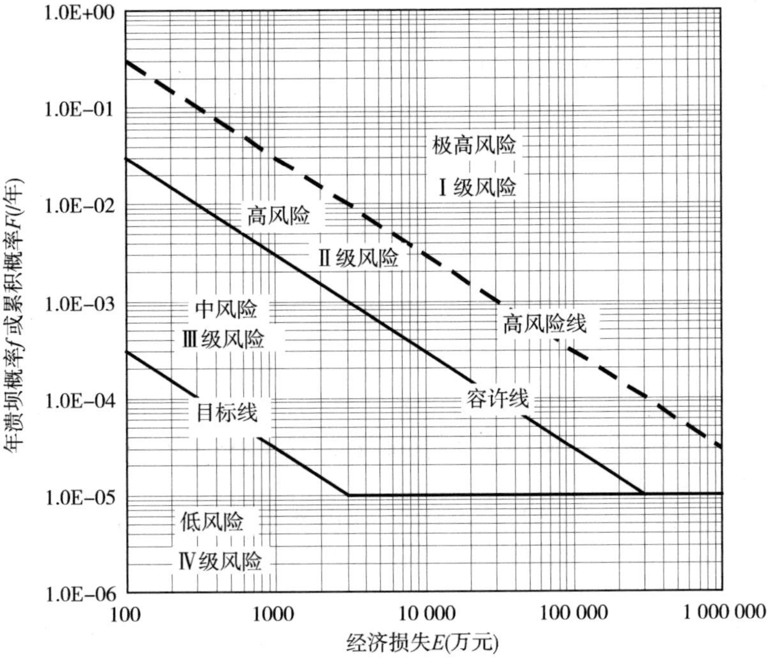

图 12.3-3 我国经济风险定量分级标准图

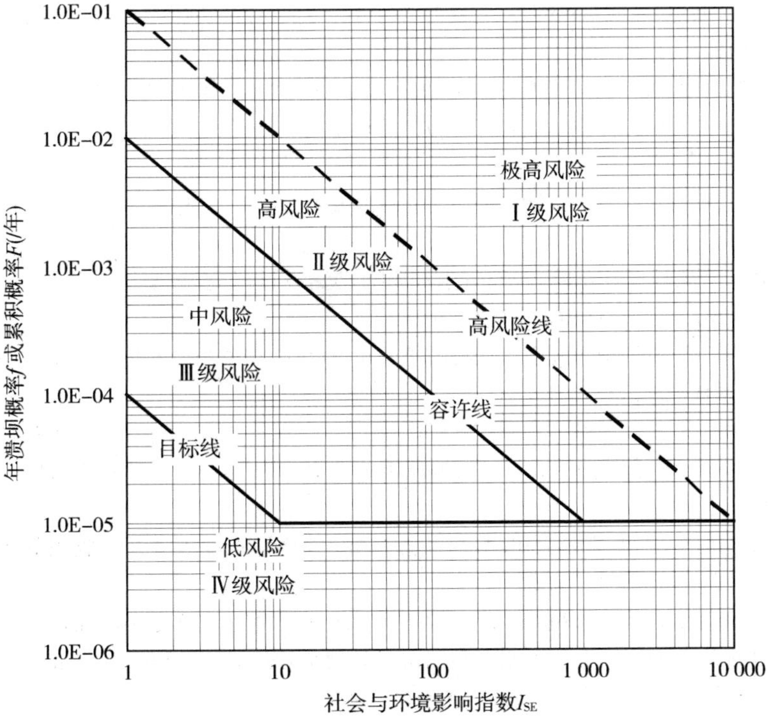

图 12.3-4 我国大坝社会与环境风险定量分级标准图

参考文献

[1] 中国建筑材料联合会. 混凝土外加剂:GB 8076—2008[S]. 北京:中国标准出版社,2008.

[2] 中华人民共和国水利部. 水利水电工程钢闸门制造、安装及验收规范:GB/T 14173—2008[S]. 北京:中国标准出版社,2008.

[3] 中国地震局. 中国地震动参数区划图:GB 18306—2015[S]. 北京:中国标准出版社,2015.

[4] 中华人民共和国住房和城乡建设部. 混凝土强度检验评定标准:GB/T 50107—2010[S]. 北京:中国标准出版社,2010.

[5] 中国建筑科学研究院. 混凝土外加剂应用技术规范:GB 50119—2013[S]. 北京:中国标准出版社,2013.

[6] 水利部水利水电规划设计总院,南京水利科学研究院. 土工试验方法标准:GB/T 50123—2019[S]. 北京:中国标准出版社,2019.

[7] 中华人民共和国住房和城乡建设部. 混凝土结构试验方法标准:GB/T 50152—2012[S]. 北京:中国标准出版社,2012.

[8] 中华人民共和国水利部. 防洪标准:GB 50201—2014[S]. 北京:中国标准出版社,2014.

[9] 陕西省住房和城乡建设厅. 砌体结构工程施工质量验收规范:GB 50203—2011[S]. 北京:中国标准出版社,2011.

[10] 中国建筑科学研究院. 混凝土结构工程施工质量验收规范:GB 50204—2015[S]. 北京:中国标准出版社,2015.

[11] 水利部水利水电规划设计总院,陕西省水利电力勘测设计研究院. 灌溉与排水工程设计规范:GB 50288—2018[S]. 北京:中国标准出版社,2018.

[12] 四川省建筑科学研究院,成都建筑工程集团总公司. 砌体工程现场检测技术标准:GB/T 50315—2011[S]. 北京:中国标准出版社,2011.

[13] 中国建筑科学研究院. 建筑结构检测技术标准:GB/T 50344—2018[S]. 北京:中国标准出版社,2018.

[14] 中华人民共和国水利部. 水利水电工程地质勘察规范:GB 50487—2008[S]. 北京:中国标准出版社,2008.

[15] 中国水利水电第七工程局有限公司. 水利水电工程压力钢管制作安装及验收规范:GB 50766—2012[S]. 北京:中国标准出版社,2012.

[16] 贵州省水利厅. 砌石坝设计规范:SL 25—2006[S]. 北京:中国水利水电出版社,2006.

[17] 黄河勘测规划设计有限公司. 水利水电启闭机设计规范:SL 41—2018[S]. 北京:中国水利水电出版社,2018.

[18] 水利部长江水利委员会水文局. 水利水电工程设计洪水计算规范:SL 44—2006[S]. 北京:中国水利水电出版社,2006.

[19] 长江葛洲坝工程局. 水工预应力锚固施工规范:SL 46—94[S]. 北京:水利电力出版社,1994.

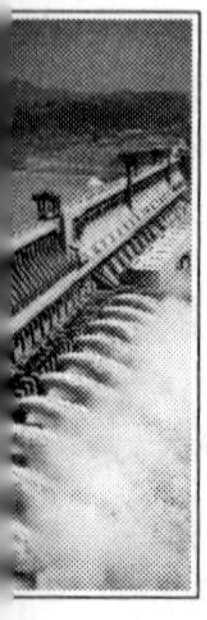

[20] 中国水利学会施工专业委员会爆破学组. 水工建筑物岩石基础开挖工程施工技术规范：SL 47—94[S]. 北京：水利电力出版社，1994.

[21] 中国水利水电科学研究院，南京水利科学研究院. 水工混凝土试验规程：SL 352—2006[S]. 北京：中国水利水电出版社，2006.

[22] 中国水利水电工程总公司. 水工碾压混凝土施工规范：SL 53—94[S]. 北京：水利电力出版社，1994.

[23] 水利部湖南省水利水电勘测设计研究总院. 中小型水利水电工程地质勘察规范：SL 55—2005[S]. 北京：中国水利水电出版社，2006.

[24] 水利部水利信息中心. 水文自动测报系统技术规范：SL 61—2015[S]. 北京：中国水利水电出版社，2015.

[25] 中国水利学会地基与基础工程专业委员会，中国水电基础局有限公司. 水工建筑物水泥灌浆施工技术规范：SL 62—2014[S]. 北京：中国水利水电出版社，2014.

[26] 中华人民共和国水利部. 水利水电工程钢闸门设计规范：SL 74—2013[S]. 北京：中国水利水电出版社，2013.

[27] 河海大学，水利部水工金属结构安全监测中心. 水工钢闸门和启闭机安全检测技术规程：SL 101—2014[S]. 北京：中国水利水电出版社，2014.

[28] 水利部水利水电规划设计总院，长江勘测规划设计研究院. 水利工程水利计算规范：SL 104—2015[S]. 北京：中国水利水电出版社，2015.

[29] 水利部建设管理与质量安全中心. 水库工程管理设计规范：SL 106—2017[S]. 北京：中国水利水电出版社，2017.

[30] 中国水利学会地基与基础工程专业委员会，中国水电基础局有限公司. 水利水电工程混凝土防渗墙施工技术规范：SL 174—2014[S]. 北京：中国水利水电出版社，2014.

[31] 四川省水利科学研究院. 水利水电工程施工质量检验与评定规程：SL 176—2007[S]. 北京：中国水利水电出版社，2007.

[32] 中水北方勘测设计研究有限责任公司. 小型水利水电工程碾压式土石坝设计导则：SL 189—2013[S]. 北京：中国水利水电出版社，2013.

[33] 水利部长江水利委员会长江勘测规划设计研究院. 水工混凝土结构设计规范：SL 191—2008[S]. 北京：中国水利水电出版社，2013.

[34] 水电水利规划设计总院. 水电工程水工建筑物抗震设计规范：NB 35047—2015[S]. 北京：中国电力出版社，2015.

[35] 水工程安全与灾害防治工程技术研究中心，长江科学院. 土石坝养护修理规程：SL 210—2015[S]. 北京：中国水利水电出版社，2015.

[36] 水利部水工金属结构安全监测中心. 水利水电工程金属结构报废标准：SL 226—98[S]. 北京：中国水利水电出版社，1998.

[37] 长江水利委员会长江勘测规划设计研究院. 混凝土面板堆石坝设计规范：SL 228—2013[S]. 北京：中国水利水电出版社，2013.

[38] 水工程安全与灾害防治工程技术研究中心、长江科学院. 混凝土坝养护修理规程：SL 230—2015[S]. 北京：中国水利水电出版社，2013.

[39] 南京水利科学研究院. 土工试验规程：SL 237—1999[S]. 北京：中国水利水电出版社，1999.

[40] 水利部水利水电规划设计总院，长江勘测规划设计研究有限责任公司. 水利水电工程等级划分及洪水标准：SL 252—2017[S]. 北京：中国水利水电出版社，2017.

[41] 中水北方勘测设计研究有限责任公司. 溢洪道设计规范：SL 253—2018[S]. 北京：中国水利水电出版社，2018.

[42] 南京水利水文自动化研究所. 大坝安全自动监测系统设备基本技术条件：SL 268—2001[S]. 北京：中

国水利水电出版社,2001.

[43] 黄河水利委员会勘测规划设计研究院. 碾压式土石坝设计规范:SL 274—2001[S]. 北京:中国水利水电出版社,2001.

[44] 中水东北勘测设计研究有限责任公司. 水工隧洞设计规范:SL 279—2016[S]. 北京:中国水利水电出版社,2016.

[45] 长江水利委员会长江勘测规划设计研究院. 水电站压力钢管设计规范:SL 281—2003[S]. 北京:中国水利水电出版社,2003.

[46] 上海勘测设计研究院有限公司,长江勘测规划设计研究有限责任公司. 混凝土拱坝设计规范:SL 282—2018[S]. 北京:中国水利水电出版社,2018.

[47] 水利部长江水利委员会长江勘测规划设计研究院. 水利水电工程进水口设计规范:SL 285—2003[S]. 北京:中国水利水电出版社,2003.

[48] 上海勘测设计研究院有限公司. 碾压混凝土坝设计规范:SL 314—2018[S]. 北京:中国水利水电出版社,2018.

[49] 长江勘测规划设计研究有限责任公司. 混凝土重力坝设计规范:SL 319—2018[S]. 北京:中国水利水电出版社,2018.

[50] 长江水利委员会长江勘测规划设计研究院. 水利水电工程物探规程:SL 326—2005[S]. 北京:中国水利水电出版社,2005.

[51] 中国水利水电科学研究院,南京水利科学研究院. 水工混凝土试验规程:SL 352—2006[S]. 北京:中国水利水电出版社,2006.

[52] 水利部松辽水利委员会. 水利水电工程锚喷支护技术规范:SL 377—2007[S]. 北京:中国水利水电出版社,2007.

[53] 江苏省水利勘测设计研究院有限公司. 水工挡土墙设计规范:SL 379—2007[S]. 北京:中国水利水电出版社,2007.

[54] 水利部水工金属结构质量检验测试中心. 水利水电工程启闭机制造安装及验收规范:SL 381—2007[S]. 北京:中国水利水电出版社,2007.

[55] 黄河勘测规划设计有限公司. 水利水电工程边坡设计规范:SL 386—2007[S]. 北京:中国水利水电出版社,2007.

[56] 水利部水工金属结构质量检验测试中心. 水利工程压力钢管制造安装及验收规范:SL 432—2008[S]. 北京:中国水利水电出版社,2008.

[57] 水利部水利水电规划设计总院,陕西省水利电力勘测设计研究院. 土石坝沥青混凝土面板和心墙设计规范:SL 501—2010[S]. 北京:中国水利水电出版社,2010.

[58] 南京水利科学研究院,水利部大坝安全管理中心. 大坝安全监测仪器安装标准:SL 531—2012[S]. 北京:中国水利水电出版社,2012.

[59] 水利部大坝安全管理中心,南京水利科学院研究院,长江科学院,等. 土石坝安全监测技术规范:SL 551—2012[S]. 北京:中国水利水电出版社,2012.

[60] 水利部大坝安全管理中心. 混凝土坝安全监测技术规范:SL 601—2013[S]. 北京:中国水利水电出版社,2013.

[61] 水利部大坝安全管理中心. 水库降等与报废标准:SL 605—2013[S]. 北京:中国水利水电出版社,2013.

[62] 贵州省水利厅. 浆砌石坝施工技术规范(试行):SD 120—84[S]. 北京:中国标准出版社,1984.

[63] 中国建筑科学研究院. 超声回弹综合法检测混凝土强度技术规程:CECS 02—2005[S]. 北京:中国建筑工业出版社,2005.

[64] 中国建筑科学研究院. 钻芯法检测混凝土强度技术规程:CECS 03—2007[S]. 北京:中国建筑工业出

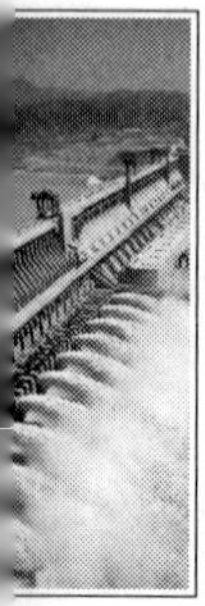

版社，2007.

[65] 上海市政工程设计院. 供水排水用铸铁闸门：CJ/T 3006—1992[S]. 北京：中国标准出版社，1992.

[66] 河海大学. 压力钢管安全检测技术规程：DL/T 709—1999[S]. 北京：中国水利水电出版社，1999.

[67] 中国电力企业联合会. 水工混凝土外加剂技术规程：DL/T 5100—2014[S]. 北京：中国电力出版社，2014.

[68] 中国电力企业联合会. 碾压式土石坝施工技术规范：DL/T 5129—2013[S]. 北京：中国电力出版社，2013.

[69] 中国电力企业联合会. 水工混凝土施工规范：DL/T 5144—2015[S]. 北京：中国电力出版社，2015.

[70] 陕西省建筑科学研究院，浙江海天建设集团有限公司. 回弹法检测混凝土抗压强度技术规程：JGJ/T 23—2011[S]. 北京：中国建筑工业出版社，2011.

[71] 中国建筑科学研究院. 混凝土中钢筋检测技术规程：JGJ/T 152—2008[S]. 北京：中国建筑工业出版社，2008.

[72] 四川省交通厅内河勘察规划设计院. 船闸闸阀门设计规范：JTJ 308—2003[S]. 北京：人民交通出版社，2003.

[73] 中交水运规划设计院. 船闸启闭机设计规范：JTJ 309—2005[S]. 北京：人民交通出版社，2006.

[74] 水利部长江委水文局，南京水文水资源研究所. 水利水电工程设计洪水计算手册[M]. 北京：水利水电出版社，1995.

[75] 水利部水利水电规划设计总院. 水工设计手册第 2 卷：规划、水文、地质[M]. 2 版. 北京：中国水利水电出版社，2014.

[76] 雒文生，宋星原. 洪水预报与调度[M]. 武汉：湖北科学技术出版社，2000.

[77] 李炜. 水力计算手册[M]. 2 版. 北京：中国水利电力出版社，2006.

[78] 王丽萍，傅湘. 洪灾风险及经济分析[M]. 武汉：武汉水利电力大学出版社，1999.

[79] 毛昶熙. 渗流计算分析与控制[M]. 北京：水利电力出版社，1990.

[80] 刘杰. 土的渗透稳定与渗流控制[M]. 北京：水利电力出版社，1992.

[81] 杨光煦. 砂砾地基防渗工程[M]. 北京：水利电力出版社，1993.

[82] 毛昶熙. 电模拟试验与渗流研究[M]. 北京：水利出版社，1981.

[83] 毛昶熙. 渗流数值计算与程序应用[M]. 南京：河海大学出版社，1999.

[84] 吴中如. 水工建筑物安全监控理论及其应用[M]. 北京：高等教育出版社，2003.

[85] 钮新强，杨启贵，谭界雄，等. 水库大坝安全评价[M]. 北京：中国水利水电出版社，2007.

[86] 盛金保，厉丹丹，蔡荨，等. 大坝风险评估与管理关键技术研究进展[J]，中国科学(技术科学)，2018，48(10)：1057-1067.

[87] 向衍，盛金保，刘成栋，等. 土石坝长效服役与风险管理研究进展[J]. 水利水电科技进展，2018，38(05)：90-98.

[88] 陈生水. 复杂条件下特高土石坝建设与长期安全保障关键技术研究进展[J]. 中国科学：技术科学，2018，48(10)：14-22.

[89] 陈生水. 特高土石坝建设与安全保障的关键问题及对策[J]. 人民长江，2018，49(5).

[90] 陈生水，钟启明，曹伟. 土石坝渗透破坏溃决机理及数值模拟[J]. 中国科学：技术科学，2012(6)：697-703.

[91] 刘成栋，张凯，向衍，等. 土石坝安全隐患应急处理决策支持系统的实现[J]. 人民黄河，2018，40(2)：126-130.

[92] 张建云，杨正华，蒋金平. 我国水库大坝病险及溃决规律分析[J]. 中国科学：技术科学，2017(12)：1313-1320.

[93] 张建云，盛金保，蔡跃波，等. 水库大坝安全保障关键技术[J]. 水利水电技术，2015，46(1)：1-10.

[94] 马福恒，胡江，叶伟. 中国与瑞士大坝安全监控机制比较及启示[J]. 水利水电科技进展，2018，38(5)：32-37.

[95] 龙智飞，孙玮玮，周克发. 水库运行、维护和监测手册编制要点[J]. 中国水利，2018，854(20)：41-43.

[96] 张勇，李子阳，马福恒，等. 西溪水库大坝安全监测仪器可靠性评价[J]. 浙江水利水电学院学报，2015(3)：22-27.

[97] 陈生水，方绪顺，钱亚俊. 高土石坝地震安全评价及抗震设计思考[J]. 水利水运工程学报，2011(1)：17-21.

[98] 陈生水，钟启明，任强. 土石坝管涌破坏溃口发展数值模型研究[J]. 岩土工程学报，2009(5)：653-657.

[99] 张士辰，杨正华，盛金保. 水库大坝安全年度报告制度探索与实践[J]. 中国水利，2018，854(20)：33-37.

[100] 蔡跃波，盛金保，向衍. 重大水利工程大坝深水检测及突发事件监测预警与应急处置[J]. 中国环境管理，2017，9(5)：105-106.

[101] 胡江，马福恒，李子阳，等. 渗漏溶蚀混凝土坝力学性能的空间变异性研究综述[J]. 水利水电科技进展，2017(4)：87-94.

[102] 顾冲时，苏怀智，王少伟. 高混凝土坝长期变形特性计算模型及监控方法研究进展[J]. 水力发电学报，2016，35(5)：1-14.

[103] 吴中如，顾冲时，苏怀智，等. 水工结构工程分析计算方法回眸与发展[J]. 河海大学学报(自然科学版)，2015(5)：395-405.

[104] 顾冲时，苏怀智. 混凝土坝工程长效服役与风险评定研究述评[J]. 水利水电科技进展，2015(5)：1-12.

[105] 徐波，顾冲时，李占超. 大坝服役状态的综合评判方法[J]. 中国科学：技术科学，2012(11)：1243-1254.

[106] 彭雪辉，盛金保，李雷，等. 我国水库大坝风险标准制定研究[J]. 水利水运工程学报，2014(4)：7-13.

[107] 王昭升，盛金保. 基于风险理论的大坝安全评价研究[J]. 人民黄河，2011，33(3)：104-106.

[108] 李子阳，郭丽，马福恒，等. 基于统计诊断的大坝监测数据合理性检验[J]. 水利水电科技进展，2018，38(05)：75-79.

[109] 叶伟，马福恒，胡江，等. 旱涝急转下斜墙坝渗流特性试验研究[J]. 岩土工程学报，2017，40(10).

[110] 江超，范磊然，张国栋. 水库大坝安全监测技术标准相关问题探讨研究[J]. 中国水利，2018，856(22)：59-61.

[111] 马福恒，胡江，李子阳，等. 复杂地质条件下混凝土坝安全监控技术及应用[M]. 南京：河海大学出版社，2017.

[112] 马福恒，李子阳，胡江. 土石坝安全监控与预警技术及应用[M]. 南京：河海大学出版社，2016.

[113] 马福恒，李子阳，徐国龙，等. 大坝安全检测监测与技术标准化及应用[M]. 北京：中国水利水电出版社，2018.